教育部人文社会科学重点研究基地
山西大学"科学技术哲学研究中心"基金
山西省优势重点学科基金
资　助

山西大学
科学史理论丛书

魏屹东　主编

Bibliometrical Analysis on
Development Trend of
Sciences Research in the 20th Century

20世纪科学发展态势计量分析

王保红／著

U0248686

科学出版社
北　京

图书在版编目(CIP)数据

20世纪科学发展态势计量分析 / 王保红著.—北京：科学出版社，2016
（科学史理论丛书 / 魏屹东主编）

ISBN 978-7-03-046427-9

Ⅰ. ①2… Ⅱ. ①王… Ⅲ. ①自然科学史–研究–世界–20世纪 Ⅳ. ①N091

中国版本图书馆 CIP 数据核字（2015）第 277248 号

丛书策划：侯俊琳 牛 玲
责任编辑：牛 玲 刘巧巧 / 责任校对：胡小洁
责任印制：徐晓晨 / 封面设计：无极书装
编辑部电话：010-64035853
E-mail:houjunlin@mail.sciencep.com

科 学 出 版 社 出版
北京东黄城根北街 16 号
邮政编码：100717
http://www.sciencep.com
北京凌奇印刷有限责任公司 印刷
科学出版社发行 各地新华书店经销

*

2016 年 1 月第 一 版 开本：720×1000 B5
2021 年 1 月第四次印刷 印张：15 1/2
字数：295 000
定价：86.00元
（如有印装质量问题，我社负责调换）

丛书序

　　科学史理论即科学编史学，是关于如何写科学史的理论。编史学的语境化是近十几来科学史理论研究的一种新趋向，其根源可以追溯到科学史大师萨顿、柯瓦雷、科恩和迈尔，他们均是科学史界最高奖——萨顿奖得主。

　　科学史学科创始人之一、著名科学史学家萨顿把科学史视为弥合科学文化与人文文化鸿沟的桥梁，强调这是科学人性化的唯一有效途径，极力主张科学人文主义，倡导科学与人文的协调发展。柯瓦雷将科学作为一项理性事业，将社会知识看作科学思想的直接来源，坚持内史与外史的结合，以展示人类不同思想体系的相互碰撞与交叉的复杂性与生动性。科恩作为萨顿的学生、柯瓦雷的《牛顿研究》的合作者，其科学编史思想既体现了他对萨顿、柯瓦雷等科学史学家研究方法的继承与发展，又体现了他独有的综合编目引证法、四判据证据法和语境整合法。他主张运用语境论的编史学方法将科学人物、科学事件与社会和科学史教育相结合，将科学进步、科学革命和科学史相统一。迈尔是国际学术界公认的鸟类学、系统分类学、进化生物学权威，以及综合进化论理论的创始人之一，同时也是卓越的生物学哲学家和生物学史学家。他的科学史研究重心发生的由医学向鸟类学、由鸟类学向进化论、由进化论向生物学史及生物学哲学的转向，体现了他的科学编史学方法上的自然史与生物学史的结合、历史主义与现实主义的结合。《20世纪科学发展态势计量分析》——基于《自然》（*Nature*）和《科学》（*Science*）杂志内容计量分析，直接或者间接地反映和证明了他们的编史学思想和方法。

　　语境论从整体关联的语境出发，以包括人在内的历史事件为概念模型，通过对事件和人物做历史分析和行为分析动态地审视科学的发展史，由此形成的编史原则和方法，我称之为"语境论的科学编史纲领方法论"。这种方法论把内史与外史（自然科学史与社会史）相结合、伟人（人物）与时代精神（社会文化）相结合、现实主义与历史主义相结合，构成了科学编史纲领方法论的核心。

语境论的编史学的方法论核心之一是在科学史的内史与外史之间保持张力。所谓内史是对一个学科的年代进步的主要自包含说明，也即从内部写的历史。它描述一个学科的理论、方法和数据，以及描述通过已接受的、理性的科学方法和逻辑解决被认为清晰可辨的问题是如何进步的。内史通常是由一个学科中知识渊博的但没有受过专门历史训练的科学家写成的。例如，物理学史通常是由物理学家自己写成的，而非历史学家写成的。因此，内史倾向独立于更广阔的智力和社会语境，也倾向为这个领域、其实践和大人物（大科学家）辩护，并使之合法化。它也因此被认为缺乏"历史味"。

比较而言，外史始于这样的假设，即科学不是独立于它的文化的、政治的、经济的、智力的和社会的语境而发展的。因此，外史通常是由一个学科之外的具有科学素养的职业史学家写成的。有些人持中立立场，有些人则质疑基本的学科假设、实践和原则。事实上，许多史学家是从相反的概念方向写起的。的确，在当代的科学史研究中，一个明显的事实是：外史多是由非"科班"的学者写成的。在这个意义上，难怪有人说外史缺乏"科学味"。

语境论的编史学的方法论核心之二是在伟人与时代精神之间保持张力。伟人史强调某特殊人物（科学家），如牛顿、爱因斯坦，对一个学科发展的贡献。诺贝尔科学奖即是对伟人史的一种强化手段。这种历史过分强调个人的作用，忽视了集体的合作性。其实个人有时只起到表面的主导作用，大量的事实可能被掩盖了。伟人史对于思想或观念史是不够的。尽管伟人史可能是一种直接描述的行为，但是它假设的成分更多。比如，它通常假设科学发展的一个"人格主义的"理论或解释。这种理论假定：伟人对于科学进步是必然的，也是科学进步的自由的、独立的主体。这种历史的实质通常是内在主义的，强调个人的理性和创造性，强调个人在促进科学和提升个人职业方面主动的、有意图的成功。

相比而言，时代精神史则强调文化的、政治的、经济的、智力的、社会的和个人的条件在科学发展中的作用。它更是社会语境中的思想史或者观念史，但是它也可能过分综合化。例如，我国科学家屠呦呦获得2015年诺贝尔生理学或医学奖被质疑为是集体成果的个体化。按照时代精神史，应该奖励给集体而非个人，但是诺贝尔奖只奖励个人，这就产生了个人与集体之间的冲突、西方时代精神与东方时代精神的对立。又如，所有形式的行为主义的社会控制目标被认为是同一个有凝聚力的实体和方向。与伟人史一样，时代精神史也假设一个解释性理论，即这些条件如何说明科学的发展，这被称为"自然主义理论"。根据这种观点，伟人对科学进步负责的表现是一种幻想，因为其他人或许对此也有贡献，时代精神也许起更大的作用。与外史一样，时代精神史也具有语境论的精神和气质，比起伟人史更全面、更综合。

　　编史学的方法论核心之三是在现实主义与历史主义之间保持张力。所谓现实主义历史，就是选择、解释和评价过去的发现、概念的发展、作为科学先知的伟人等，即好像本来就该如此那般的"胜利"传统。它在很大程度上是在当下接受的和流行的观点的语境中写出的令人安慰和感觉舒服的历史。它同时也承担建立传统和吸引拥护者的教育学功能。也就是说，现实主义历史是一部"英雄史"和"赞扬史"。这样一来，科学史对于它的现实意义、对于理性化与合法化实现是重要的，因为科学的进步是不断逼近真理的，直指今日的目的论的"正确"观点。同样重要的是，现实主义历史不仅证明和赞扬"胜利"传统，而且它也中伤被认为是失去的传统。或者说，选择性地解释过去的历史作为现实的确证，使它陷入一种特殊观点，这同样也是现实主义的。比如，20世纪70年代的认知革命被认为是正确的，而它之前的逻辑实证主义和行为主义则被认为是错误的。随着逻辑实证主义的衰落，行为主义也随之衰落，或者说，行为主义的终止被认为是逻辑实证主义方法衰落的证据。

　　相比之下，历史主义把科学发现、概念变化、历史人物看作是在它们自己时代和地域的语境中被理解的事件，而不是在当下语境中被理解的事件。这就是说，编史学关注的是过去发生事件在它们的时代和地域中的功能或意义，而不是它们在当下实现中解释的意义。这是一种令人瞩目的语境论视角，因为语境论的根隐喻就是"历史事件"。历史主义方法论在囊括材料和历史偶然性过程中有更多消耗且更缺乏选择。它不因与当下潮流不一致而拒绝或者不拒绝先前的工作。它也少有关于什么与实现历史的相关或不相关的假设。在这个意义上，历史主义历史与实现主义历史相对立，因为它与实现主义对一个学科的创立与特点的说明不一致。它认同和修正在学科史中某人物或事件被称为"原始神秘"的东西，而人物和事件是现实主义通常涉及的。科学编史学既需要现实主义，也需要历史主义；既要解释过去，也要说明现在。因为说明过去总是立足于现在，而说明现在要从过去做起。因此，科学史需要在现实主义与历史主义之间保持一种张力。

　　需要特别说明的是，科学史作为一门严格的学术领域，引起了人们对历史方法论的发展和对科学历史的审查的兴趣。科学编史学者应该审查：预防先前错误的重复发生，那些错误严重影响了一个学科的进步；检查一个学科过去和未来的发展轨迹；使社会－文化基质（语境）成为聚焦点，在这个语境中，实践者操作、促进当下困境的解决。语境论科学编史学强调"语境中的行为"，这对于科学史学家分析科学家的行为有极大帮助，因为说到底，科学史是一代代众多科学家行为的积累产物，对他们的行为进行分析是科学史特别是思想史研究的关键。

总之，就其本意而言，科学史就是研究科学发展的历史，它包括两个方面：一方面是科学自身的发展史，也就是所谓的"内史"；另一方面是科学与社会的互动史，也就是所谓的"外史"或者社会史。内史也好，外史也罢，它们都离不开"历史事件"和其中展开它的人物。也就是说，科学史就其本质来说，是探讨历史上"科学事件"是如何发生和发展的，由谁发生和推动的。因此，研究科学史，"历史事件"和人物（科学家）是两个核心因素，而"历史事件"是语境论的根隐喻，它是一种概念模型。因此，对"历史事件"及其推动它的人物的行为进行分析也就是一种基于概念的历史分析。这种历史分析必然是一种语境分析。这就是为什么一些科学史学家将语境论与科学史研究相结合的根本原因所在。

"科学史理论丛书"选择三位有明显语境论倾向的科学史大师柯瓦雷、科恩和迈尔进行研究，并通过对自然科学中最具权威性的杂志 *Nature* 和 *Science* 做内容计量分析来验证，旨在揭示科学发展中个人行为与集体行为之间的对立统一规律。

魏屹东

2015 年 10 月 9 日

目　录

图目录

表目录

导　　论

一、科学发展态势研究的目的与意义

20世纪已经落下了帷幕，这100年来，人类在科学发展的道路上取得了惊人的成绩。当我们置身在充满希望的21世纪的时候，每一个关心科学事业的人们，都渴望能从宏观上浏览科学走过的历程，把握科学发展动态与趋势，继而展望科学发展的未来，为21世纪的科学发展提供可资借鉴的因素。

科学史的首要任务就是"描述科学发展的历史"。揭示20世纪科学发展的历史轨迹和动态趋势成为我们义不容辞的责任，也是我们科学史研究的重要目标。而且"如果将我们自己和过去完全分割开来是一种遗憾。科学的历史如同任何历史之流一样是有趣的。对于科学家现在从事的有意义的工作是对伟大历史传统的继承，也是对先人工作的继续和对后继者打下的基础"[①]。那么，如何从科学史的视角，去描绘20世纪如此大尺度上的科学发展的历史呢？如何寻找到科学史研究的第一手的、极具有代表性的资料来真正考察科学发展的历史？又如何将宏大的科学图景全部包容，而不是局限在某些某个具体的学科历史呢？即便是有了第一手的资料又如何系统整理分析其中蕴含的信息？诸多问题的回旋，促使我们把视线聚焦到了两份卓越的杂志——《自然》（*Nature*）和《科学》（*Science*）。

"*Nature* 杂志是1869年由进化论之父达尔文的支持者们创办的，它与发明大王爱迪生1880年创办的 *Science* 杂志并列为世界最权威的两大科技学术刊物。"[②]美国物理学家史蒂芬·温伯格（S. Weinberg）指出："（全球）仅有两份英

---

① Laura Garwin, Tim Lincoln: A Century of Nature: Twenty-one Discoveries that Change Science and the World. The University of Chicago Press.2003：9.

② 姜岩.《自然》杂志主编坎贝尔谈科技发展与孔子.科技信息，2001，11：20.

文的科学杂志保留了涵盖所有科学的老传统：美国的 *Science* 和英国的 *Nature*。其中我们可以看到 20 世纪科学领域中的有巨大影响力的论文。"[1] 据汤普森科学期刊引证报告，可知，*Nature* 和 *Science* 在 20 世纪最后 10 年中的平均引证率高达 28.905[2]，是名符其实的世界上最著名的两份综合性科学学术期刊。*Nature* 作为全世界最有影响力的科学期刊之一，反映了各个学科在不同发展阶段的概貌，报道了现代科学中最重要的发现[3]："迄今为止还没有出版过如此大部头的 *Nature* 杂志的科学论文精选集，这套选集将很有可能成为相关的科学研究以及科学史研究甚而近现代社会发展研究的第一手资料。""又能从宏观上了解各个学科领域在不同发展阶段的总体概貌。再现了一个多世纪以来人类在自然科学领域艰辛跋涉、不断探索的历史足迹，堪称一部鲜活的近代科学史诗。"[4] 这两份杂志是连续出版的多元的全息性人类文化信息的载体，忠实地记录了 20 世纪的科学发展轨迹。无疑，*Nature*、*Science* 成了我们研究的起点和依托。

选定了研究的资料，我们采用科学史学科的鼻祖萨顿（G.Sarton）所开创的内容定量分析方法。"运用这种方法来说明科学技术的发展等现象还是十分有效的"，默顿（R.K.Merton）、普莱斯（D.S.Price）等用计量分析方法成功研究出了科学发展的若干问题。"系统地使用科学指标已经成为追踪世界范围科学的比较增长和研究发展的主要基础。"[5] 恰巧在 2008 年年底，*Nature*、*Science* 实现了创刊以来的全部信息的在线档案回溯，为我们的计量分析提供了完备的、清晰而便捷的网络资源，保证了计量分析方法的实施与推进。选取 20 世纪两份杂志的内容为计量对象，其中包括 43 万多条信息，客观地展示科学发展的微观路径，并在二者进行比较研究和计量分析的基础上，以期能够对整个 20 世纪的科学历程给出合理的描述，能在整体上回眸 20 世纪科学的发展，寻得 20 世纪的科学发展的一种态势，最大可能地对 21 世纪的科学发展趋势给予科学的预测。

本书首先考虑到为了计量过程的科学有效性，要设定科学的计量指标，但设定指标之前要对指标的指向，即科学的分类方式有最全面和系统的认识和分析，于是应该对现今存在的科学分类方式涉及科学的维度分析与国内外所采用

---

① Laura Garwin，Tim Lincoln：A Century of Nature：Twenty-one Discoveries that Change Science and the World. The University of Chicago Press.2003：5.

② 参见：http://www.isshp.com.cn.

③ Sir John Maddox，Philip Campbell，路甬祥：《自然》百年科学经典（*Nature*：the Living Record of Science）（第一卷）. 北京：外语教学与研究出版社，2009：李政道序.

④ Sir John Maddox，Philip Campbell，路甬祥：《自然》百年科学经典（*Nature*：the Living Record of Science）（第一卷）. 北京：外语教学与研究出版社，2009：前言.

⑤ [美] 默顿著，范岱年等译. 十七世纪英格兰的科学、技术与社会. 北京：商务印书馆，2000：前言.

的科学学科分类体系实证分析两大块进行系统的考察，从中也能透视出一定的科学学科发展的宏观态势，也能为本书进一步探索科学发展的百年历程做理论基础；其次，试图分别通过对 *Nature* 和 *Science* 20 世纪的内容做详细的计量分析，并将二者的计量结果以及国内外相关研究成果进行对比研究，对科学整体在 20 世纪的发展态势做出分析；再次，力求对计量分析给出的 20 世纪科学发展态势给出了内史分析与论证，归结出了 20 世纪各个学科的发展特点与态势，在此基础上对 21 世纪学科的进一步发展做出了预测；最后，试图最终能够对 20 世纪科学发展整体态势做出归结，以此为基础对 21 世纪的科学发展做一定的科学预测。

到目前为止，对 20 世纪科学发展的态势还没有全面系统地给予科学史视角的分析论证。因此，本书首先确定将 20 世纪的科学整体作为研究的对象，以期将微观动态描述与宏观的理论分析结合起来，为 20 世纪的科学发展态势做出分析，并为 21 世纪的科学发展提供借鉴。

针对确定的研究目标，我们选取了在国际上影响卓著的最典型的两份综合性科学期刊——*Nature* 和 *Science* 作为研究的出发点。一方面，*Nature* 和 *Science* 是毋庸置疑的最权威的科学期刊，具有重要的国际影响力，是科学研究的风向标。另一方面，*Nature* 和 *Science* 完整记录了 20 世纪科学发展的经典事实，其全息性、动态性、前沿性、多元化、多学科、大跨度、可检验性等特征都使得它们成为科学史研究最宝贵、最可信赖的第一手资料。

继而我们采用内容定量分析方法，对 *Nature* 和 *Science* 1901 ～ 2000 年这100 年间的内容做计量分析。一方面，内容计量分析法是一种对研究对象的内容进行深入分析，透过现象看本质的科学方法。应用这个方法，对文献的特定主题内容进行定性和定量的剖析，可以揭示该主题内容的实质，系统客观地把握其研究动态和趋势。另一方面，科学史家萨顿、默顿、普莱斯等采用计量分析方法成功研究出了科学发展的若干问题，是我们做计量分析的重要参考和方法论上的支持。科学计量方法会使研究结果更加细致和精确，呈现一种动态的模式和趋势，对于本书时间跨度长远、层次和结构复杂、因素和指标繁多的综合性科学研究是适用的。

因此，我们将 *Nature* 和 *Science* 作为分析的原始资料，材料的权威性保证了本书研究的可靠性；采用计量分析方法，是描述和预测科学现象和规律的科学方法，是本书研究的有力辅助手段；最终对"20 世纪科学发展态势"的探讨，这一主题是科学史研究的代表性课题。由于目前对于科学史研究，特别是近世的科学发展动态描述，都在趋于某一学科史和某些具体问题的阐释，因此如果能从整体上考察 20 世纪科学发展态势，不仅对于可以弥补对于 20 世纪科学研究的偏颇，而且也突破了科学史研究内史和外史之争，符合科学史内外史综合研究的这一趋势。

本书具有以下学术意义。

第一，对国际权威期刊 *Nature* 和 *Science* 20 世纪的内容进行数据统计，并做细致的计量分析，可以为研究 20 世纪科学发展趋势提供准确的、可估算量值的统计数据，提供最可靠的事实基础。

第二，本书力求客观、科学、系统、形象、客观地定量描述科学发展的动态历史过程，展示科学发展进程的总体图景，各个阶段的发展态势与结构特征，追踪并把握其发展态势和潜力所在，能够有效地拓展计量科技史的研究，为科学史相关学科的研究提供理论参考，具有重要的学术价值。

第三，本书通过内容的计量研究，能够还原科学技术发展的历史轨迹，找出学科发展的内在规律和演进方式。结合科技发展现实，科学预测学科发展的未来重点和突破方向。这将有助于在实践层面上对科学发展的实际问题给予合理指导规范，并可作为一种客观的检验来查核科学发展的情况，对 21 世纪科学发展有着重要的前瞻意义。

第四，以 *Nature* 和 *Science* 为研究对象，为我国科学技术发展能够及时跟踪国际前沿、把握正确研究方向，找准研究的切入点，选择科研项目提供科学的量化依据，对于提高我国科研水平，具有重要的理论意义和学术价值。

二、写作思路及内容结构

本书的内容结构图如图 0-1 所示。

本书将具体从以下几方面展开。

导论主要阐释本书写作的理由和意义，阐明本书要解决的问题及写作的基本思想和主要内容。

第一章探讨科学发展趋势的理论依据和实际指导。首先，考虑到本书研究的主题是科学，研究的方法是计量，计量的对象是 *Nature* 和 *Science*，对其内容设定计量指标就必须保证其科学性，计量指标无疑就是科学的分类。因此，先对现今存在的科学分类方式进行了六个维度的分析，重点考察现今存在的科学的不同分类形式与特征，运用不同维度探讨科学分类的内容、依据、目的、意

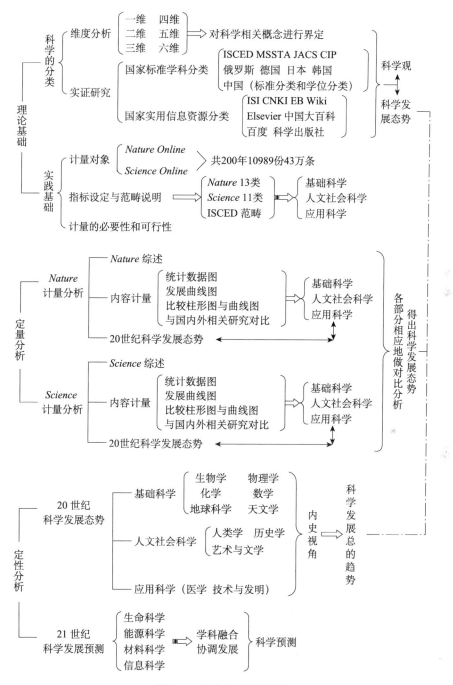

图 0-1　本书内容结构图

义及其趋向等，深刻理解各种维度透视下的科学整体。其次，从微观上展示世界各国国家标准学科分类体系和实用信息资源学科分类体系，以期在科学分类的实证研究的基础上，可以洞悉科学分类的实际状况，为计量指标设定提供参考，而且还从科学维度分析和分类实证研究中透视出现今各大学科发展的一些态势，也是本书研究主题的一个视角和参考。最后，通过对计量的资料的可靠性、分类类别的范畴、计量指标的确定、具体的统计方法及必要性和可行性等问题给出详细的阐述。

第二章是 *Nature* 20 世纪内容的计量分析。首先对 *Nature* 进行了综述，包括办刊简史、宗旨和目标、刊载范围、双重使命、影响因子及权威性做了简单的论述；着重将 *Nature* 的百年内容计量数据，从基础科学、人文社会科学和应用科学三大类分别讨论了各学科及其反映出的各大类的发展态势，并将计量结果与国内外相关研究成果进行了对比研究，最后得出从 *Nature* 反映出的 20 世纪科学发展态势。

第三章是 *Science* 20 世纪内容的计量分析。首先对 *Science* 进行了综述，包括办刊简史、办刊目标、刊载范围、影响因子及权威性做了简单的论述；着重将 *Science* 的百年内容计量数据，从基础科学、人文社会科学和应用科学三大类分别讨论了各学科及其反映出的各大类的发展态势，并将计量结果与国内外相关研究成果进行了对比研究，最后得出从 *Science* 反映出的 20 世纪科学发展态势。

第四章是对 *Nature* 和 *Science* 的计量结果比较分析及验证。首先对二者的总信息量进行了比较，从一个侧面反映 20 世纪科学发展的整体态势。重点是对 *Nature* 和 *Science* 反映出的科学发展态势做对比分析，也从基础科学、应用科学和人文社会科学三大类分别讨论了各学科及其反映出的各大类的发展态势，最后在与国内外相关比较分析基础上得出二者共同反映出的 20 世纪科学发展态势。

第五章是对 20 世纪科学发展态势所做的分析。首先我们深入关注 20 世纪科学发展的理论内核，为科学发展的计量结果提供有效合理的内史分析与说明。我们仍然采用科学学科大类，即自然科学、人文社会科学及应用科学三大类，从学科发展的内史视角，对 20 世纪的生物学、化学、地球科学、数学、物理学、天文学、人类学、历史学、科学与社会、医学、技术与发明的发展历程做了回顾，并与前文的计量分析结果给予关联性解释，以此为据归结出 20 世纪各学科的发展特征与态势，并对可能的 21 世纪的继续发展做了科学的预测分析。利用物质层次结构与科学学科结构的关联性分析，阐明了科学发展的关联性、整体性、共融性和逻辑层次性，并对 20 世纪科学发展的态势做了最后的归结。

本书最后以 21 世纪科学发展趋势为结束语。对科学界普遍认为的未来四大科学前沿：生命科学、能源科学、材料科学和信息科学做了关联性分析，最后指出 21 世纪是一个充满各种可能的世纪，各种可能全在于人类自己去创造。

本书的第二至第四章是着力于计量分析的部分，读者可以有选择性地阅读。另外第一章是对科学进行分类的探讨，是全书进行计量分析、探讨科学发展态势的理论依据和实际指导。仅仅对 20 世纪科学发展态势感兴趣的读者，可以主要阅读第五章和结束语。

科学的分类与计量的基础

对科学的不同界定，保持什么样的科学观，是科学史研究的逻辑起点，也是科学史研究的第一大张力。出于本书研究的理论和实践的需求，考虑到科学分类研究本身不仅是科学观的重要组成部分，也是本书对科学进行分类研究的基础。因此，我们对现今存在的科学分类方式进行了维度分析，进而又对国内外所采用的科学科学分类体系做了实证研究。这两方面的论证分析不仅仅渗透着我们所持的科学观，更是进一步探索科学发展的百年历程的理论基础和理论出发点，也是对科学发展趋势进行分析论证的理论支点。因其从一定程度上揭示了科学学科发展的基本态势，是本书探讨科学发展趋势的理论依据和实际指导。

为了对 *Nature* 和 *Science* 内容的计量分析，我们在上述科学学科分类研究的基础上，又特别针对 *Nature* 和 *Science* 本身使用的学科分类方式进行了分析，借此确定了本书计量研究的分类指标。最后，本章还对具体计量的实施所要解决的一系列问题，如资料来源、类别范畴、计量的必要性和可行性、具体统计方法、技术实施等问题给出了详细的阐述。

第一节　科学分类的维度分析

科学是一种非常复杂的认知现象。从科学概念本身的界定出发，运用维度分析将科学分类形式分为六个维度，并分别对其内容、依据、目的、意义和趋向做了详细论述，揭示了各种维度下的科学分类形式的内在联系及其整体结构，对于认清科学全貌，沟通学科交流，促进科学统一，预测科学未来趋势有着重要意义。

科学分类古而有之。从古希腊到现代出现过诸多科学分类案例，每种分类方式有着各自的优劣、依据及基准，形成的形形色色的科学分类不断丰富着科学的宏观认识。从不同角度对科学进行必要的分类和鉴别，考察各类别之间的区别与联系，明确各类别在科学研究中的地位与价值，是我们面对现时代宏大科学图景的必然选择，也是我们把握科学研究的范围，揭示科学的内在规律，并在一定程度上预测科学发展趋势的有效合理的方式。我们不打算考察历史上的科学分类方式，而是着重考察现今存在的科学的不同分类形式与特征，以及国内外科学分类下的学科分类体系的实况，在科学分类的宏观解释和实证研究的基础上以求对科学的元理论有更深入的认识。本书运用维度分析探讨科学分类的内容、依据、目的、意义及其趋向等，深刻理解各种维度透视下的科学整体。

一、科学的一维分类

有效合理地回答"什么是科学"，给科学一个唯一的标准界定，是科学发展过程中人们一直在探寻和努力的基点。但毋庸置疑的是，"科学"仍然是迄今最难界定的一个概念。从词源上探寻科学的本意，从历史沿衍考据科学的意义，从实证的、社会的、认知的角度描述科学，从科学论学科群的不同视角出发的科学界定，形成了科学的属种定义、要素定义、发生定义、关系定义、描述定义、工具定义、文化定义、纲领定义等 300 种之多的不同形式。但"科学是系统化的知识"，这是目前人们能够达成一致的关于科学的最为宽泛的开放式定义，它通过"知识"概念内涵的拓展而不断对科学发展的新特点和新领域开放，也是对于自然科学、人文社会科学的知识领域的科学都适用的划界标准。[①]

事实上，"科学"概念本身就是一个需要不断发展、不断丰富的过程，是语境相关的对象。一方面，科学的飞速发展需要不断完善对科学的解释和描述，越来越丰富的对科学的界定必然加深人们对科学整体的认识和理解；另一方面，面对飞速发展的科学以及不断提升的人类认知能力，人们普遍认识到对"科学"概念的探索并试图为其构建一个一劳永逸的定义是不可能的，也是不现实的。科学作为人类的一种认知实践，其构成成分是非常复杂的。一般来说，它包括科学实践的主体及其形成的共同体、实践的客体对象、主体所持的信念背景、所使用的方法、所形成的理论成果、具体的运行机制等要素组成的复杂系统，这需要我们从社会的、历史的、文化的、语言的、认知的等不同语境加以分析，

---

① 陈其荣，曹志平. 科学基础方法论——自然科学与人文、社会科学方法论比较研究. 上海：复旦大学出版社，2004：49.

形成对科学多元的、多维的、结构的、模糊的、多级评判的分析界定。尽管永远没有"科学"唯一的定义，但是获得了语境释义的科学也就获得了永恒的发展。

那么，我们不再寻找对科学清晰的界定，但考虑到如果能够澄清科学与非科学、伪科学的分界，这本身就给科学一个一维的解读。非科学是与科学相对应的科学以外的知识集合，具体包括从各种技艺到形而上学的庞大的知识要素。如果非科学集的某个元素伪装成科学的形式，那就是伪科学。从历史上看，科学与宗教，科学与伪科学、科学与哲学、科学与神学等都是家族相似的，有着同源关系，甚至在科学的奇迹和伪科学的神秘之间似乎只有一步之遥。这就使得科学与非科学、伪科学之间的区分变得复杂而模糊。再者，科学的权威态势、科学技术产生的负面影响，以及人们科学素养的不足、大众传媒的误导等因素，都给伪科学留下了发展的空间。因此，利用合理有效的标准加以区分科学与非科学、伪科学是必需的。

可检验性无疑是做出这一区分的基础。科学是具有在经验中检验的、有逻辑蕴含的知识体系，而非科学、伪科学往往违背经验事实和自然规律，经不住历史和实践的检验。继承性和批判性也是区分科学与非科学、伪科学的重要标准。科学强调知识内容的历史继承性，是继承中的批判和创新，而且也是永远不完备的，是需要发展改进的体系。而伪科学过分强调自己创新的"新"和"高"，否认创新的历史性，否认发展的可能性，是绝对完备和不可批判的。[①] 只有依照这些标准在具体的实践工作中衡量知识集合的科学性，正确评价科学的价值，弘扬科学精神，宣扬科学思想，传播科学方法，普及科学知识，提高大众科学素养，才能在科学实践活动中对科学与非科学、伪科学做出敏锐的区分，为科学的健康发展扫清障碍。

二、科学的二维分类

1. 大科学与小科学

从科学的组织形式和社会建制的基底上，我们通常将科学笼统分为"大科学"与"小科学"。在科学发展的早期历史上，科学研究都是以增长人类知识为主要目的，以个人的自由研究或规模较小的集体进行；以追求科学真理为导向，

---

① 陈其荣，曹志平.科学基础方法论——自然科学与人文、社会科学方法论比较研究.上海：复旦大学出版社，2004：55.

科学家们通常聚焦在某个单个学科，设定问题并努力探索来解决，经常会产生出人意料的结果。这种形式即小科学。从 16 世纪伽利略时代的个体研究，17 世纪牛顿皇家学会的松散群团，直到 19 世纪末 20 世纪初的爱迪生时代集体研究的科学体制都属于小科学。这种方式保证了科学的自主性、良好的科学激励机制和科学成果的繁荣出现。20 世纪 40 年代后，科学被真正确立为一种重要的社会建制，因而得到了迅猛的发展，逐步进入了大科学时代。大科学以确定的目标为导向，涉及众多的学科，耗费资金巨大，成果的获得需要较长的时间，通常由大规模集体进行，甚至是国家大规模研究乃至国际合作的跨国研究的方式，这种研究更多地受目标影响，受大仪器制约，受社会需求的制约，甚至科学家在生产知识时就要考虑如何被应用，科学作为一种社会建制的性质越来越明显。

最先提出现代科学已从小科学变成了大科学的是美国物理学家温伯格。他在 1961 年针对大型火箭和高能加速器等大科学装置提出高能物理学是一种大科学。1963 年，美国科学史家普赖斯（D. J. de S. Price）出版《大科学，小科学》一书，首次明确了科学的二维分类。他指出大科学是现代科学研究的一种重要方式，具有科研项目规模庞大、结构复杂和多学科协作等特点，如研制原子弹的曼哈顿工程，探索登月飞行的阿波罗工程等。普赖斯完善和发展了大科学、小科学的概念，从此科学的"大小"的二维分法广为人知。

对于大小科学的界定，普赖斯侧重于科学研究总的社会规模，温伯格着重强调科学研究的项目尺度。还有人从决策方式上区分大小科学，认为小科学项目是研究者个人自下而上提出来，经过同行评议和相互竞争得到的，而大科学项目则是由政府官员或科学界领导自上而下提出来，有组织、有计划地给予落实的。因此，前者好像"市场经济"，后者如同"计划经济"。[1] 学者吴家睿基于生命科学特点从目标视野上区分大小科学，认为注重全局、性整体性的大目标，关注大应用高通量的技术手段的具有大视野的科学研究谓之大科学，而且小科学是假设驱动的科学，而大科学是发现的科学。还有人从具体科学研究的经费、目的范围、运行方式、研究比例等方面来区分大小科学。

由于没有一个确定的标准可以实际检测科研的大小，大小科学的区分其实是相对的和模糊的。如果对于科研申报和具体的社会运行上区分大小科学还有一点意义的话，如果考虑到整体科学研究和国家科学发展的话，这种区分就失去了价值。事实上，虽然现在处于科技快速发展的大科学时代，但大科学的形

---

① 蒲慕明. 大科学与小科学. 世界科学, 2005, (1):4,5.

成和发展是建立在小科学基础之上的，大科学研究也必须要有小科学作为支撑，小科学研究的成果必然促进大科学的发展，大科学的目标和协作会更加促进小科学的具体研究。二者是相辅相成、互助互利的关系。只有把二者有机地整合起来，并充分地发挥二者的优势，既有大科学的硬核，又有小科学软组织的科研弹性机构，才能在小科学机制成熟后，建立大科学体制下健全的现代科研体制。

2. 软科学与硬科学

从科学的发展和社会功能上，科学可分为"软科学"与"硬科学"。人们普遍认为软科学是一门综合性学科，它由现代管理学、科学学、决策科学、预测学、系统分析、科学技术论等学科组成。软科学综合运用自然科学、社会科学、数学和哲学的理论和方法，研究现代各种复杂的社会现象和问题，探讨经济、科学、技术、管理、教育等社会环节之间的内在联系及其发展规律，从而为它们的发展提供最优化的方案和决策。硬科学是以自然和工程系统为对象的科学，是自然科学、技术科学、工程科学的总称，它的研究对象是不以人的意志为转移的现实世界中的实际存在。

最早使用软硬对知识进行分类的是罗素。他在1914年的一次讲座上，第一次将人类对外部世界的一切知识统分为"软"知识和"硬"知识两大类，使软硬成对出现用以描述科学知识。后来，随着电子计算机的出现，软件和硬件构成计算机的两大组成部分，硬件是具有实体形态的结构装置，软件是用计算机语言编制的程序指令，它控制硬件进行操作，以完成和提高整机的功能。因此，从电子计算机软件的含义中引申出来的，并用来对科学功能进行分类进而形成"软科学"概念。软科学术语最早出现于1971年日本《昭和四十六年版科学技术白皮书》中，"软科学如计算机中软件的重要性不断增加，它是在科技发生质的变化，以及社会经济对科学技术提出新的要求等背景下诞生的一门新的综合性科学技术，它以阐明现代社会复杂的政策课题为目的，应用信息科学、行为科学、系统工程、社会工程、经营工程等正在急速发展的和决策科学化有关的各个领域的理论和方法，靠自然科学的方法对包括人和社会现象在内的广泛的对象进行跨学科的研究工作"[1]。

人们对于软科学、硬科学的如何区分有着不同的观点。有的人利用科学的发展水平、成熟程度和可检验程度的特征来理解软硬。有的人以某个学科该领

---

[1] 石磊，崔晓天，等.哲学新概念词典.哈尔滨：黑龙江人民出版社，1988：196.

域内所有学者对某一特定理论体系或研究范式的认同程度来描述学科的软硬，认为认同度高则硬度高，软度低。还有的人用一定的指标试图定量研究科学的软硬度。例如，普赖斯用文献"即时索引"指数高于 43% 为硬科学的衡量标准，认为这些科学论文过时速度较快，即比软科学更快过时。拉图尔提出的科学图形主义的 FGA 方法来定量描述科学的软硬，认为 FGA 值大于 0.03 的学科为硬科学，小于该值的谓之软科学。[①] 这些软硬科学的评判方法大致是相同的，即认为物理学、化学、天文学、地理学、生物科学、医学以及技术工程等发展比较成熟、可受实验检验、认同度高、即时索引指数高、FGA 值大的自然科学为硬科学，而心理学、经济学、社会学、管理科学、控制工程等发展水平相对较低、可检验程度差、认同度低、即时索引指数低、FGA 值小的人文社会科学为软科学。这也恰好符合大众对软科学、硬科学的理解。

　　但是，我国现今更多的是将软科学理解为一门跨学科、交叉性的综合性学科，更多的是以研究的目的、对象、方法及其功能的不同来区分软硬科学。软科学是现代自然科学、工程技术、社会科学等诸多学科相互渗透和交叉的产物，它利用现代科学技术的理论和方法，采用电子计算机等先进手段，通过抽样调查、梳理分析、模型推导等，把定性研究同定量研究结合起来，提出可供选择的优化方案，从而把决策工作建立在精确的科学论证基础上。软科学的研究对象复杂，研究方法综合，研究成果为政府决策管理服务。硬科学直接面对各种物质运动，揭示其规律和原理，需要软科学来对硬科学进行综合性的组织、管理、指挥和控制，使各种硬因素各就其位，各司其职。

　　当然，科学的软硬是一个相对概念，会随着时间的推移和理论的发展、社会变迁而发生变化。如果把科学作为一个大系统与计算机系统相类比，有些科学主要起"硬件"作用，而有些科学则主要起"软件"作用，而且随着人们对它的认识的不断提高，软部分的功能表现得更为突出，是通过思维和行为的内在过程所表现出来的决定性因素。在高度分化又高度综合的现代高难度科学研究中，软科学依赖于硬科学，为硬科学的研究提供论证和分析，即为硬科学提供可行性研究和预测性论证，确保硬科学研究成果的实际价值。再者，现代科学技术的研究路线是从实体对象逐渐向非实体对象扩展，许多硬科学开始软化。而且因为软科学的研究手段和方法是精密的科学及其实验工具，其结论是确定的，应用上是可操作的，软中有硬。在软科学具有更大的智力挑战的意义上，

---

① 潜伟. 关于"软科学"与"硬科学"界定的思考. 中国软科学，2003，(3):149,150.

软科学比硬科学还要硬，它为硬科学提供保障，在当今社会有更重要的实践价值，又加上对软科学成果评定是更加模糊的，精确性和普及化都很难，这就要求软科学研究更要有硬功夫。因此，科学作为一个整体而言应该是硬科学与软科学的统一，必须相互融合、共同发展。

3. 纯科学与应用科学

英国的比彻从认识论角度除把科学分为硬科学和软科学外，还把科学分为纯科学和应用科学。这是对斯诺两种文化的否定和超越，较好地诠释了学科的本质属性，同时又恰当地昭示了学科的根本特征，为我们进行学术评价提供了学理基础。[①]

纯科学和应用科学描述的是该学科领域的研究问题应用于实践的程度。纯度比较高的学科体系的构建往往需要依赖前人的知识体系并吸收相关学科知识，按照线性逻辑的模式加以累计，遵循以理论为导向形成知识体系的。而应用较高的学科的概念和理论多源于实践，构建的体系倾向于以实际的需求为导向，由实践推动理论的方式而形成，即遵循由下至上的路线。[②] 因此，纯科学和应用科学也可以说是理论科学和实践科学。前者多是探讨自然、社会和认知规律的学科，如物理学、化学、认知科学；后者多是理论在实践中的运用，如化学工程、生物工程、应用社会学等。有时我们也将理论科学称作基础科学，实践科学也称作技术科学。

关于纯科学和应用科学哪个更重要的问题，1993 年亨利·奥古斯特·罗兰就在美国科学促进会（American Association for the Advancement of Science，AAAS）年会上发表题为"为纯科学呼吁"的著名文章，影响了美国科学的发展。*Science* 杂志主编唐纳德·肯尼迪在庆祝该刊创刊 125 周年时所发表的社论中指出，为了应用科学，科学本身必须存在，只满足于科学的应用，仅用正确的方法探索其特殊应用的原理，仅有寻根问底的精神是不够的。迄今应用科学很成功，它让世界更轻松地生活。对纯科学的培养，对自然的科学研究实在稀少。从事纯科学研究的人必须以更多的道德勇气来面对公众的舆论，必须接收每一位成功发明家轻视的东西。理解科学理论进展的人屈指可数，特别是理解科学理论最抽象的部分的人更是屈指可数。[③]

---

① Becher T. The significance of disciplinary differences . Studies in Higher Education, 1994, 19(2): 151-161.
② 蒋洪池. 托尼·比彻的学科分类观及其价值探析. 高等教育研究，2008,29（5）：93-98.
③ Donald Ke. Editorial: A new year and anniversary. Science, 2005, 307(5706):17.

三、科学的三维分类

从知识的纯客观性上考虑，科学通常可分为自然科学、社会科学和人文科学。比如，有人将科学分为自然科学、社会科学、艺术与人文，其中自然科学又分为农业与环境、生物学、生命科学、生物医学、生理学、临床医学、神经科学、化学、物理学、地球科学、工程学、数学。[①]

自然科学是研究自然界各种物质形态、结构、性质及其运动规律的科学。人类生产实践和科学实验是它产生和发展的动力，其目的在于认识自然规律，为人类正确改造自然开辟道路。广义的自然科学包括物理、数学、化学、天文、气象海洋、地质、生物、生理等基础科学，以及材料、能源、空间、农业、医学等应用技术科学。狭义的自然科学仅指基础科学，其他应用科学包括工学、农学、医学等。自然科学本质在于求真求实，具有客观性、准确性、肯定性、明确性、系统性、可检验性、普遍性等客观实在的特征。

社会科学是研究社会现象的科学。19世纪下半叶以来，人们仿效自然科学模式，借鉴自然科学方法研究日趋发展的社会现象，从多侧面、多视角对人类社会进行分门别类的研究，力图通过人类社会的形态、结构、性质、变迁、动因以及运行机制和发展趋向等层面的深入研究，把握社会本质和发展规律，更好地建设和管理社会。它主要涉及政治学、经济学、社会学、教育学、法学、公共事务与公共政策、新闻与传播等现代意义上的社会科学。

人文科学既不属于自然科学又别于社会科学。它是有关人和人的价值及其精神表现的一种独特的知识体系，是以人的精神生活为研究对象的学科总称，并对人的精神文化现象的本质、内在联系、社会功能、发展规律等方面认识成果的系统化和理论化。[②]也就是说，人文科学是关于价值和意义的学问。价值是人们对于事物的有用性进行评价的规范系统，意义则是人们对价值规范及其指导下的日常生活实践所进行的总体反思，是对人之为人、人的目的、人的价值、人的道德、人的幸福等问题的寻根问底的考问。一般认为人文科学主要由哲学、文学、历史学三个学科构成，同时也包含由文史哲三个基础学科衍生而成的其他学科，如美学、宗教学、文化学、语言学、音乐学、艺术学、心理学、教育学、伦理学、神学、人类学、艺术史、考古学等。

---

① Wolfgang Glanzel, Andras Schubert. A New classification scheme of science fields and subfields designed for scientmetric evaluation purposes. Scientometics, 56:357-367.
② 陈其荣，曹志平.科学基础方法论——自然科学与人文、社会科学方法论比较研究.上海：复旦大学出版社，2004：18.

对于科学的自然、社会、人文三维分法，至今仍有争议。这集中体现在对于人文科学的认同度上。在 19 世纪以后，德国的狄尔泰、文德尔班和李凯尔特等使人文社会科学获得空前发展，但其中的政治学、经济学、社会学、法学、教育学等现代意义上的社会科学经过充足的发展之后获得了科学的地位，社会科学的称谓得到了确认。而人文科学的科学性至今仍然有着分歧，人文学科到人文科学的距离究竟还有多远尚无定论。

对于是人文科学还是人文学科这个问题，有人认为虽然二者都是对人类思想文化价值和精神表现的探究，目的在于为人类构建一个意义世界和精神家园，使心灵和生命有所归依，但二者有着明显的区别。人文学科是指人类精神文化活动所形成的知识体系，如音乐、美术、戏剧、宗教、诗歌、神话、语言等作品以及创作规范和技能等方面的知识。人文科学是关于人类生存意义和价值的体验与思考，是对人类精神文化现象的本质、内在联系、社会功能发展规律等方面的认识成果的系统化和理论化，如音乐学、美术学、戏剧学、宗教学、文学、神话学、语言学等。人文学科在先，人文科学在后。[1] 现今人们对人文学科的研究还不够成熟，还缺乏科学知识的基础特征，在与科学标准有一定差距的情况下，使用人文学科而人文科学可能是明智之举。不过，人文科学不必向自然科学看齐，二者有很大的不同。

还有人直接将以人的精神文化为对象的研究称为人文学科，究其特殊性只能成为一种学科，并从研究对象、目的和方法上将人文学科与社会科学做了区分，同时确定以人为研究对象的只能是人文学科，而不是人文科学。[2] 也有人明确指出"以人类的信仰、情感、道德、美德等为研究对象的人文学科与社会科学不同，因为人文学学科形成的哲学、宗教、艺术、音乐、戏剧、文学等都包含很浓厚的主观成分，着重于评价性的叙述和特殊性的表现。所以人文学科是一种评价性的学问，是不能归入科学的范畴内"[3]。

但是也有学者认为人文领域的知识体系是以人的精神世界及其积淀的精神文化为对象的知识集合体，具备了科学的品质，体现了人文知识体系的发展，应该将人文学科提升到人文科学。人类知识的客观化，从自然到社会，进而到人的精神文化领域的深层扩展，是人文知识形态的质变和飞跃。从自然科学与人文、社会科学的历史嬗变看，人类社会初始阶段的同一形态，经历了分化交

① 刘大椿 . 人文社会科学的学科定位与社会功能 . 中国人民大学学报 , 2003,(3):28-35.
② 李醒民 . 论科学的分类 . 武汉理工大学学报（社会科学版）, 2008,21(1) :149-157.
③ 魏镛 . 社会科学的性质及发展趋势 . 哈尔滨：黑龙江教育出版社 ,1989:47-49.

叉的发展，取得了巨大进步，必然又出现新的融合，因为它们都是人的精神活动和理性创造的产物，无论是自然科学还是社会科学，还是人文科学，都是人作为主体进行的研究活动。无论是人对外界自然的认识，还是对人自身组成的社会的研究，还是对人内在精神情感的考察，"都是人的本质力量对象化的产物，都是人类的创造性获得，都有共同的创造基础、共同的创造规律和相同的创造本质"。再者，"人文科学对人自身的精神、文化、价值的研究，的确离不开反思的、体验的、内省的方式，但不排斥理性思维，也使用统计的、实证的、模拟的、逻辑分析的方法，也离不开事实原因和规律的运用，也强调客观性、合理性和普遍性，强调对研究对象本质的认识"[1]，也一样经受人类历史和社会实践的检验。因此，人文学科应该给予人文科学的称谓。

另外，学术界还将对人类社会各种现象和人类精神文化现象的研究统称为人文社会科学，在行政管理部门则称为哲学社会科学。后者是基于哲学抽象性、统摄性和基础性地位，把哲学从自然科学和社会科学中抽取出来。哲学和社会科学都不能涵盖人文学科，因此人文社会科学外延宽泛，几乎包括除了自然科学之外的所有知识门类。但人文社会科学的称谓模糊了人文与社会之间的区别，更隐藏了人文科学的认同度，只适合行政管理与科研统计中使用，在科学类别中还应该明确区分人文科学与社会科学，并认可人文学科的科学地位。

在我们看来，自然、社会、人文科学之间其实没有严格的区分，它们是相互渗透、相互影响、相互补充的。在人类社会的初始阶段，对自然的探索，对自我的认识，对社会的理解都是共同的，所获得的知识形态都是统一的。随着人类探索的进展，才开始出现知识的分类，但到现今在分化之后又出现了高度互渗、高度融合的趋势。如果考虑到科学活动整体的思维方式、研究方法和实现机制，科学的三大类型就基本上是一致的，在更高的层面上构成统一的科学。还有人将科学分为形式科学、解释性科学和设计科学。[2] 形式科学主要是数学和逻辑，解释性科学主要指自然科学和一部分社会科学如经济学，设计科学包括工程学、医学、管理学、现代心理疗法，等等。或者说，解释性科学重在描述（description），设计科学重在施策（prescription）；解释性科学的成果（如宇宙起源）是人人关心的，设计科学所产生的知识（如预应力结构可靠度分析）则主要是业内人士更关注。前者的典型研究成果是因果模型，后者的典型研究成

---

[1] 陈其荣,曹志平.科学基础方法论——自然科学与人文、社会科学方法论比较研究.上海:复旦大学出版社,2004:21.
[2] 武夷山.正视学科冲突,建设和谐社会.学习时报,2005(6).

果是一些技术规则。[①]

四、科学的四维分类

随着知识的不断增长与融合，在自然科学、社会科学和人文科学之外又增加了交叉学科。交叉科学出现在近代，比如，法国科学家莱莫瑞于 1670 年提出"植物化学"，18 世纪的罗蒙诺索夫提出物理化学，19 世纪 70 年代形成化学动力学，构成早期典型的交叉科学。20 世纪随着科学的飞速发展，分支学科越来越密集，出现众多的边缘学科、横断学科、综合学科，交叉科学得到了迅猛的发展。据统计近 5500 门学科类别中约有 2581 门交叉科学，约占学科总数的一半。[②] 交叉科学的发展使各个学科内部、之间，甚至是横跨自然、社会、人文科学几大领域的学科相互交织渗透融合，而且科学基础方法论在自然、社会、人文学科之间全面渗透、交互使用成为科学研究的必然。科学在分化与综合中构成了一个统一的整体。

比较典型的科学四维分法是依据自然界、人类社会、认识活动、大脑这四种研究对象将科学分为自然科学、社会科学、认识科学、思维科学。这种分法认为在自然科学和社会科学之间缺少一种中介，认识活动是在实践基础上将外界事物见之于主观的过程，对这个过程进行的研究就是认识科学。进一步将认识活动转化到高级阶段形成了概念，概念的运动形成了判断和推理等思维活动，可以归为思维科学。这样加上研究认识活动的认识科学，以及将认识提升的思维科学能使科学分类结构中的断裂现象消除。可见，完整全面的科学分类，应该是自然科学、社会科学、认识科学、思维科学四大类。[③]

还有学者基于 20 世纪 70 年代波普的"三个世界"理论，将其重新划分成"四个世界"，即自然、社会、思维和知识世界，并且将四个世界对应于自然科学、社会科学、思维科学和知识科学四类科学。自然科学主要研究物理学、化学、生物等有机界、无机界、微观世界、宏观世界和宇观世界；社会科学主要研究社会有机体、文化和人的活动世界；思维科学主要研究人的思想、主观精神和心理世界；知识科学研究认识结果、知识产品、技术与专利、科学理论和定律、图书报刊和文学艺术作品等组成的客观知识世界。特别是当今，知识的

---

① 司马贺 . 人工科学 . 武夷山译 . 上海：上海科技教育出版社，2004: XV.
② 李喜先 . 论交叉科学 . 科学学研究，2001，19(1)：22-27.
③ 袁之勤 . 科学的分化和分类 . 科学学研究，1995,13(6):13-15.

作用越来越大，已经成为推动社会发展的首要动力，对知识本身进行更加深入而全面的研究，专门研究知识发展及其价值问题的知识科学就成为必然。它包括知识哲学、具体知识学科和知识运用三个基本层次。其中，知识科学又包括从哲学层面上对知识的含义、本质、特征等进行形而上的研究，是知识世界的哲学问题；从具体学科层次上，知识科学包括一系列的知识学科，如图书情报学、教育学等，还有涉及知识内容传递、扩散和接受问题，即知识内容学；从知识科学的运用层面上，知识科学研究知识产权及其保护问题。知识科学是同自然科学、社会科学、思维科学属于同一序列的科学研究领域，是一大科学门类。[1]

科学的四维分法中交叉科学确实值得我们关注，因为现今的科学研究已经很难避免学科交叉，更不可能给交叉学科一个清晰的界定，但却不能因此而否定传统学科划分和界定对于科学研究的意义。而且交叉学科对于学科规范和科学的实证研究来讲不能称作独立的一大门类，现今通用的各国学科分类体系中也都没有将其列为单独的门类，毕竟交叉的基础是各个学科的区分。对于认识科学，其实质就是研究人类认知规律的认知科学，是一门包含认知心理学、人工智能、语言学、人类学和神经科学的一种新兴交叉与综合学科。它和知识科学一样，虽然已经引起人们广泛的关注，但还有待更大的发展。思维科学更多地针对人的思维的具体运行规律的认识，其目的在于对人的思维的认识后的模拟与技术开发。认识科学与思维科学的研究对象不是如自然、社会等客观存在，都以人的意念、思维、心理活动的形式和结构、规律为研究对象，与认知科学、脑科学、心理学、人工智能等均有紧密的联系，对于新型的智能计算机的研发，以及更深层次上对人自身的心智认识有着重要的意义，因此会有更大、更广阔的前景。

五、科学的五维分类

从科学研究的对象和方法上，可将科学分为形式科学、自然科学、技术科学、社会科学、人文学科五大类。形式科学以符号概念为主要研究对象，多用分析、推理、论证的方法，其目的在于构造形式的、先验的思想体系或理论结构。自然科学以自然界为主要研究对象，多用实证、理性、臻美的方法，其目的在于揭示自然的奥妙，获取自然的真知。技术科学以人工实在为主要研究对

---

[1] 何云峰. 关于建构知识科学的问题. 上海师范大学学报（哲学社会科学版），2003,32 (1): 8-12.

象，多用设计、试错等方法，其目的在于创制出新的流程、工艺或制品，它在很大程度上是自然科学在技术上的实际应用或应用科学的技术化而形成的系统的知识。社会科学以社会领域为主要研究对象，多用调查、统计、归纳等方法，其目的在于把握社会规律，解决社会问题，促进社会进步。人文学科以人作为研究对象，多用实地考察、诠释、内省、移情、启示等方法，其目的在于认识人、人的本性和人生的意义，提升人的精神素质和思想境界。[①]

还有人将科学分为自然科学、社会科学、思维科学、工程科学、人文学科。[②]工程与技术科学是以自然科学的发展为基础，将自然科学的原理应用于从农业生产部门，或者与各种工艺操作相结合，起初均隶属于自然科学。但工程与技术科学虽然研究对象是物质的，但不是自然的，是增添了无数人工创造的对象，因此随着工程技术科学的突飞猛进，以及对它们独立的理论结构、形成机制等的系统研究，将工程与技术科学作为科学的一个重要维度，甚至独立于科学，与科学并行为另外的体系来研究都是可能的。当然，目前在对科学分类研究中，工程与技术科学已经独立于自然科学，但仍然是科学研究的重要维度。

六、科学的六维分类

更加细致的分类法是将科学分为哲学、符号科学、自然科学、社会科学、精神科学、文化科学六大类。哲学类包括纯哲学、元科学与前科学；符号科学或形式科学类是介乎哲学与经验科学（或实证科学）之间，包括语言科学、逻辑科学、数学科学、系统科学等；自然科学类包括纯科学（物理学、化学）与真正的自然科学（天文学、地球科学、生物科学），其中包括体质人类学、人种学和人体科学；社会科学类包括经济学、政治科学、社会学、文化人类学等；精神科学或心理科学类，主要指波普的第二世界，关于人的纯粹意识、记忆、智能、思维、创造等现象及活动。文化科学即以精神产品为对象，主要包括波普的第三世界大部分，特别是艺术、宗教神学、价值科学、历史科学等。[③]

科学的六维分法将哲学独立出来，并将其作为其他科学的概括和总结，是最高层面上的科学反思和追问，具有普遍性和永恒性。符号科学或如同上面分类中的形式科学一样，是对整个认识对象的概念符号化的演绎，是贯穿于各类

---

① 李醒民.论科学的分类.武汉理工大学学报（社会科学版），2008,21(1)：149-157.
② 叶文宪.论学科的分类.西南交通大学学报（社会科学版），2001，2(4)：90-93.
③ 胡作玄.科学分类试论.自然辩证法研究，1991，7(5):13-16.

学科研究之中的工具体系，具有启发和先验的性质。精神科学实质上就是探讨逻辑、直觉、顿悟等的思维科学。这种更细致的六维分法是对科学分类理论和现实意义下的一种尝试。当然还可能有其他分类，比如，有人将科学分为医学、生物学、自然科学、工程学、农学、人文和其他 7 类。[①] 有人则分为数学、物理与天文学、化学、生物与医学、地球科学、人文社会科学、高科技 7 类。因此，科学的分类是开放的，也是不断发展的。[②]

　　总而言之，"缺乏完备的和精确的边界是所有自然事物的普遍特征，而科学是自然事物"[③]，因此，科学的界定是模糊的，科学的分类形式也是不确定的。科学的一维分类给科学以最基本的划界，将科学与非科学、伪科学区别开来，并赋予科学以永恒发展的语境意义。科学的二维分类从社会建制和社会功能上将科学有了大小、软硬之分，它们之间的互惠互利、相辅相成为健全的现代科研体制提供了保障。科学的三维分类从知识的纯客观性上将科学分为自然科学、社会科学和人文科学，是当前国际公认的三大基础类别，同时三者在更高的思维方式、研究方法和实现机制上获得统一。科学的四维分类在三大基础科学领域外，凸显了交叉科学、认识科学、知识科学或思维科学在科学发展中不可或缺的地位，迫使我们重新审视传统的科学分类。科学的五维分类增加了对工程技术科学的认识，科学的实际应用已不容忽视。科学的六维分类给科学以逻辑上的划分，使具有普遍意义的哲学、形式科学的获得了独立，是一种更细致全面的对科学的认识。

　　从六个维度来认识科学分类，仍然没有穷尽人们对科学不同视角的关注，比如，还有人将科学分为纯科学与应用科学或基础科学、应用科学和技术科学等。另外，通过笔者对现今存在的国内外科学学科分类体系的实证研究得知，国际上对科学的分类形式也不尽相同，而且是不断调整变化的。科学是不断发展的，任何科学分类都不可能是最终的封闭体系，它必然随着人类认识的深化，在实践中不断地得到丰富和拓展。因此，科学分类只有相对意义，无论对科学进行几维的划分和认识，都只是一种认识和研究科学的方式，都是对人类的知识进行的一种细化。对科学分类进行维度分析，不仅没有将科学分崩离析，而是在一种整体理念指导下的多种模式的统一，是各类别组成一个有机联系的庞大的科学统一体，而且对整体上认清科学全貌，沟通学科交流，促进科学统一，

① Kantiwa K, Adachi J, et al. A comparison between the journal nature and Science. Scientometics, 13:125-133.

② Arkhipov D B. Scientomentric analysis of nature,the jourmnal. Scientometics, 46:51-72.

③ 李醒民 . 论科学的分类 . 武汉理工大学学报（社会科学版），2008,21(1) :149-157.

预测科学未来趋势都是大有裨益的。

第二节　科学分类的实证研究

从不同角度对科学进行必要的分类和鉴别，考察各类别之间的区别与联系，明确各类别在科学研究中的地位与价值，是我们面对现时代宏大科学图景的必然选择，也是我们把握科学研究的范围，揭示科学的内在规律，并在一定程度上预测科学发展趋势的有效合理的方式。历史上形形色色的科学分类方式，不断丰富着我们对科学的认识。本部分立足于从微观上展示和分析科学分类的现实状态，着重考察国内外科学学科分类体系的实况，以期在科学分类的实证研究基础上，透视现今各大学科发展的态势，从而对科学的元理论有更深入的认识。

现今存在的科学学科分类体系，主要体现在世界各国制定的适合各国国情的国家标准学科分类体系。此类科学分类体系是针对国家科研和教育的统计与管理的需求而设置的，代表了该国学科分类的现状。另外是现今存在的实用信息资源学科分类体系。此类分类体系面向各自不同的应用环境和用户需求而灵活设置，代表了实用学科分类的状况。本书就以国际标准和实用信息资源两者的学科分类模式比较研究为基础，探讨当代国际科学学科分类的实际状况，从而达到宏观把握科学的总体结构，从理论和实践两个方面，探索学科分类体系的走向及未来学科发展，特别是自然科学学科发展的趋势。

一、国际标准学科分类体系

学科分类体系是世界科技和教育研究和管理工作的基础，其中心问题是基于一定的原则，对现代科学的庞大体系中各门学科的对象和领域加以揭示，确定它们在整个科学体系中的位置，并以严格的逻辑排列形式表述这些关系[1]。联合国教育、科学及文化组织（简称联合国教科文组织，UNESCO），以及英国、美国、俄罗斯、德国、日本、韩国、中国等国家根据相应的科学发展水平和知识水平，制定了适应于自身科研和教育的标准学科分类模式。我们针对科学学科门类以及自然科学学科分类为考察点，选取联合国和几个主要国家标准学科分类体系做比较分析，以揭示学科分类体系的现状与未来学科发展的趋势。

---

[1] 丁雅娴．学科分类研究与应用．北京：中国标准出版社，1994：3.

（1）联合国教科文组织统计研究所采用的"国际教育标准分类"（International Standard Classification of Education，ISCED）[①]是联合国教科文组织于 1976 年制定的专为国际教育统计所使用的标准分类法，是最权威的国际学科分类体系。我们采用的是 1997 年修订的 ISCED97。联合国教科文组织还专为科技统计工作于 1984 年发布了《科学技术统计工作手册》（*Manual for Statistics on Scientific and Technological Activities*，MSSTA）[②]，我们采用的是 MSSTA84，该标准是科技统计工作共同遵循的统一标准和规范，是使统计结果具有国际可比性的重要依据。

（2）英国高等教育统计司（The Higher Education Statistics Agency）专为高等教育提供的统一学科编码（Joint Academic Coding System，JACS）[③]，最早制定于 2002 年。由于学科的范围和深度在不断发生变化，JACS 被定期进行修订来适应当前学科发展状况。我们采用最新修订完成的，于 2012 年实施的 JACS3.0，它最能代表英国科学分类的现状。

（3）美国教育部的国家教育统计中心（National Center for Education Statistics）制定的学科专业分类（The Classification of Instructional Programs，CIP）[④]中提供了主题分类体系，能精确跟踪科技研究领域的最新科研成果和活动状况，我们采用已经修订完毕的、最能代表美国科学分类近况的 CIP2010。

（4）我国高校根据国务院学位委员会 21 次会议提出的要求，为学科专业目录进行调整而对国外主要国家教育学科体系进行分工调研[⑤]，其中哈尔滨工业大学、同济大学、西安交通大学、延边大学分别对俄罗斯、德国、日本、韩国的学科与专业分类体系进行了调研，虽然此结果有待更新和完善，但基本可以代表这些国家的学科分类状况。我国国家质量监督检验检疫总局和国家标准化管理委员会于 1992 年发布的《国家标准学科分类与代码（GB/T13745）》[⑥]中规定了学科分类原则和依据，确定了学科分类体系和代码，我们采用最近修订的 GB/T13745-2009，是迄今我国最权威的学科分类标准。我国国务院学位委员会颁布的《授予博士、硕士学位和培养研究生的学科、专业目录》[⑦]（简称中国学位学科

[①] 参见：International Standard Classification of Education-1997 version http://www.uis.unesco.org/ev.php?ID=3813_201&ID2=DO_TOPIC[2010-12-5]

[②] 参见：UNESCO Manual for Statistics on Scientific and Technological ActivitiesST-84/WS/12, Paris, June 1984. http://www.uis.unesco.org/template/pdf/s&t/STSManualMain [2010-12-5].

[③] 参见：Joint Academic Coding System version 3.0, JACS Complete Classification. http://www.hesa.ac.uk/dox/jacs/JACS_complete [2010-12-5].

[④] 参见：The Classification of Instructional Programs 2010 revision. http://nces.ed.gov/ipeds/cip code [2010-12-5].

[⑤] 参见：国际学科分类资料：http://www.sccm.cn/xueke/internation.htm.

[⑥] 国家质量监督检验检疫总局，国家标准化管理委员会.中华人民共和国国家标准学科分类与代码(GB/T13745-2009)，2009 年 11 月 1 日实施.

[⑦] 国务院学位委员会、国家教育委员会.授予博士、硕士学位和培养研究生的学科、专业目录.1997 年.

分类）是国务院学位委员会学科评议组审核授予学位的学科、专业范围划分的依据，我们采用最近的 1997 年版[①]。

以上国家标准学科分类，目的是为了科学技术统计和管理的实际需要，为科技政策和科技发展规划以及科研经费、科技人才、科研项目、科技成果和国家教育等的统计和管理服务。它们均采用一定的数据分类技术，以一种简单的列表方式确定学科与学科间的复杂关系和排列顺序，但其次序和级别并不严格代表学科的重要程度。因此，我们基本遵循以上各标准的学科划分，只对具体的学科分类的顺序和组合进行适当的调整，得出国际标准学科门类体系对照表（表 1-1）。

表 1-1   国际标准学科门类体系对照表

ISCED97	MSSTA84	JACS3.0（英国）	CIP2010（美国）	俄罗斯	德国	日本	韩国	中国标准学科分类	中国学位学科分类
人文与艺术	人文	语言与文学	人文学科	人文	语言与文化科学	人文科学	人文	人文	文学
社会科学	社会科学	社会科学	社会科学	社会学	社会科学	社会科学	社会科学	社会科学	
（自然）科学	（自然）科学	自然科学数学与计算机	自然科学技术	自然科学与数学	自然科学数学	理学学科	自然科学	自然科学	理学
工程与制造	工程与技术	工程工业技术建筑企划	工程建筑学工业技术	技术科学工艺建筑	工程科学	工学学科	工学系列	工程与技术	工学
农业	农业	兽医农学	农业天然资源与保护	农业科学	农学林业学和营养科学	农学学科	农学学科	农业科学	农学
	医药科学	生物学医学牙医	生物医学心理学	医学	医学兽医	医疗看护	医学学科	医药科学	医学
服务行业卫生与福利			服务行业健康与休闲	服务业		家政生活科学			
商业和法律		法律商业与行政管理	法律商业管理和营销	经济管理	法学经济科学				法学经济学管理学

---

① 根据《中共中央国务院关于进一步加强和改进大学生思想政治教育的意见》和《中共中央关于进一步繁荣发展哲学社会科学的意见》精神，2005 年 12 月在《授予博士、硕士学位和培养研究生的学科、专业目录》中增设马克思主义理论一级学科及所属二级学科。

续表

ISCED97	MSSTA84	JACS3.0（英国）	CIP2010（美国）	俄罗斯	德国	日本	韩国	中国标准学科分类	中国学位学科分类
		大众传媒	传媒、文献	信息安全					
普通基础学科		历史哲学	历史哲学与宗教	语言学					历史学哲学
		创造艺术与设计	种族文化交叉学科	艺术跨学科	艺术	艺术学科	艺·体能学科协同学科		军事学
教育	教育	教育	教育课学			教育学科	产学研协同学科		教育学
未分类科目			其他类别	其他					

从整体上看，标准学科门类体系作为国际最权威的学科分类体系中的宏观框架，是经过国际科研活动和科研管理长久的探索，并以标准形式公开发布的，其形式和内容具有一定的稳定性、连续性和均衡性。虽然各标准采用不同的分类编码系统，但力求简洁规范，都采用分级编码方式确定学科的关系与顺序，以保证标准成为易于操作的实用参考依据，并用来指导和规范具体的科研工作和科研管理。

从表 1-1 的具体内容看，国际标准学科门类体系中，人文科学、社会科学[①]、自然科学、工程技术、农学和医学这 6 类是共有的主要学科门类，说明这些学科是比较完善的、认可度高的领域，也是在科研中普遍受到关注、国家重点支持的学科领域，更是涉及人类进步和发展的基础学科。在我国学位学科分类中略有差别，它将"社会学"归入"法学"。英国、美国、德国以及日本的"医学"中还突出了"牙医""健康""营养"和"医疗看护"等涉及人类生存质量的学科，更关注人类自我生存的状况。此外，"教育"类是各国都关注的学科，说明科学的发展依赖教育的优先，"教育"理应受到世界普遍的重视。

经济、法律、商业营销和管理等学科在英国、美国、德国受到较大的关注，体现了这些国家商品经济发达和社会管理的先进。我国学位学科分类中也有专

---

① 关于国内外人文社会科学学科分类的详细研究参见：叶继元 . 国内外人文社会科学学科体系比较研究 . 学术界，2008，（5）:34-46；袁曦临，叶继元等 . 人文、社会科学学科分类体系框架初探 . 大学图书馆学报，2010，（1）：35-40.

门的此类学科学位，但在国家标准分类中都归属于人文与社会科学，没有成为独立的学科门类。

英国、美国、俄罗斯都将语言学、大众传媒、文献学列为学科门类。特别是英国 JACS 中将亚洲、欧洲、美洲、大洋洲等的语言与文学以及语言学及相关学科分列为两大学科类别，美国的 CIP2010 中也将语言学、英文与文学、传媒作为单独的学科类别，足以显示英美两国对语言学研究的重视和认可。

联合国教科文组织 ISCED、美国 CIP 和日本均把服务业、健康与休闲、卫生与福利、家政服务等关系人类生活需求的实用性学科列为学科门类，这值得我国加以重视。艺术、创造与设计在英国、俄罗斯、德国、韩国等也都是学科门类，而我国没有将其列为学科门类，重视不够。历史与哲学也是大多数国家的学科门类，美国特别突出宗教、神学、种族等学科，符合美国的国情，也显示了美国文化的多元性。此外，美国和俄罗斯已经将"交叉学科""跨学科"作为学科门类，其余学科体系中还没有，说明交叉学科或跨学科虽然都有研究，但还没有真正发展成熟。

二、国际标准自然科学学科分类体系

具体学科分类从属于学科门类的划分，即某一种学科门类包括多种子学科。考虑到自然科学是学科门类中极其重要的一大门类，是科学整体发展的基础和命脉。因此，我们特别对国际标准学科门类体系中的自然科学门类所含的学科体系进行对比分析。

在联合国教科文组织 ISCED97 中的（自然）科学分生命科学、自然科学、数学与统计学和计算四个大类，我们将它们都归入自然科学体系中，这就与 MSSTA84 中的自然科学完全一致，共分为 9 类。英国的 JACS3.0 中的自然科学分为 9 类，美国的 CIP2010 自然科学分为 8 类，俄罗斯联邦教育部学科分类中的自然科学分为 15 类，德国联邦统计局的学科体系中的自然科学分为 9 类，日本大学学科体系中的理学（自然科学）分为 6 类，韩国的学科体系中自然科学大致分为 11 类，我国国家标准学科分类将自然科学分为 9 类，学位学科分类的理学（自然科学）分为 12 类。

为了对比有效合理，我们对国际标准分类中的自然科学分类的顺序和组合稍做调整，得出的国际标准自然科学学科体系对照表（表 1-2）。

表 1-2 国际标准自然科学学科体系对照表 ①

ISCED97	MSSTA84	英国 JACS3.0	美国 CIP2010	俄罗斯	德国	日本	韩国	中国标准学科分类	中国学位学科分类
生命科学	生命科学	生命学医学	生命学医学	生物学	生物学	生物学	生命科学	生物学	生物学
天文学	天文学	天文学	天文学与天体物理学	天文学	天文学		天文宇宙学	天文学	天文学
地理学	地理学	物理学	物理学普通自然科学	物理学无线电物理力学与应用	物理普通自然科学	物理	物理学	物理学力学	物理学
化学	化学	化学	化学	化学	化学	化学	化学	化学	化学
地质学	地质学	地质学	地质和地球科学	地质学土壤学	地球科学	地学	地球环境学	地球科学	地质学
地球物理学	地球物理学	自然地理科学		地理学	地理学				地球物理地理学
气象学和其他大气科学	气象学和其他大气科学	海洋陆地环境科学	大气科学和气象学	水文气象学生态学与自然利用			大气科学环境计划与造景学		大气科学海洋科学
数学与统计学	数学与统计学	数学	数学与统计学	数学应用数学	数学	数学	数理科学	数学	数学
计算机	计算机	计算机	计算机与信息科学	计算机科学信息学	信息学	计算机信息学	信息统计学	信息科学与系统科学	系统科学
		材料科学	材料科学						
		法医与考古学		应用数学与物理	药学		护理学兽医学	心理学	科学技术史
		其他	其他			其他	其他		

① 本文列表中加注底纹的字符将做特别说明。

从表 1-2 可以看出,物理学、化学、地球科学(地质学)是国际标准自然科学门类均包含的类别。这些学科直接面对自然客体的研究,最能体现自然科学以各种物质形态、结构及运动规律为研究对象的属性。因此这些学科是自然科学中最受关注和最发展成熟的子学科。

生命科学(生物学)是自然科学系统中又一大子学科,它与人类生活密不可分而得到飞速的发展,成为一个庞大的知识体系,受到各国科研的极大关注。

表 1-2 显示的英国的 JACS 和美国的 CIP 中，生物学已经和医学一起成为与自然科学平等的科学大门类，而在 ISCED 和 MSSTA 中也将生命科学从自然科学中独立出来，更加说明生物学不仅仅是自然科学的子学科，未来的学科地位将越来越重要，将成为科学体系结构中的一大支撑门类。

天文学（天文物理学、天体宇宙学）是又一大自然科学类别，只有日本将天文学归入物理学中。由于天文学研究人类自身所处的浩渺的宇宙空间，历来就是人类关注的对象。随着新技术手段的开发和新方法的采用，将为天文学发展注入新的生命力，未来天文学必将获得更大的飞跃。

关于数学、计算机科学及信息科学，联合国教科文组织的 ISCED 和 MSSTA 中将数学与统计学、计算机科学、自然科学并列为科学四大类之一；英国的 JACS2.0 中数学与计算机科学合为科学一大门类，在修订后的 JACS3.0 中将计算机科学从数学中独立出来，成为单独的科学一大门类，说明在英国计算机科学的科研与教育受到足够重视。美国 CIP 中将数学与统计学、计算机与信息科学分别设置为科学大门类，说明在美国它们发展得非常成熟，并得到科研与教育界的广泛认可。联合国教科文组织及英国、美国均将数学与计算机科学与自然科学并列，是不属于自然科学领域的。我国学界也有很多人认为，由于数学研究对象高度的抽象性以及数学学科的方法论性质，所以不能将数学归入自然科学。亚洲国家，特别是我国国家标准分类中还是将数学与信息科学均划归自然科学领域，日本是将计算机科学、信息学归入数学学科，但未来数学与计算机科学独立为科学一大门类是必然的趋势。

对于材料科学，英国和美国均将其列为自然科学的一个子学科，显示了两国对材料科学的重视程度。在联合国教科文组织分类中，材料科学隶属于工程、制造与建筑中的制造与加工类；俄罗斯的材料科学与新材料工艺属于技术科学；日本的材料科学包含无机材料、有机材料、金属材料、信息材料等，属于工学；韩国材料科学也属于工学；我国国家标准分类中材料科学属于工程与技术科学一大子学科类，在研究生学位学科中材料科学与工程属于工学。这些学科划分均将材料科学视为工学类，不属于理学范畴。德国将材料科学归入物理学，当然也和英国、美国一样属于自然科学。看来，材料科学是自然科学的应用技术部分，还是工程技术的开发？还有待研究和界定。

关于地球物理学、地理学、大气科学、海洋科学、生态学和环境科学，联合国教科文组织、美国、英国、俄罗斯都将这些学科单列为自然科学类别。日本将它们归入"理学其他"。德国将地理学与地球科学并列为自然科学一类，大气学、海洋属于地球科学，生态学均属于地理学。韩国除了没有地理学之外，其他都属于地球环境学。我国国家标准分类中将这些学科统一归入地球科学，学位学科中地球物理学、地理学、大气科学、海洋科学同地质学并列属为理学，但生态学归属于生物学。因此，这些学科是否统归为地球物理学还是需要区别，以及生态学的归属还有待沟通认识，力求统一。

还有一个值得关注的是英国突出法医与考古学，德国特别加入"药学"，韩国凸显护理学和兽医学，这些分类在医学门类外、自然科学学科内，添加这几个学科，显示出这三国对此的重视和认可度。还有兽医在我国属于农学，并不在医学范围。这些都揭示出医学的子学科在学科体系中的位置还有待再核定。

此外，我国国家标准学科分类在最新的 2009 版中特别将原属于生物学的心理学提升为一级学科，与物理学、化学、生物学等并列为自然科学子学科，显示出我国对于心理学研究的重视程度和未来广阔的发展前景。但在我国学位学科设置中，心理学归属于教育学，这与国际上对心理学的一般认识不一致，非常有必要将其从教育学中独立出来，提升为独立的学科门类。[①]学位学科分类中特别地将系统科学和科学技术史列为自然科学一大类，在教育中充分考虑二者的重要性，意味着未来随着专业人才的培养，它们将获得更大的发展。

三、国际实用信息资源学科分类体系

以国家科研和教育的统计与管理为目的而设置的国际标准学科分类都是以学科为中心建立的，都用简单的分级编码方式提供单一的查询次序。这种方式符合科研和教育人员的知识结构和实用操作习惯。但是我们也注意到，除此之外，还存在大量的针对不同的使用目的、不同受众群体而建立的实用分类模式，特别是在网络信息资源方面，为了使用户可以从不同角度进行检索，往往设置多个类目体系，采用多维的、灵活的、通用的、符合计算机特征的以主题为中心的分类体系，比如，知识信息管理、百科全书、出版集团等大型的搜索引擎都有很多不同主题的检索端口，其中包含以学科为中心的检索端。我们选取 ISI 科学网、中国知网（CNKI）、《不列颠百科全书》（*Encyclopedia Britannica*, EB）、《中国大百科全书》维基百科（Wiki）、百度百科、爱思唯尔（Elsevier）出版集团和科学出版社等进行比较分析（表 1-3），旨在弄清学科分类体系的状况。

---

① 袁曦临，刘宇，叶继元.人文、社会科学学科分类体系框架初探.大学图书馆学报，2010,（1）: 35-40.

表1-3   国际实用信息资源学科大类体系对照表

ISI	CNKI	EB	《中国大百科全书》	维基百科	百度百科	Elsevier	科学出版社
SCI（科学）	自然科学	科学与数学	自然科学	数学科学	自然科学	自然科学	科学
SSCI（社会科学）	社会科学	社会	社会科学	社会	社会	社会科学	
A&HCI（艺术与人文）	人文	艺术与文学	文学艺术	人文传记	文化艺术人物		
	工程技术	地球与地理	地理学地质学	地理	地理		
		技术	工程技术	技术	技术		技术
		历史	中国历史外国历史	历史	历史		
		哲学与宗教	哲学				
		健康与医学	中国传统医学现代医学			生命科学	医学
		运动与休闲娱乐	文化体育		体育	健康科学	教育
		生活			生活		
其他			其他	其他			

（1）ISI科学网是美国汤姆森科技信息集团（Thomson Scientific）基于WEB开发的大型综合性、多学科核心期刊引文索引数据库的信息检索平台。它主要包括三大引文数据库：科学引文索引（Science Citation Index，SCI）、社会科学引文索引（Social Sciences Citation Index，SSCI）和艺术与人文科学引文索引（Arts & Humanities Citation Index，A&HCI）[1]，其中按照信息主题进行的学科领域的划分，更多着眼于现实科研的需要以及搜索方式的方便快捷，充分反映了实际使用中的学科划分体系。

（2）CNKI是由清华大学、清华同方发起的，为全社会知识资源高效共享提供最丰富的知识信息资源和最有效的知识传播与数字化学习平台。[2] 目前，CNKI是全球信息量最大、最具价值的中文知识门户网站。在其知识搜索引擎中按照学科划分为自然科学、工程技术与人文社会科学三大信息库。

（3）《不列颠百科全书》是当今世界上最知名也最权威的百科全书之一，

[1] 参见：Thomson Reuters. http://thomsonreuters.com [2010-12-5].
[2] 参见：CNKI. http://www.cnki.net [2010-12-5].

具有相当完备的人类知识体系和框架。EB 根据人类信息主题和检索方式进行了严格而层次分明的编排和统筹。1994 年发布的《大英百科全书网络版》（*Encyclopedia Britannica Online*）[①] 中主题浏览将科学分为十大门类。

（4）《中国大百科全书》[②] 是中国当代权威工具书，按照学科或知识门类分 74 卷出版，包括约 66 个学科。

（5）维基百科是一个基于 wiki 技术的多语言百科全书，也是一部为全人类提供自由浏览的网络百科全书，它完全是一个动态的、可自由访问和编辑的全球知识体 [③]。现今它已成为全球条目数第一的英文百科全书，其中分九大学科类来检索。

（6）百度百科是于 2008 年发布的类似于维基百科的一部内容开放、自由的网络中文百科全书 [④]，它拥有一个涵盖各领域知识的中文信息收集平台，其"开放分类浏览"中含 12 个科学类别。

（7）Elsevier 是一家经营科学、技术和医学信息产品的世界一流出版集团 [⑤]，除了出版各类纸版资源，还发行创新性的电子产品，如 Science Direct、Scopus、MD Consult 和在线参考书目等，其内容涵盖四大类。

（8）科学出版社是我国国内最大的以出版学术书刊为主的综合性科技出版机构，是国家首批"全国优秀出版社"称号获得者 [⑥]，分四类科学出版领域。

以上的实用学科分类体系，目的是为了提供动态、高效的人类信息检索或发行的平台，为现实的科研和普通生活提供服务，为全社会普通科学工作者及广大民众所使用。一般不是简单的列表分层的呈现，而是以平行的、自由的各种端口提供检索服务，各学科的排列顺序没有严格的限定，且灵活多变。因此，我们对上述资源中分类的顺序稍做调整，得出了国际实用信息资源学科大类体系对照表（表 1-3）。

从整体上看，国际实用信息资源学科大类体系的设置类别针对性和实用性强，都以各自应用环境和用户需求为导向，类别设置灵活多变，其内容更多地关注人文、史地、健康等直接与大众息息相关的通用类目，不像国家标准分类体系那样系统、完备和均衡。据此也说明在网络信息资源上还没有形成广泛认

---

① 参见：Britannica. http://www.britannica.com [2010-12-5].
②《中国大百科全书》总编委会 . 中国大百科全书（第二版）. 北京：中国大百科全书出版社 ,2009.
③ 参见：Wikipedia：http://en.wikipedia.org/wiki/Main_Page [2010-12-5].
④ 参见：Baike Baidu：http://baike.baidu.com [2010-12-5].
⑤ 参见：Elsevier：http://www.elsevier.com [2010-12-5].
⑥ 参见：Sciencep：http://www.sciencep.com [2010-12-5].

可的学科分类标准。为了实用信息工具更易于简单操作，建立相对统一的学科分类标准将是未来努力的方向。

从表 1-3 具体内容看，各类实用信息资源学科分类中都有（自然）科学、社会科学和人文（艺术）三类，其中 Elsevier 的"社会科学"中含有"人文"内容，科学出版社的"科学"中包含着"社会科学与人文"的内容。这三个门类是人类知识体系的构成主体，也必然是信息资源的不可或缺的内容。技术（工程）也是重要的类别，ISI 和 Elsevier 的科学类中也含有技术，但更专业的工程技术信息检索系统是 EI（工程索引），而 Elsevier 更注重生命与健康科学。

医学、生命科学、健康、运动、教育是实用信息资源主要的类别。地理、历史、哲学是百科全书和百科检索的主要类别。这些类别是网络信息检索的热门类，更贴近人类日常生活，因此还将得到更大的发展。但从中也可以看出，健康、运动、休闲娱乐是国外信息资源才有的类别，表明在国外这些内容更多地受到关注。随着我国人民生活质量的提升，它们也将是未来我国信息资源发展的重心。还有国外已经非常关注的服饰、美容、休闲娱乐等生活类在未来有很大的发展空间，特别值得我们重视。

四、国际实用信息资源自然科学学科分类体系

ISI 科学网中的 SCI 是针对科学期刊文献的多学科索引，它为跨 150 个自然科学学科的 6650 多种主要期刊，以及引用参考文献编制了全面索引，其中包括 20 种自然科学学科。CNKI 自然科学数据库共包含 13 个子数据库。EB 中的"科学与数学"又分为 8 类，其含的"社会科学"此处不列入。《中国大百科全书》中涉及自然科学的类目约有 19 类。维基百科包括九大自然科学类别。百度百科有 9 类。爱思唯尔的自然科学包括 12 类。科学出版社的科学分为八大类，其中包含的哲学、心理学、考古学、经济学、管理学、法学隶属于人文社会科学范围。

为了便于对比分析，我们对资源中所含的类别顺序和组合做了调整，得出了国际实用信息资源自然科学学科分类体系对照表（表 1-4）。

表 1-4   国际实用信息资源自然科学学科分类体系对照表

ISI 的 SCI	CNKI	EB	《中国大百科全书》	维基百科	百度百科	Elsevier	科学出版社
农学	农业		农业				
天文学	天文学	天文学	天文学			天文与宇宙学	

续表

ISI 的 SCI	CNKI	EB	《中国大百科全书》	维基百科	百度百科	Elsevier	科学出版社
生物学 植物学 动物学	生物学	生物学	生物学	生物学	生物学	生命科学	生物学
物理	力学 物理学	物理学	物理学	物理学	物理	物理学	数理科学
化学		化学	化学	化学	化学	化学	化学
计算机科学	信息科技		电子与计算机			计算机科学	
材料科学						材料科学	
数学	数学	数学	数学	数学	数学	数学	
	地球物理 地质学	地球科学	地球科学	地球科学		地球与行星 科学	地球科学与 环境
医学	医药卫生	医学	医学		医药学	健康科学	
	自然地理和 测绘学 海洋学 气象学		机械工程 交通水利 航空航天 环境科学	技术 科学史 科学哲学	应用科学	建筑环境 化学工程 工程与技术 环境科学	科普 科技史
	系统科学自 然科学理论 与方法			系统科学	系统科学 交叉科学		科学总论
其他			其他		其他		

　　从表 1-4 可以看出，生物学、物理学、化学和数学是信息资源中自然科学包含的基本学科，也是公认的自然科学子学科。其中，Elsevier 将生命科学已单独列为科学门类，更体现出对它的关注和认可。CNKI 没有化学类，科学出版社中缺少数学类。

　　天文学、地球科学和医学是自然科学的基本类别。其中，SCI 所含的内科、外科学、药理学、神经病学、小儿科肿瘤学、神经系统科学、兽医学均在 SCI 中单独成为一类，说明对医学的重视程度和研究成果之多。Elsevier 中健康科学代替医学，已经提升为科学一大类别，也说明其影响之大。SCI 和百度百科缺少地球科学，维基百科和科学出版社缺少医学，维基百科、百度百科缺少天文学，这表明要进一步加强对这些学科的关注程度。

　　农学、计算机科学、材料科学也是信息资源中广泛存在的自然科学类别。因为受众群体不同，还是有诸多的信息类检索没有涉及这些学科。系统科学、交叉科学和自然科学总论是信息检索中特别增加的内容，拓展了的自然科学的综合检索能力。

《中国大百科全书》、维基百科和 Elsevier 都关注工程技术及环境科学，特别是维基百科特重视技术，不仅仅在科学大类中包含了技术，在自然科学类目中也有技术。CNKI 特别关注地质学、气象学、海洋学、自然地理和测绘学。维基百科和科学出版社还特别关注科技史和科学哲学，这两类是其他分类体系所没有的。

五、结论与启示

从上述分析我们得出以下四点结论和启示。

第一，从国际学科分类体系宏观结构上看，国际标准学科分类是根据学科研究对象所具备的客观的、本质的属性特征及其相互之间的联系，兼顾学科研究的对象、本质属性和特征、研究方法、派生来源、研究目的和目标，划分出学科不同的从属关系和并列次序，从而组成一个有序的学科分类体系。国际实用信息资源学科分类体系是将人类最丰富的知识体系和全社会的信息资源借助计算机网络现今的技术进行有效的、合理的整编，从而形成一个动态的、兼有信息交叉的、多主题下的学科分类体系。因此，国际标准学科分类体系更加稳定、更加系统、完备和均衡，成为一种科研及管理机构遵照实施的国家标准。而实用信息资源学科分类体系更加自由、开放、灵活、多变，直接性强，不具备统一的模式，可以根据资源管理者的意愿随时做出调整。它们的这些特点也反映在其内部的自然科学学科分类体系之中。

不论是国家标准还是实用的学科分类体系，都有一个逐步完善和发展的过程，都具有一定的开放性和系统性。随着科学技术的发展和对其认识的提升，必然会在层次和结构上逐步补充、丰富和完善各种分类体系，以适应科学发展带来的学科体系的变化。而且为了整个人类知识信息资源的共享，为了大科学时代的国际科研合作，为了世界科学教育的融合，建立体系相对完备的、统一的、权威的学科分类标准是各国国家标准和实用信息资源未来发展的必然趋势。

第二，从各国国家标准和实用信息资源学科门类体系来看，自然科学、社会科学和人文（与艺术）是国际公认的三大基础学科类别。从自然客体到社会形态，再到人的精神文化领域，形成了人类认识世界的客观化过程，形成的三大科学类别构成了人类知识图谱的主体，是探索科学发展趋势的基本逻辑起点。工程与技术也是重要的独立科学门类，但始终将同自然科学基本理论发展有紧密的联系，因为人类生存与发展的需求，它将得到更大的发展。医学是未来更加突出的学科门类，涉及人类生存质量的相关领域，如健康学、医疗看护等成为重要的关注点。结合生物学的发展，医学与生物学及生物技术的共同发展，将有广阔的前景。农学是国家标准分类的大门类，而在信息资源学科中缺失农学，将其归于自然科学类中，说明农学是科学研究的重点，但其普及性差，普通民众关注较少。经济、法律、商业、营销及管理在发达国家已经发展为科学大门类，而在我国还隶属在社会科学范围。相信随着我国国民经济的发展，这些学科将会获得独立的学科地位，得到更大的发展。语言学、服务业、宗教及种族学、艺术与创造设计、体育运动与健身休闲娱乐，这些学科在我国还重视不够，而在国外已经有很好的发展，未来我国要给予特别重视。

第三，从自然科学学科分类体系来看，物理、化学、地球科学、天文学是稳定的自然科学研究点，始终是自然科学的基础学科。医学在国家标准分类中已是独立的科学门类，在实用信息资源体系中仍隶属于自然科学，未来的医学一定会是独立的科学大门类。生物学的重视程度增大，未来将获得空前的发展。心理学从生物学中独立出来，地位逐渐提升，我国对于心理学的学科划分急需做进出调整，进而推进心理学的研究。数学与计算机在未来必将从自然科学中独立出来，成为学科发展的重要分支。突出的是材料科学、建筑环境学，属于自然科学还是工程技术还有待重新定位，同时在我国这些学科还比较薄弱，需要引起高度关注。

第四，虽然科学整体上出现既高度分化又高度综合的发展态势，各学科相对封闭的态势被打破，呈现出多维的联系，严格意义上的学科划分将受到冲击。但无论我们怎么对科学学科进行分类，都不会改变科学本身发展和被分类学科的性质，且分类只是一种认识和研究科学的方式，能为科学管理、科技教育、大众科普等提供分类依据。因此，科学分类以及学科分类体系在未来将越来越合理和规范，也将是科学元理论研究重要的方法和视角。

第三节　计量指标的设定

我们针对现今存在的科学分类做了维度和实证的分析，从宏观上把握了科学分类体系的态势。以此为基础，我们按照本书的研究目的，对权威期刊 *Nature* 和 *Science* 的内容做学科分类类别的计量研究，就必须对计量诸如资料的可靠性、类别命名标准、范畴的定义严谨、界定清晰、计算规范、采用单位统一等计量指标等问题的科学性加以阐述。

一、资料来源

1.《自然》在线（*Nature online*）

创刊于 1869 年的英国 *Nature* 杂志，是一份在世界范围内举足轻重的综合性学术期刊，从创刊始就致力于及时将科学研究和科学发现的伟大成果展示于公众面前。在 1969 年之前，国际上可获得的唯一媒体还是印刷品。但随着电子计算机和互联网的飞速发展，网站提供了更加丰富的传媒手段。正如 *Nature* 杂志的主编曾说："对我们来说，互联网的出现带来的是机遇而非威胁。"因此，在 1999 年成立隶属于麦克米伦出版有限公司的自然出版集团（Nature Publishing Group，NPG），并开通网络版的 NPG 电子全文出版物。NPG 在线资料库含有多种在线信息库，如 *Nature* 的姊妹刊物——8 种研究月刊和 6 种评论刊（综述类）[①]，其中最主要的就是其旗舰杂志 *Nature online*[②]。这份享誉国际极具影响力的科学周刊，开始通过互联网将科学领域内各个方面的原始创新和发现迅速推出，并在科学领域内提供最为快捷的交流。*Nature online* 还提供了 NPG 出版的系列期刊的在线资料库链接。所有资料库均可依照主题进行检索，或依照字母顺序索引来点击查询具体内容。

起初，虽然 *Nature online* 服务网站涵盖的内容相当丰富，包括月刊、评论月刊以及参考工具书，但 *Nature online* 仅仅提供 1997 年 6 月到最新出版的 *Nature* 的详细信息，其余的大量信息还没有实现上线检索。值得庆幸的是，从 2008 年年底，*Nature online* 实现了从 *Nature* 创刊以来的所有信息的全部档案回溯检索查询服务，从 1868 年至今的 *Nature* 都可以在 *Nature online* 免费看到信息条目和摘要（当然，详细内容要通过注册付费才可以浏览）。在自然杂志主页（Journal Home, www.nature.com）中的最新一期（current issue）的期刊首页可以链接到最新期刊的目次（table of contents）、博客（podcast）、订购 *Nature*（subscribe to *Nature*）、回溯档案（archive）[③]等。其中的 archive 收录了从 *Nature* 创刊至今的完整档案资料。网络授权访问的自然档案分为两部分：1869 ～ 1949 年和 1950 年至今。我们选取其中 1901 ～ 2000 年共 346 卷 5189 期刊物的内容

---

① NPG 目前共拥有 11 种自然研究类期刊（Nature research journals）、7 种自然评述类期刊（Nature review journals）、4 种自然临床实践类期刊（Nature clinical practice journals），此外还与专业性学会联合出版有 30 种 NPG 学术类期刊（NPG academic journals）。在 NPG 的系列期刊中，除 *Nature* 为 1869 年创办的以外，其他期刊均在 1992 年以后创办．

② 参见：http://www.nature.com.

③ 参见：http://www.nature.com/nature/index.html.

包含近 30 万篇信息。

2.《科学》在线（*Science online*）

Science 杂志是于 1880 年由爱迪生投资 1 万美元创办的，于 1894 年成为美国最大的科学团体美国科学促进会的官方刊物。*Science* 被公认为是发表最好的原始研究论文、综述和分析当前研究和科学政策的同行评议的期刊之一。为了适应电子计算机和互联网的发展对出版业的影响，1995 年 3 月，*Science* 编辑部和美国斯坦福大学联手出版电子版杂志 *Science Online*，即《科学》在线，提供《科学》周刊（*Science Magazine*）电子版[①]、《科学此刻》（*Science Now*）[②]、《科学快讯》（*Science Express*）[③] 等内容。*Science* 内容于 1996 年 9 月开始进入网页，并迅速实现了从 1996 年 10 月 18 日以来的全部杂志信息在线呈现。迄今，*Science online* 主页[④] 可以通过最新一期的期刊（current issue）链接到过刊（previous issue）[⑤]，其中存放了最新网络版推出后所有以前的各期内容，读者可以根据关键词、作者、出版日期等途径检索或浏览文献。作者、编者和读者三方可以在网络上通过电子邮件交流。读者之间也可以在网页的论坛表达意见。在线提供的档案文献分为两部分：1880 ～ 1996 年和 1997 年至今。每部分又可以连接到年代检索（browse by year），可以查询到所有周刊的内容目次。我们选取其中 1901 ～ 2000 年共 278 卷 5187 期刊物的内容包含近 16 万篇信息。

这样，我们通过 *Nature online* 和 *Science online* 得以查找到 *Nature* 和 *Science* 共 200 年的期刊 10 989 份，蕴涵的具体信息量约 43 万条信息，我们将其作为本书计量分析的资料来源。

二、计量指标的确定与范畴

本书的目标是通过对世界顶级权威期刊 *Nature* 和 *Science* 内容的计量分析来揭示 20 世纪科学发展趋势，因此对所选用的资料内容所关注的主题，按照

---

① 《科学》周刊电子版是每周五与其印刷版同步上网发行。每周五，当《科学》周刊最新一期的印刷版向世界各地的订户投寄时，电子版的最新一期已经在网上登出。电子版除了有印刷版上的全部内容以外，还为读者提供了印刷版不可能有的功能，比如，用关键字或作者姓名来检索，浏览过刊，或按主题分类浏览论文集合.

② 《科学此刻》是为网上用户提供有关科研成果或科学政策的最新消息和相关报道。每个美国的工作日，《科学》周刊的新闻组都会为网上用户提供几篇 3 ～ 4 段长的、有关科研成果或科学政策的最新消息。这些消息短小精炼，使读者花不多的时间就能及时了解世界各地各科研领域的最新进展.

③ 《科学快讯》是用于报道研究文章.

④ 参见：http://www.sciencemag.org.

⑤ 参见：http://www.sciencemag.org/archive.

科学学科类别进行计量是研究的基础。计量分析就必须要有统一的分类标准和所涵盖的类别范畴，下面分三方面对本书采用的分类类别及范畴做详细的阐释。

（一）最基本的标准

我们采用的最基本的标准是联合国教科文组织统计研究所采用的"国际教育标准分类"。通过上一节对科学分类的实证研究，国际上现今存在的学科分类体系的状态有了明确而清晰的认识。因此，我们选取联合国教科文组织于1976年制定的专为国际教育统计所使用的标准分类法，即 ISCED，其是最权威的国际学科分类体系。该标准分类法最后修订的 ISCED97，是在原来的学科划分基础上增加了新学科，还将相近的学科合并成了大类，共分为 25 个学科。其中还指出，计划对跨学科或多学科进行分类，在必要时补充新学科。在未来随着学科自身的发展还将进行新的革新。

我们将 ISCED97 具体自然科学的分类形式作为本书分类的最基本的参考，再结合 *Nature* 和 *Science* 本身的分类形式，最后确定我们的分类形式。

（二）最现成的标准

最现成的标准是 *Nature* 和 *Science* 自身采用的学科分类形式。在详细研究 *Nature online* 和 *Science online* 中提供的信息，我们发现了其中包含的符合自身杂志内容特征的学科分类类别设置，详细状况如下。

1. *Nature* 本身存在的学科类别设置 [①]

Nature 本身有三处涉及学科分类。

（1）在 *Nature* 主页的杂志资料（journal information）栏中第五部分"自然的历史"（*Nature History*），这是 *Nature* 编辑部专门建立的 *Nature* 杂志的历史，包括 8 个分支，其中第 3 分支是 best of nature [②] 中的主题分类的类别是：anthropology、art & literature、biology、chemistry、earth science、history、

[①] 因为 *Nature online* 和 *Science online* 是网站，内容常常在更新，我们这部分内容中涉及的网站内容的考察年限为 2008 ~ 2010 年。

[②] best of nature 又分为最流行文章、最近进展和主题分类三种。其中包含的用户推荐的论文中各个用户又可以推荐自己最喜欢阅读的文章。当这些文件显示在我们的网站时，用户可以进行评论和表决。当然作者本人不能再推荐自己的文章。由编辑审定之后在本网页公布。"best of nature"在有限的阶段读者可以提名最喜欢的内容，讨论为什么选择。其中主题分类中按照 *Nature* 杂志罗列的类别给出几篇文章供大家推荐。各类有一些文章，注明由谁推荐，及其推荐理由。

mathematics、medicine、physics & astronomy、politics & social affairs、technology & inventions、miscellaneous。因为这 12 种分类类别是 *Nature* 编审自己给出的分类，基本上涵盖了 *Nature* 本身可能涉及的所有学科。本书对 *Nature* 计量中采用的学科分类重点依据这个分类体系。

（2）在 *Nature* 主页的档案（archive）中分四种用户检索方式：期刊分类（issues）、主题分类（subject categories）、论文分类（articles categories，其实是按照栏目分类的），作者和主题检索。这里的主题分类包含类别是：应用物理学、天文学、天体物理学、细胞生物学、发育生物学、地球科学、工程学、环境科学、进化论、遗传学、基因学、地质学、地球物理学、免疫学、信息技术、原料、材料科学、医药学、方法、分子生物学、神经病学、有机生物学、古生物学、生理学、干细胞。其中只提供最近一年的详细分类。这种分类法显然太过细致。结合上一个 *Nature* 自身分类法，所涉及的学科均可以分别归于上种分类中。这些学科我们在学科分类范畴中做了充分的考虑，力求将涉及的类别归入本书的学科分类类别之中。

（3）在 *Nature* 主页最上面提供了用户通过主题进行浏览的方式（browse by subject），即 subject areas，其中给出的是所有 NPG 期刊内容的主题分类检索，分 为 chemistry、clinical practice & research、earth & environment、life sciences、physical sciences，各类中分别包含若干子类别。这种分类法针对所有的自然出版公司的期刊，因此对综合性的 *Nature* 杂志的针对性差，显然没有包含政治和社会事务及技术与发明等类别。而且所分的五个类别确实可以归入上面第一种分类类别中。

此外，即将出版发行的由外语教学与研究出版社联合麦克米伦出版集团和自然出版集团共同策划编辑的全世界唯一的一套最大规模的 *Nature* 杂志论文选集——英汉双语对照版《〈自然〉百年科学经典》（*Nature: the Living Record of Science*）10 卷本科学主题丛书 [1]，其中荟萃了 *Nature* 杂志从 1869 年创刊以来的经典科学文献近千篇，用原创科学论文再现自然科学各领域近 150 年间的重大发现和发明。该丛书对所有选取的文章按学科分类进一步建立了索引（index by subject），其学科分类为物理学、化学、生物学、天文学、地球科学、工程技术、其他 7 类。这些学科类别与上面的第一种分类方式完全吻合，由于此套丛书是精选的经典科学文献，因而对 *Nature* 所涉及的人类学、医学、数学等没有

---

[1] 到本书写作的 2010 年 10 月前，这套丛书只出版发行了前两卷，因而我们的讨论也只限于前两卷提供的信息．

选取, 也就没有成为科学学科类别。

总之, 对于 *Nature* 的计量研究中采用的学科分类, 我们考虑并借鉴到 ISCED97 中的学科分类对于跨学科和多学科仍然没有作为类别设置, 本书学科分类中也没有将跨学科等交叉性学科单独作为类别设置。*Nature* 本身存在的四种学科类别设置均做了充分的考虑, 主要按照第一种学科类别设置, 并将其中 "物理学与天文学" 分为两个学科。

2. *Science* 本身存在的学科类别设置

Science Online 中的 previous issues 提供了从 *Science* 创刊至今的所有内容的目录回溯, 同时给出从 1996 年以来发表的科学论文的一个主题分类集——*Science* subject collections, 其中包含的主题学科分为三大类: 生命科学 (life sciences)、物质科学 (physical sciences) 和其他类 (other subjects)。生命科学又包含 19 类, 为 anatomy/morphology/biomechanics、anthropology、biochemistry、botany、cell biology、development、ecology、epidemiology、evolution、genetics、immunology、medicine/diseases、microbiology、molecular biology、neuroscience、pharmacology/toxicology、physiology、psychology、virology (用 1 ~ 19 表示); 物质科学分为 10 类, 为 astronomy、atmospheric science、chemistry、computers/mathematics、engineering、geochemistry/geophysics、materials science、oceanography、paleontology、physics (physics, applied、Planetary Science) [用 (1)~(12) 表示]; "其他类" 包含 6 类, 为 economics、education、history/philosophy of science、science and business、science and policy、sociology。

对于以上提供的三大类共 35 种学科类别, 我们结合 ISCED97 和 *Nature* 的分类方式, 进行了细致的分析, 并进行了重新归类, 将其分为 9 个学科: 人类学 (即上述 2)、生物学 [包含上述的 1、3、4、5、6、7、9、10、13、14、17、18、19、(9)]、医学 (包含上述的 8、11、12、15、16)、天文学 [包含 1、(12)]、化学 [即 (3)]、数学与计算机 [即 (4)]、地球科学 [包含 (2)、(6)、(8)]、物理学 (包含上述的 5、7、10、11)、科学与社会 (即 other subjects)。

另外, 我们将 ISCED97 的分类、*Nature* 和 *Science* 的分类比较指出, 农学 (含农作物生产和牲畜饲养, 农学畜牧、园艺学和园林, 林业和林产品技术, 自然公园, 野生动植物, 渔业和渔业科学与技术; 兽医) 虽然在国际学科分类体系中已经是一大学科大门类, 但是在 *Nature* 和 *Science* 中都没有列出农学, 可见农学的内容很少, 我们都将其划归相适应的, 如生物学、医学、工程技术等类别。

3. 本书采用的分类标准

根据以上的讨论，本书最终确定计量的分类类别为：

（1）对 *Nature* 计量分析采用的学科类别为：人类学（anthropology）、艺术与文学（art & Literature）、生物学（biology）、化学（chemistry）、地球科学（earth science）、历史学（history）、数学（mathematics）、医学（medicine）、物理学（physics）、天文学（astronomy）、政治与社会事务（与经济、教育、商业、政策、哲学）（politics & social affairs）、技术与发明（technology & inventions）、其他（miscellaneous），共 13 类。

（2）对 *Science* 计量分析采用的学科类别为：人类学（anthropology）、生物学（biology）、医学（medicine）、物理学（physics）、天文学（astronomy）、化学（chemistry）、数学（mathematics）、地球科学（earth science）、科学与社会（与经济、教育、商业、政策、哲学、史学）（science and society）、工程技术（发明创造）（engineering & technology）、其他（Miscellaneous），共 11 类。

可以比较分析的基础科学类别有生物学、天文学、物理学、化学、地球科学和数学，二者可以比较分析的人文社会科学类别有人类学和政治与社会事务（科学与社会），二者可以比较分析的应用科学类别有医学和技术与发明（工程技术）。

我们将在计量分析中对以上类别做统计分布、图形显示、比较分析等做具体详尽的展示，以期对整个科学的学科走向给予微观展示和宏观描述。

对于计量的实施我们还需要对分类类别包含的具体内容、即分类类别范畴有个清晰的界定。我们在经过科学分类的维度分析和实证研究之后，结合 *Nature* 和 *Science* 自身刊载的具体内容，以及本书计量分析的实际操作要求出发，对本书采用的分类类别范畴做如下说明。

（1）本书计量分析首先将科学类目分为三大类，即基础科学、人文社会科学和应用科学。

（2）三大类中的基础科学包含自然科学中的物理、化学、天文学、地球科学和生物学，以及数学。

（3）三大类中的人文社会科学包含人类学、历史学、艺术与文学、政治与社会事务（科学与社会）。

（4）三大类中的应用科学包含工程学与医疗卫生科学，在 *Nature* 中具体为医学和技术与发明，在 *Science* 中为医学与工程技术。

（5）对于所含的类别中的具体科学学科所包含的内容，我们基本上以

ISCED97 中对各类别的范畴为基础进行统计。

三、计量的必要性和可行性

（一）对 *Nature* 和 *Science* 内容数据统计的必要性

在确定对计量内容采取有效的类目设置并进一步计划按照设置好的类目进行数据统计之前，确保国内外没有就 *Nature* 和 *Science* 的内容计量分析和内容学科分类数据是我们工作的必要性保障和重要的前提条件。面对当前如此先进的计算机网络检索功能、信息科学的专业分析、科技统计的系统研究、网络数据库、科技统计数据等，对于科技论文统计和分析在不断完善的背景下，我们对计量分析的必要性和可行性进行了如下大量的研究调查工作。

1. 各种科技统计组织没有对 *Nature* 和 *Science* 的内容进行分析

联合国教科文组织和经济合作与发展组织（OECD）是最早系统收集科技统计数字的国际组织，对科技统计的国际标准化和规范化做出了重要的贡献。虽然文献计量学在 20 世纪 90 年代已经成为科技统计的一项重要的指标，但 OECD 的科技统计数据库含有研究与发展数据库、专利数据库、技术创新数据库等六个主要数据库，还没有有关文献计量的数据库。

再者，美国国家科学基金会（NSF）也对科技统计进行了系统研究，其主要包含《科技年代报告》《美国科学及工程指标》《五年展望》，其中的《美国科学及工程指标》包含研究与发展经费、劳动力、大学教育、技术创新等部分，没有涉及文献计量。

我国从 1985 年引入的联合国教科文组织的《科学技术统计工作手册》开始对我国科技活动的状况做系统的调查研究，分别建立了大中型企业系统、科研机构系统和高等院校系统三个独立系统的科技统计年报制度。其中涉及的科技统计数据和科技论文统计和分析都限于中国的科技成果。

2. 各大国内外数据库没有对 *Nature* 和 *Science* 内容的有效分析

Web of Science 是 1997 年汤姆森科技信息集团将 SCI\SSCI\A&HCI 整合成网络版的多学科引文数据库。遴选全球最具学术影响力的高质量期刊，特别关注文献间的相互引证反映科学研究间的内在联系及科学研究的贡献和影响。1955 年，Dr. Garfield 在 *Science* 上发表论文提出将引文索引作为一种新的文学检索和分类工具，理念就在于将一篇文献作为检索字段从而跟踪一个 idea 的发展过程。从这一理念以及实际对此数据库的使用可以看出其中没有本书针对的 *Nature* 和 *Science* 内容的学科分类检索。

为了确保本书大量统计的必要性，确定数据库没有对 *Nature* 和 *Science* 内容进行学科分类统计，2007 年年底，笔者专门同"路透社"中方代表用 E-mail 取得联系，专业的负责人给我提供了许多有价值的检索和查询技巧与方法，同时笔者也确定没有对 *Nature* 和 *Science* 的内容分类。

接下来笔者对现行的诸多科学数据库进行了细致的查询。

（1）对 SpringerLink 数据库的查询，该数据库主要分"内容"和"学科"两个检索类型，"内容"所含的 S 开头索引到的 97 种期刊以及 S 开头的 12 240 种期刊中没有 *Nature* 和 *Science*。"学科"做含的 13 种学科类别，均无 *Nature* 和 *Science* 这种综合类期刊。

（2）对 Web of Science 数据库的查询，其中有 *Nature* 和 *Science* 杂志，但只提供依据主题、标题、作者、出版物名称、语种等快速检索端口，并无学科分类。

（3）对 Jstor 数据库的查询，其中有学科分类检索，分 60 ~ 70 种学科，其中包含 *Science*（无 *Nature*），但却将其归于 general science 类，然后直接转到 *Science online* 的主页，没有具体的学科分类。

（4）清华大学电子杂志社将全国 5000 多种学术期刊按照学科内容重新组合后以光盘版和网络版出版，即 CNKI 数据库，其中设立有内容分类导航，是按照各种学科类别给出杂志分类及其具体的论文检索。这样类似的数据库均是将学术期刊按照学科类别分类导航，提供快捷的分类期刊检索，没有进一步对期刊内容进行的学科分类导航，这是确定无疑的。

3. 国内外学者对 *Nature* 和 *Science* 的内容分析

匈牙利和德国学者 W. Glanzel、A. Schubert、H. J. Czerwon 共同对综合性期刊的文献分析的缺陷明确指出，在基于 (S)SCI 的文献索引中对于非常专业的期刊分析是有效的，而对于类似于 *Nature* 和 *Science* 的多学科或综合性期刊而言，确认学科分类是很失败的。[①] 并且作者通过选取二者 3 年（1993 ~ 1995 年）中具体内容做了学科分布图说明这一缺点。这意味着通常的文献索引数据库只是对专业杂志进行了学科分类从而确定检索学科类别，但对于综合性刊物却无法

---

① W.Glanzel,A.Schubert,H.J.Czerwon. An item-by-item subject classification of papers published in multidisciplinary and general journals using reference analysis. Scientometric, 1999, 44(3):427-439.

有效实现具体论文的学科分类。

匈牙利学者 T. Braun、W. Glanzel 等对 *Nature* 和 *Science* 进行了引证分析[①]，开篇也指出，对于 *Nature* 和 *Science* 的定量研究是很少的。并且针对两份期刊的 5 年中的内容做了国别统计分布，这份研究也从侧面说明对于这两份国际性最权威学术期刊的计量研究是没有现成的数据库可以采用的。

日本学者 K. Kaneiwa、J. Kaneiwa 等的研究论文是由团队合作、集体完成对 *Nature* 和 *Science* 的统计与计量研究，其中有学科分类的内容，分别选取了两个栏目的内容做了人工的、翔实的统计并加以分析说明。[②] 还有一篇是俄罗斯学者 D.B. Arkhipov 的研究论文，他对 *Nature* 所含的学科进行了认真、全面的分析，其中的数据也是源于自身对内容的翔实的统计整理，并转换成百分数加以说明[③]。中国学者任胜利供稿的《1997 年 *Nature* 载文和引文统计》[④]中也显示了作者对其内容的学科分布等情况的统计分析。这些相关的文献都从实践的研究中证实对于 *Nature* 和 *Science* 这样的综合性期刊没有现成的内容学科分类，也没有有效的可以直接依靠的信息资源，只有通过人工统计分析其内涵的学科分布、国别分布等具体内容分析。

4. 期刊自身有内容按照学科分类予以检索的便利

例如，*Nature* 本身提供最新一年的按照主题、学科分类检索，*Science* 有 1996 年之后的内容的学科分类检索（或依照文献首字母顺序索引来点击查询具体内容）。但经详细考察，一是提供的检索仅仅限于有限的几年内容，对于我们研究的整个 20 世纪的内容分类真是杯水车薪。二是这种分类检索只是相关度的信息检索，没有确切的学科类别属性。例如，*Nature* 中 1986 年第 321 期（第 674 ~ 679 页）的 "DNA 的荧光探测" 一文，在生物、医学、技术与发明中都可以查询得到。因此，尽管 *Nature* 和 *Science* 中都有一些内容的学科分类检索，但我们都不予采纳。

通过以上四个方面的详细论述，我们确定国内外没有针对 *Nature* 和 *Science* 整个 20 世纪内容的可以信赖和采用的学科分类的数据，这样确保了本书数据统

---

① T.Braun,W.Glanzel,A.Schubert. National pubilcation patterns and citation in the multidisiplinary journals *Nature* and *Science*. Scientometrics,1989,17(1-2):11-14.

② Kaneiwa K, Kaneiwa J, et al. A comparison between the journals nature and science. Scientometrics, 1988,13(3-4):125-133.

③ Arkhipov D B, Scientometric analysis of nature, the journal. Scientometrics, 1999, 46,(1):51-72.

④ 任胜利 . 1997 年 *Nature* 载文和引文统计 . 中国科学基金，1999,(4): 246.

计实施的必要性，从而从根本上免除了对本书计量实施的质疑。

（二）计量的可行性

对于选定的计量研究的内容，我们不仅确定了计量统计标准以及标准所包含的范畴，论证了计量实施的必要性，还要对计量实施过程的有效性给予说明，这样才可以保证计量研究过程的可靠性。

（1）计量统计的框架基本上是完整统一的。为了确保通过对 *Nature* 和 *Science* 内容计量研究的对比分析，在分别计量研究之前，要提出一个完整的、统一的统计框架。根据 ISCED97 的分类法，以及 *Nature* 和 *Science* 的实际分类法对比分析可知，从统计角度全面反映科学发展体系的学科大类以及学科大类包含的范畴是可依赖的。应当指出，即使是这样的分类体系，也一定未能囊括所有可能出现的学科类别，但我们力求在总的学科结构分类框架内，并严格按照各种范畴要求进行，尽量减少不能隶属的学科信息，也就从根本上降低了计量统计的误差。

（2）每项计量单位都可以归结到计量统计的整体框架之中，而且必定属于且仅属于其中一类。无论是在 ISCED97 的分类法还是 *Nature* 和 *Science* 的实际分类法中，都涉及学科交叉类别、综合类别等可变的、不确定的因素。但本书的计量均保证每个考察信息都是独立地、唯一地属于整体分类体系中的一类（理由和具体做法如下分析），即统计过程中每条信息有均等权，即不论是研究论文还是评述等都平等地算作一条计量信息。这样不仅符合我们计量分析科学发展趋势的主旨，也提升了计量分析的有效性。

（3）对计量内容按照其研究主题所属学科类别进行绝对分类。我们全书采用的学科分类标准及范畴已经进行了提前详细的说明。但对于大量存在的处于学科交叉类的综合型研究信息，仍然需要有一定的界定标准。首先，自然学科之间的交叉，譬如物理化学、生物化学等学科，依据英文习惯，将其界定为化学学科中的一个重要学科。虽然内容中一定涉及了物理、生物甚至是技术等研究因素，但还是都归属到化学学科。再者依据计量对象主要讨论的学术信息的学科归属来确定所属类别。例如，*Nature* 1986 年（第 321 期，第 674 ～ 679 页）的一篇文章 "DNA 的荧光探测" 同时属于技术与发明、生物和医学，三类中都可以查询到这篇文章。我们将其做唯一类目，归于技术与发明。其次，我们还依据计量对象的参考文献内容的学科属性、作者的研究领域所属学科属性、本信息的相关衔接等来综合判断其学科归属。

（4）设置"其他"类来补充学科分类体系。*Nature* 和 *Science* 涉及的内容非常广泛，再加上社会化的需求，*Nature online* 和 *Science online* 中信息还增加了很多的新闻类信息，将其严格地归属于学科分类体系中的一类是不可能的，还有一些确实无法判断所属类别的，都一并将其归入"其他"类。这也是所有计量研究中都设置的补充类别。

（5）将计量统计误差尽可能地缩小。应当承认，在计量分析中由于研究者自身的主观认知能力，对计量结果存在一定误差，导致结果有一定的局限性。但一方面是我们对选取 *Nature* 和 *Science* 两者的类似的计量研究目的就是避免单一对象所导致的片面性。另一方面是我们选取整个 20 世纪 100 年超长跨度的研究对象，考察大容量信息近 43 万条，也从根本上降低了计量有可能所带来的误差。再者，在对各个类别范畴的研究之后，我们将对其进行学科关联性研究，以及通过比较综合后的科学整体发展趋势研究，都会消解人为主观的学科划分带来的偏向性。

（三）计量的实施细节问题

在一系列计量研究需要的准备工作完成之后，真正面对 *Nature online* 和 *Science online* 时，还会有接踵而来的诸多问题需要说明。

（1）众多而灵活的栏目设置以及网络资源的特性迫使我们对全部信息进行了完备的计量[①]。从国内外对 *Nature* 和 *Science* 的计量研究中得知，学者们均是抽取

---

① 从对 *Nature* 和 *Science* 的栏目分析可以发现均与科学有着密不可分的关联。

　　Nature 通常的栏目有：articles（论文）、research articles（研究论文）、progress（进展）、review articles（评述）、research highlights（研究突破）、news（新闻）、news feature（新闻专题）、news analysis（新闻分析）、news and views（新闻与视点）、letters to nature（来信）、book reviews（书评）、brief communications（简讯）、scientific correspondence（科学交流），以及 editorial（社论）、books and arts（书籍与艺术）、business（商业信息）、miscellany（文集）、announcements（声明）、appointments vacant、（招聘）opinion（评论）、essay（随笔）等。

　　Science 通常的栏目有：research articles（研究论文）、reports（科学报告）、brevia（简讯）、technical comments（技术评论）、news of the week（本周新闻）、news focus（新闻聚焦）、news and comments（新闻与评论）、research news（研究新闻）、science now（今日新闻）、books reviews（书评）、perspectives（研究评述）、technical sight（技术特写）、essays on science and society（科学与社会短文）、education forum（教育论坛）、books et al（书评与其他），以及 editorial（社论）、letters（来信）、science next wave（科学后浪）、science careers（科学事业）、science resources（科学资源）、science's E-market place（电子市场）、association affairs（合作事宜）等。

　　Nature 中综述的文章是顶级科学家对某一学科进展的述评，尽管它们本身没有报道新的发现，但在某种程度上是因为这些文献是科学发展中的里程碑，确立了所报道的工作后来成为今天科学重要组成部分的地位，并在当时使其得到广大读者的认可。例如，1921 年爱因斯坦对他的相对论的历史回顾的文章。没有这些综述的文章，当时科学界的许多事件都会无人知晓。

　　自然也发表评论，以及编辑过的广阔的信息材料，新闻和新闻特写、通讯、实时评论、新闻和观点、书籍和艺术、小短文、未来（一流的科幻小说）以及自然工作（有关职业和招聘的论文）。杂志还定期发表（不是每周）补充信息，包括洞察、希望和技术特写、补充特征。杂志开始部分的社论、新闻、专题文章报

道科学家一般关心的事物，包括最新消息、研究资助、商业情况、科学道德、研究突破等，都是科学领域研究者普遍关注的信息，对于科学的发展有着重要的作用。

Nature 中论文的新闻稿有着强烈的兴趣，而且他们会对相关的知识进行进一步的探索。从这一意义来说，学术期刊的新闻稿同样为整个科学传播事业做出了贡献。

"新闻与视点"栏目，反映科学技术发展与科学技术政策的新动向；"图书与艺术"栏目，报道和评论科普新书，介绍科普展览的主题与内容；目前的 *Nature* 杂志，每期最后一页是篇短科幻小说或与科学主题沾边的微型小说。

Nature 软硬结合，主题是论文、报告和通告，后者是科技界的新事件、新观点的综合。"论文"主要发表具有揭露性的重要成果。"报告"主要发表具有探索性的重要成果，"通告"主要发表具有一定创新性，

Nature 新加入的栏目有 correspondence（讨论，如基因工程、教育学生、大洋洲科学等），commentary（核武器条约的讨论、私营部门参与可持续发展、核威胁下的 50 年，人口老龄化），future（科学如何拯救世界等）。读者来信都是对自然科学问题的再研究和评述，在科学界重视的程度关注点，对已发表论文再用新方法或进一步分析或给出结论。

"报告"（reports）栏目发表新的有广泛意义的重要研究成果。报告长度不超过 2500 个单词或版面的 3 页；"研究文章"（research articles）栏目发表反映某一领域的重大突破的文章，文章长度不超过 4500 个单词或 5 页；"技术评论"（technical comments）讨论 *Science* 周刊过去 6 个月内发表的论文，长度不超过 500 个单词。原文章作者将被给予答复评论的机会。评论和答复都要得到评议和必要的编辑。"科学指南"（science's compass）栏目为广大读者提供由科学家或其他专家撰写的对当前科学问题的评论。除了读者来信，本栏目的文章都是由编辑们约稿的，但有时对未被邀请的稿件也予以考虑。"来信"（letters）一般不超过 300 个单词，讨论 *Science* 上已发表的内容或普遍感兴趣的问题。"政策论坛"（policy forum）（2000 个单词以下）讨论科学政策，"科学与社会短文"（essays on science and society）（2000 个单词）着重于科学与社会如何交叉的不同看法。"书评及其它"（books et al.）（1500 个单词以下）评论 *Science* 读者感兴趣的书、只读光盘、展览或影片。"研究评述"（perspectives）（1000 个单词以下）评论分析当前研究的发展，但作者不以讨论自己的研究工作为主。"综述"（review）文章（一般长度为 4 页）讨论具有跨学科意义的最新进展，着重于尚未解决的问题以及未来可能的发展方向。文章都要经过审稿。Tech.Views（2000 个单词以内）介绍当前的试验技术以及新出版的软件。

还有一些通俗栏目，比如"random sample"，字面上是个统计术语"随机抽样"，其实在此栏目登载杂七杂八的好玩东西，如科学家轶事、有趣的数据、科学八卦，等等。

Science 内容的栏目设置变化很大，像 50 年的只有一个栏目 articles，而后来的又有约 25 个栏目。我们只能统计与科学信息有关的内容。基本确定删除社论、来信、科学后浪就是职业信息、科学事业、资源、电子市场和合作事项。

印刷版 *Science* 主要包括"新闻栏目"（news）、"科学罗盘栏目"（the science's compass section）和"研究成果栏目"（research）。新闻栏目：主要报道科学新闻，又分为本周新闻（报道科学政策和科研新闻）和新闻聚焦（深入报道和专题）。另外，*Science* 也报道一些对科学政策和基金管理决策者的访谈，如 2000 年 6 月 16 日出版的 *Science* 的新闻聚焦报道了对江泽民主席有关中国科学前景的访谈。*Science* 的记者、特约通讯员和自由撰稿人遍布世界。"科学罗盘栏目"包括社论、读者来信、政策论坛、科学与社会、书评、研究评述、综述、技术特写等。除了读者来信，该栏目主要是向科学家约稿。中国科学家也曾在其中发表过社论和政策论坛文章。研究成果栏目：包括"综述"（review）、"简报"（brevia，一般 600～800 个字）、"研究文章"（research articles，一般约 4500 个字）特别重要的研究进展）和"报告"（reports，一般 2500 个字，重要研究进展的短篇论文）。*Science* 每期发表 1～2 篇研究文章、1～2 篇简报和 13 篇左右的报告，而发表的综述文章更少。*Science* 平均每年还要出版大约 15 期专辑，其中除了刊登高水平的论文外，还发表相关领域专家撰写的内容深刻的综述，使读者全面了解某一专业领域的最新研究进展。

电子版 *Science* 增加了许多印刷版上所没有的信息。为了使特别令人感兴趣或极出色的报告尽早与读者见面，每周将有 3 篇报告在印刷版 *Science* 出版前 2～6 周在 *Science Express* 上登载。*Science Now* 是每日科学新闻服务，*Science's Next Wave* 给未来的科学家提供职业信息，*Science Careers* 提供就业机会、会议消息和公告，*Science Electronic Marketplace* 提供当前产品信息。*Science Online* 还提供如下特别服务：通过电子信箱提醒读者每周的内容、超链接到参考文献的全文或摘要（medline）、增补数据及搜索所有在线信息内容等。全文可追溯至 1996 年 10 月，摘要可追溯至 1995 年 10 月，并且所有在线信息均可搜寻和阅览。

"新闻与评论"刊登一周内科技会议、科技活动情况以及科技人士对科技发展动向的见解。"研究新闻"介绍某项科学研究的进展。"政策论坛"介绍与具体科研项目有关的各国科技政策"研究文章"和报告刊登最新科学论文。

"科学时刻""科学后浪"都是编辑部的产物，都是新闻。"科学事业"初看以为是新闻，实际上不是，它只是商业部门的产品，其中有很多是广告。

三个比较稳定的栏目进行计量分析。但对于我们的研究却不能采用这种方式。一是百年的长时间跨度中栏目变化很大，尤其是我们采用的网络档案资源中很大部分也没有给出栏目区分；二是即使是看似与科学没有关联的栏目内容，实质上也是和科学有间接的联系；三是从我们设置的分类类别及其范畴中可知，如"科学与社会"类包含了很大部分的与科学相关的信息，"其他"作为补充类可以容纳无法归类的内容。这样就保证了可以采用快捷而免费的 *Nature online* 和 *Science online* 档案中提供的全部信息、而无需再鉴别栏目、加以选择地进行计量。

（2）计量中特别注重基本史料和相关性史料的结合，为计量内容做充分的学科类别归属。依照 *Nature online* 和 *Science online* 所提供的回溯档案中所有卷期的目次，我们可以判断信息的学科类别。凡是直接可从杂志给出的栏目确定学科类别的信息，或是本信息有清晰的学科指示，严格依照此指示确定类别归属。但很多情况也不可能从栏目、目次标题等直接可以判断。我们在具体操作中，除了认真分析目次内容，还要查看 PDF 的摘要，以及附加的参考文献、作者相关文献以及作者所属单位等相关信息来相互印证，从而确定类别。对于实在无法判断学科类别的信息，我们宁可归入"其他"，也不做猜测，因为臆断不仅也会影响统计结果，也违反科学精神，尽最大努力地减少我们自身学识所限带来的失误，使定量研究建立在相对可靠的数值基础上。

（3）统一的数据库制作和 Excel 数据处理，以及相应的数据编辑等都对计量研究提供了便利。面对庞大的计量对象，提前设置了统一规范的指标体系，还要设置格式一致的数据整理模式：年代顺序数值、相应的 Excel 数据、对应的百分比以及生成的图式等。统计共花费约 3 年时间，将大约 43 万条信息量，最后汇总出数据表，并进行了数据处理，生成了数据图。

（4）数据性史料与文字性史料相结合。我们在按照设定指标进行统计时，同时将所有信息中含有科学发展、某学科发展的相关评述、编者按、增刊或专刊说明加以研究记录。为计量结果的分析说明做资料收集和理论支撑。

（5）对计量结果进行处理并与以往的研究相比较分析。在得到第一手的原始数据之后，对其进行必要的数据处理及相关的统计分析，通过处理后的数据会使信息更为清晰，发展规律与趋势更为明显，在理论上放大现象的某一或某些特征，使统计计量的随机性和偶然性削弱到最低，从而使一般性得到加强。进而将结论与通常的观点、相关文献观点，与历史记载的，有关的理论分析做对比分析。对结论的可靠性和可信性作出科学谨慎的分析，并力求作出准确的表述，获得理论的提升。

Nature 1901～2000 年
的内容的计量分析

第一节 *Nature* 的综述

Nature, the weekly, international, interdisciplinary journal of science.

"To the solid ground of Nature trusts the mind that builds for aye."

——WORDSWORTH

Nature 杂志是 1869 年由进化论之父达尔文的支持者们廷德尔、斯宾塞和赫胥黎等的参与下，由英国天文学家约瑟夫·诺曼·洛克耶创立，迄今为止其历史已经有 140 多年（图 2-1）。*Nature* 创刊于一个激动人心的时代，恰值达尔文进化论问世 10 年、麦克斯韦尔的电磁学基本方程式刚刚出版 4 年、门捷列夫正好发布元素周期表。科学的大潮继续推进，*Nature* 汇聚了从狭义相对论的提出到量子理论的日趋成熟，从同位素的发现到纳米管的诞生，从进化论之争到人类基因组测序完成等这些具有开创性和突破性的科学大事件、大成就；其文章涵盖所有科学领域，包括物理、化学、天文、地球科学和生物等基础学科及众多交叉学科；刊登过如查尔斯·达尔文、阿尔伯特·爱因斯坦、詹姆斯·沃森、弗朗西斯·克里克、斯蒂芬·霍金等顶尖级科学家的文章。*Nature* 实时记录了科学中的焦点和前沿问题的演变，呈现了一个多世纪以来自然科学各个领域发展的历史轨迹，"成为相关的科学研究以及科学史研究甚而近现代社会发展研究的第一手资料"[①]。

---

① Sir John Maddox, Philip Campbell, 路甬祥.《自然》百年科学经典（*Nature*: the Living Record of Science）（第一卷）. 北京：外语教学与研究出版社，2009：前言.

图 2-1   *Nature* 从创刊到 20 世纪 50 年代一直沿用的图标

发表在 1869 的 *Nature* 第二期的公告部分中保留了唯一现存的、公开阐述《自然》的宗旨的文章。该文章开篇引用了 19 世纪早期英国杰出的诗人威廉·华兹华斯的话："思想常新者以自然为其可靠之依据。"其后郑重申明了办刊宗旨：首先，将科学研究和科学发展的重大成果呈现给公众，以此来促进科学理念在教育和日常生活中得到更普遍整体的认知。其次，帮助科学家自身，将自然科学各个分支在世界范围内取得的所有进展的最新信息提供给他们，为他们提供不断提出新的各类科学问题而讨论交流的平台。[①] 这个意向性声明显示，*Nature* 从一开始就具有双重目标，打算既面向一线科学家，又面向普通大众。这个宗旨和目标一直遵循至今。

为了实现本刊的宗旨和双重目标，公告还列出尽最大可能地遵循以下计划，也即阐明了本刊范围[②]。

本刊将最可能地刊载对公众普遍关心的论文，内容包括：

（1）由科学界杰出人士撰写的论文，涉及与科学实践、公共健康和物质文明等相关的自然知识的各个领域，以及科学进展及其教育和文化功能等方面。

（2）对公众普遍感兴趣的科学发现所做的科学阐释，必要时会辅以图示。

（3）记录各大中院校倡导自然知识所取得的成果，以及为科学教育提供各种援助的公告。

（4）对所有科研成果的综述，特别是对前人研究成果的总结回顾，以及对知识进步有贡献的文章，无论是新论证，还是相关的图像、地图、阐释、图表等均可。

本刊还会刊登更受科学家关注的文章，包括：

（1）英国、美国以及欧洲大陆科学组织和期刊的重要论文的摘要。

（2）对国内外的科研机构的会议进行综合报道。

---

① 参见：Forword. *Nature*. 1869, (2).

② 参见：Forword. *Nature*. 1869,1(2).

在 *Nature online* 创建时也重新描述了其办刊宗旨与范围："*Nature* 是一份国际周刊，发表经同行评审后具有原创性、跨学科的、即时的、最近的、典雅而出人意料的、在科学和技术领域方面最优秀的研究成果。*Nature* 还提供及时的、权威的、有洞察性的和引人注意的新闻以及影响科学、科学家和大众的时事和趋势分析。"[①] 这是对最初的 *Nature* 办刊宗旨的进一步综括。

在 *Nature* 办刊宗旨和范围的要求下，设置了自身所肩负的两个任务（*Nature's* mission）：首先，通过促进在科学任何分支的科学进展的发表而为科学家服务，为有关科学的新闻事件的报告和讨论提供一个论坛的平台。其次，确保科学成果能最快地在全世界公开和传播，及时传达它们对于知识、文化和公众日常生活的意义[②]。

Nature 在一百多年来秉承其肩负的双重使命：为科学家和普通大众服务，并坚持着自己的基本原则[③]。因此，在当今大多数科学杂志已经都专一于某一个特定领域时，*Nature* 仍然发表来自很多科学领域的一手的研究论文，同时为科学家提供科研方面最新的消息、研究资助、商业情况、科学道德和研究突破等，还及时提供方便普通大众理解科学的社论、新闻、专题报道、书籍和艺术等。基于此，*Nature* 杂志全球发行量多达约为 7 万份，而其网站拥有每天数以万计的极高点击率。难怪詹宁斯博士一脸骄傲地告诉记者："保守估计，全球约有 600 万人是 *Nature* 的读者。"正因如此，这本历史悠久的科学刊物成了全球科学家心中的"圣殿"。*Nature* 是世界上索引率最高的跨学科的科学杂志，据汤普森 2000～2009 年科学期刊引证报告可知，*Nature* 的影响因子分别为 25.814、27.955、30.432、30.979、32.182、29.273、26.681、28.751、31.434、34.480，平均为 29.798。因此 *Nature* 已成为世界上最古老、最有名望的综合性科学杂志之一。

"然而，令人颇为诧异的是，此前居然没有任何关于 *Nature* 出版历史的有分量的概述。"[④]*Nature* 独一无二地发表所有科学领域中开创性研究成果，其中经典文献再现了一个多世纪以来人类在自然科学领域艰辛跋涉不断探索的历程。既

---

① 参见：http://www.nature.com/nature/about/index.html.

② 参见：http://www.nature.com/nature/about/index.html.

③ 自然杂志坚持的基本原则：①编辑是独立的，论文由编辑人员和专家审稿人协商作出，没有编委会。②反映所有科学领域的问题。希望表达方式上应当尽可能让不同学科领域的读者感兴趣。当一篇论文特别重要，或需要做补充解释才能让本领域以外的读者明白其重要性，就会在"News and views"栏目中发布与这篇论文相伴的、由科学家撰写的评论文章。③国际化。编辑部是国际化的，审稿系统也是完全国际化的.

④ John Maddox, Philip Campbell, 路甬祥.《自然》百年科学经典（*Nature: the Living Record of Science*）（第一卷）.北京：外语教学与研究出版社，2009：前言.

能从微观上记录卓越的科学家在处理具体问题时的超凡智慧,又从宏观上体现各个学科领域在不同发展阶段的总体概貌。通过对 *Nature* 内容的计量分析,追踪自然科学发展的轨迹与脉络,从宏观上了解各个学科领域在不同发展阶段的总体概貌,以期洞悉近现代科学发展的整体脉络,为 21 世纪的科学发展提供有益的借鉴。

第二节 *Nature* 1901 ~ 2000 年的内容的计量分析

我们根据 *Nature online* 提供的回溯档案中的文献数据,详尽地对 *Nature* 1901 ~ 2000 年 63 ~ 408 卷中所含的 1627 ~ 6915 期所提供的内容,依照上面分析确定的学科类别,即确定的人类学、艺术与文学、生物学、化学、地球科学、历史学、数学、医学、物理学、天文学、政治与社会事务、技术与发明、其他这 13 类学科作为变量[①],每个变量所对应的数值代表该学科在对应年份发表的论文数量。从 1901 到 2000 年均包含这 13 个变量的数据,每一年所含数据均为该年 52 份期刊分类计量数值的总和(每一年的分类统计表见附录 1),表 2-1 完整地呈现了 *Nature* 这 100 年中内容的学科分类统计所得的绝对数值。

表 2-1   *Nature* 20 世纪内容的学科分类统计表

类别\年份	人类学	艺术与文学	生物学	化学	地球科学	历史学	数学	医学	物理学	天文学	政治与社会事务	技术与发明	其他	合计
1901	35	10	228	88	162	12	37	45	99	121	145	95	152	1229
1902	35	6	254	86	156	7	76	50	111	134	163	113	155	1346
1903	29	9	251	101	189	9	52	33	116	137	149	118	165	1358
1904	39	3	240	115	138	23	36	30	135	102	131	145	182	1319
1905	24	5	183	75	166	29	42	32	117	124	119	144	170	1230
1906	39	3	204	79	189	24	25	37	89	131	110	167	166	1263
1907	37	11	204	86	163	17	33	34	71	117	109	162	227	1234
1908	31	5	207	87	186	28	24	41	96	139	131	168	233	1376
1909	45	12	282	87	245	17	37	44	110	118	121	185	228	1531
1910	48	51	211	119	195	63	39	118	108	143	289	74	174	1632

---

① 这里的学科类别如前文所述,基本采用 *Nature* 自身设置的类别,变量的顺序也采纳其中的安排,因为本书将对 *Natuer* 与 *Science* 做对比研究,因此 *Science* 中的类别设置与变量顺序,也将与 *Nature* 中尽量保持一致。

续表

类别 年份	人类学	艺术与文学	生物学	化学	地球科学	历史学	数学	医学	物理学	天文学	政治与社会事务	技术与发明	其他	合计
1911	59	58	266	159	210	60	61	101	128	148	354	63	186	1853
1912	59	58	266	159	210	60	61	101	128	148	354	63	186	1853
1913	29	44	136	142	147	43	25	85	143	97	248	33	180	1352
1914	30	36	117	106	145	45	32	61	142	101	291	25	163	1294
1915	19	50	115	145	95	41	42	72	150	92	260	23	184	1288
1916	21	25	112	91	115	26	27	66	122	80	304	21	176	1186
1917	17	29	94	110	87	31	29	63	129	91	241	21	164	1106
1918	17	30	96	105	81	31	20	76	141	96	246	32	158	1129
1919	15	30	109	97	77	44	19	63	138	88	245	15	175	1115
1920	15	20	222	165	194	18	46	122	176	123	485	16	314	1916
1921	12	19	215	134	193	11	35	108	206	116	476	9	331	1865
1922	15	11	196	203	175	36	46	169	234	113	599	11	275	2082
1923	12	18	198	213	202	23	51	161	232	111	604	11	243	2079
1924	8	22	218	209	184	29	48	131	239	102	592	7	257	2046
1925	17	34	261	215	169	32	35	125	236	99	556	9	252	2040
1926	6	18	239	212	185	14	24	106	230	85	594	4	213	1930
1927	8	21	197	226	160	22	25	91	239	91	638	13	227	1958
1928	10	26	195	211	159	14	21	118	265	99	677	6	228	2029
1929	11	8	206	228	183	26	26	106	258	90	658	15	228	2043
1930	60	19	373	244	237	16	29	61	274	96	324	28	325	2086
1931	66	15	339	242	210	12	45	40	290	114	354	18	356	2101
1932	136	31	582	264	426	19	35	107	430	125	547	43	363	3108
1933	110	31	581	313	396	14	41	114	435	116	525	32	415	3123
1934	87	23	568	377	407	15	46	122	473	75	586	44	417	3240
1935	126	43	593	396	400	14	38	129	460	101	553	68	463	3384
1936	134	29	669	346	369	21	33	116	467	90	550	24	471	3319
1937	142	27	629	308	396	16	24	134	437	117	548	13	555	3346
1938	158	20	667	317	435	9	36	140	425	103	640	6	542	3498
1939	132	15	686	263	395	10	43	135	402	96	611	14	477	3279
1940	272	148	566	302	331	107	101	239	303	104	218	76	121	2888
1941	36	10	416	178	212	1	24	189	242	61	390	52	458	2269

续表

类别 年份	人类学	艺术与文学	生物学	化学	地球科学	历史学	数学	医学	物理学	天文学	政治与社会事务	技术与发明	其他	合计
1942	16	17	347	153	224	6	38	182	98	210	358	61	454	2164
1943	39	14	366	140	180	4	24	200	236	70	318	71	420	2082
1944	35	8	449	221	212	8	30	229	253	65	322	47	434	2313
1945	9	15	414	278	173	7	44	184	271	38	361	35	408	2237
1946	18	7	578	407	204	18	34	190	419	63	431	72	436	2877
1947	13	12	525	404	170	6	33	134	473	38	367	68	365	2608
1948	79	48	578	394	194	29	44	190	90	544	402	27	336	2955
1949	119	64	545	447	272	47	57	280	78	475	258	68	321	3031
1950	65	44	514	475	111	27	68	430	342	120	260	104	431	2991
1951	43	38	475	404	128	43	78	428	374	135	347	105	401	2999
1952	63	47	522	438	154	60	64	353	330	108	345	101	404	2989
1953	52	38	576	395	164	48	83	378	390	125	361	86	403	3099
1954	46	58	557	456	192	73	85	364	371	84	399	86	423	3194
1955	43	46	473	417	173	48	61	410	346	112	353	99	412	2993
1956	63	56	588	538	213	69	68	515	436	99	382	131	429	3587
1957	56	55	637	526	191	97	83	513	424	152	381	111	415	3641
1958	71	57	881	726	251	102	121	763	478	152	385	114	407	4508
1959	66	59	923	723	286	93	93	824	524	150	446	138	401	4726
1960	3	3	1847	582	254	58	41	437	488	135	838	17	381	5084
1961	8	12	2113	581	266	51	68	541	561	121	745	36	380	5483
1962	5	13	2154	626	223	43	60	499	627	127	767	14	371	5529
1963	3	7	2503	681	226	50	40	393	640	118	651	23	375	5710
1964	20	12	2549	672	257	24	45	253	612	118	739	27	335	5663
1965	20	4	2412	534	396	1	42	292	474	120	668	19	406	5388
1966	30	1	2634	575	406	2	33	249	558	128	557	25	447	5645
1967	17	4	2706	381	301	1	35	196	460	176	567	42	492	5378
1968	18	3	1441	228	232	1	27	152	314	117	426	37	316	3312
1969	48	6	1935	330	418	4	47	254	513	393	577	60	423	5008
1970	43	13	1875	272	484	15	41	291	474	439	565	88	565	5165
1971	42	2	1338	243	382	8	25	145	265	271	475	43	419	3658
1972	40	5	1065	240	396	4	23	150	235	239	411	30	379	3217

续表

年份＼类别	人类学	艺术与文学	生物学	化学	地球科学	历史学	数学	医学	物理学	天文学	政治与社会事务	技术与发明	其他	合计
1973	42	9	1205	234	443	4	28	176	282	250	375	26	353	3427
1974	36	4	1620	220	475	3	20	235	257	273	376	9	375	3903
1975	17	3	1495	225	332	2	18	293	227	284	434	15	493	3838
1976	19	2	1451	197	329	—	16	245	213	265	392	3	443	3575
1977	13	3	1341	185	360	5	5	268	245	284	501	7	408	3625
1978	29	2	1340	177	373	2	8	220	260	269	510	15	325	3530
1979	19	1	1214	211	339	2	5	175	262	267	564	10	363	3432
1980	7	4	1356	228	388	14	11	190	416	179	509	26	163	3491
1981	19	2	1264	198	365	16	14	168	357	202	644	19	188	3456
1982	12	2	1234	199	384	2	22	189	239	201	673	21	211	3389
1983	24	2	1226	160	413	1	22	180	349	247	681	25	224	3554
1984	26	5	1206	151	410		34	163	359	222	776	33	230	3616
1985	40	—	1178	196	412	3	14	173	308	227	650	24	313	3538
1986	42	1	1211	212	411	—	14	186	297	323	628	27	299	3651
1987	31	4	1222	232	428	1	12	239	366	245	852	44	299	3975
1988	32	7	1245	245	407	—	6	272	347	237	676	38	301	3813
1989	22	12	1269	204	410	2	11	153	326	199	869	36	228	3741
1990	10	17	979	183	453	13	36	288	277	238	938	95	247	3773
1991	8	25	892	188	442	10	15	280	255	226	769	83	320	3513
1992	16	6	957	170	412	11	19	354	236	211	748	76	342	3558
1993	13	36	951	164	413	15	19	325	248	203	705	91	298	3481
1994	18	22	961	158	339		19	431	204	231	648	76	314	3424
1995	19	6	943	126	331	4	16	346	258	183	664	73	248	3217
1996	21	11	973	133	327	11	13	366	197	201	590	66	303	3212
1997	22	43	1021	164	348	13	19	370	235	185	500	60	331	3311
1998	15	52	901	172	338	18	22	360	178	220	554	46	346	3222
1999	28	32	982	194	322	12	21	282	222	166	588	68	334	3251
2000	50	28	1071	180	315	4	24	324	273	159	367	58	398	3251

　　为了客观地展示学科发展的规律性，我们将表2-1呈现的绝对数字转化为百分数，即计算出每5年各类数目占同期总数目的比例，得出学科分类百分比如

表 2-2 所示,清晰地展示了各个学科 20 世纪兴趣指标的变迁。为了更加清晰地显示各科发展的趋势,我们依据百分比表中的数值,以各个学科的兴趣指标为纵坐标,以年代为横坐标,绘制出各学科 20 世纪发展的编年曲线图。

表 2-2   *Nature* 20 世纪内容的学科分类百分比表

期号	人类学	艺术与文学	生物学	化学	地球科学	历史学	数学	医学	物理学	天文学	政治与社会事务	技术与发明	其他	合计
1901～1905	2.5	0.5	17.8	7.2	12.5	1.2	3.8	2.9	8.9	9.5	10.9	9.5	12.7	100
1906～1910	2.8	1.2	15.7	6.5	13.8	2.1	2.2	3.9	6.7	9.2	10.8	10.7	14.5	100
1911～1915	2.6	3.2	11.8	9.3	10.6	3.3	2.9	5.5	9.1	7.7	19.7	2.7	11.8	100
1916～1920	1.3	2.1	9.8	8.8	8.6	2.3	2.2	6.1	10.9	7.4	23.6	1.6	15.3	100
1921～1925	0.6	1.0	10.8	9.6	9.1	1.3	2.1	6.9	11.3	5.4	28.0	0.5	13.4	100
1926～1930	1.0	0.9	12.1	11.2	9.2	0.9	1.2	4.8	12.6	4.6	28.8	0.7	12.2	100
1931～1935	3.5	1.0	17.8	10.7	12.3	0.5	1.4	3.4	14.0	3.6	17.2	1.4	13.5	100
1936～1940	5.1	1.5	19.7	9.4	11.8	1.0	1.5	4.7	12.5	3.1	15.7	0.8	13.3	100
1941～1945	1.2	0.6	18.1	8.8	9.1	0.2	1.5	8.9	9.9	4.0	15.8	2.4	19.7	100
1946～1950	2.0	1.2	19.0	14.7	6.6	0.9	1.6	8.5	9.7	8.6	11.9	2.3	13.1	100
1951～1955	1.6	1.5	17.0	13.8	5.3	1.8	2.4	12.7	11.9	3.7	11.8	3.1	13.4	100
1956～1960	1.2	1.1	22.6	14.4	5.6	2.0	1.9	14.2	10.9	3.2	11.3	2.4	9.4	100
1961～1965	0.2	0.2	42.3	11.4	4.9	0.6	0.9	7.1	10.5	2.1	12.9	0.4	6.7	100
1966～1970	0.6	0.1	43.2	7.3	7.5	0.1	0.8	4.7	9.5	5.1	11.0	1.0	9.2	100
1971～1975	1.0	0.1	37.3	6.4	11.2	0.1	0.6	5.5	7.0	7.3	11.5	0.7	11.2	100
1976～1980	0.5	0.1	38.0	5.7	10.1	0.1	0.3	6.2	7.9	7.2	14.0	0.4	9.6	100
1981～1985	0.7	0.1	34.8	5.2	11.3	0.1	0.6	5.0	9.2	6.3	19.5	0.7	6.6	100
1986～1990	0.7	0.1	31.3	5.7	11.1	0.1	0.4	6.0	8.5	6.6	21.0	1.3	7.2	100
1991～1995	0.4	0.6	27.4	4.7	11.3	0.3	0.5	10.1	7.0	6.1	20.1	2.3	8.9	100
1996～2000	0.8	1.0	30.5	5.1	10.2	0.4	0.6	10.5	6.8	5.7	16.0	1.8	10.5	100
平均	1.52	0.9	23.9	8.8	9.6	1.0	1.5	6.9	9.7	5.8	16.6	2.3	11.6	100

结合前文对科学的分类研究,我们将 *Nature* 的学科分为基础科学和人文社会科学,以及应用科学来讨论,其中基础科学包含生物学、化学、地球科学、数学、物理学和天文学;人文社会科学包含人类学、艺术与文学、历史学和政

治与社会事务；应用科学包括医学、技术与发明。① 根据兴趣指标可以制作出各
学科发展的动态曲线图，就可以轮廓鲜明地展示 *Nature* 中各学科百年发展的宏
观态势，这些起伏波动的发展曲线究竟体现出在 20 世纪学科发展怎样具体的情
形呢？而且在不同的时代学科之间呈现了怎样的异同，抑或有某种地位和重视
程度的变化？以下我们逐层详细地讨论。

一、*Nature* 反映的基础科学发展态势

首先，我们对 *Nature* 中自然科学各学科的发展曲线图做出分析，如图
2-2 ～图 2-7 所示。

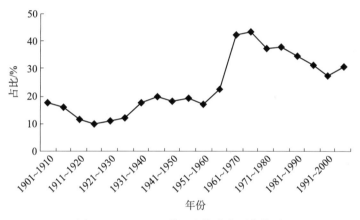

图 2-2　*Nature* 20 世纪生物学发展曲线图

图 2-2 是 *Nature* 20 世纪生物学发展曲线图，很明显，百年间生物学研究波
动性很大，但整体上呈上升趋势。在 20 世纪初，生物学研究还处于比较低（约
占 15%）的水平，甚至在 1916 ～ 1920 年出现了一个低潮；之后从 20 年代中期
开始缓慢上升，迅猛的增强发生在 50 年代中后期，而后在 60 ～ 70 年代生物学
研究达到了高峰期（高达 43%）；之后开始缓慢地下降，但整体上还是处于较高

---

① 因为本书研究的重心是科学发展态势，我们将：一是采用最宽泛的"科学"定义，这样 *Nature* 和 *Science* 中
涉及的学科类别都包含在内；二是采用科学学科大类最常用的三维分法，从狭义上理解自然科学，即含基础
科学和应用科学，社会科学与人文科学（学科）并称为人文社会科学，这样就将科学分为基础科学、人文
社会科学与应用科学三大类；三是六大基础学科的排序也遵照 *Nature* 分类类别中的顺序排列，后文讨论均
采用此顺序；四是 *Nature* 和 *Science* 中涉及的人文社会科学和应用科学的类目有限，或者还有别的学科但不
足以作为一个类目来统计而归入"其他"，因此人文社会科学在 *Nature* 中仅包含人类学、艺术与文学、历史
学和政治与社会事务，在 *Science* 中包含人类学和科学与社会。应用科学 *Nature* 中有医学和技术与发明，在
Science 中有医学和工程技术两类。本书只能以这些有限的学科发展来代表一个学科大类来研究其发展态势，
以期能够从中透视出科学学科大类的发展态势，从而得出科学整体发展态势．

的水平上发展，在 20 世纪末又开始呈现增长的趋势。

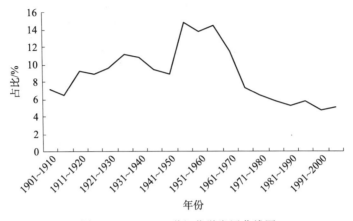

图 2-3   *Nature* 20 世纪化学发展曲线图

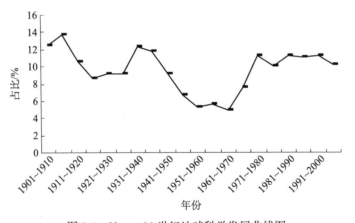

图 2-4   *Nature* 20 世纪地球科学发展曲线图

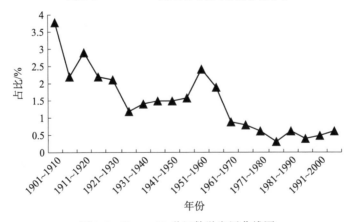

图 2-5   *Nature* 20 世纪数学发展曲线图

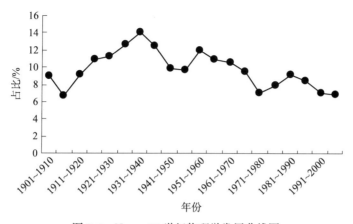

图 2-6 *Nature* 20 世纪物理学发展曲线图

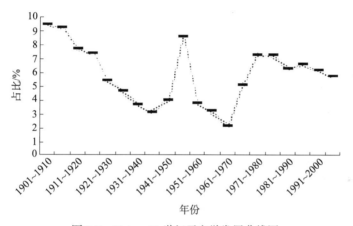

图 2-7 *Nature* 20 世纪天文学发展曲线图

图 2-3 是 *Nature* 20 世纪化学发展曲线图，整体上看化学研究在前 50 年呈上升趋势，后 50 年开始衰退，而且虽然研究态势有一定的起伏，但前 50 年整体研究状态（约为 9.6%）高于后 50 年的研究水平（约为 6.9%），相差近 3 个百分点。在 1946 ～ 1965 年这 15 年间化学处于一个研究高峰时期，使化学研究曲线呈"几"字形（正态分布表）。明显的是，后 50 年的化学研究态势在急速下降，化学研究的衰减趋势看来成了一种趋向。

图 2-4 是 *Nature* 20 世纪地球科学发展曲线图，整体上看地球科学的研究起伏很大。最初的前 10 年明显研究最为活跃（约占 13.8%），是 20 世纪地球科学研究的最高峰期。之后缓慢下降，到 30 年代又有一定的涨幅，之后又是一个大幅度下滑，到 50 ～ 60 年代为最低谷（仅占约 5%），70 年代研究态势好转，到

20 世纪最后 20 年研究态势基本平稳,保持在略大于 10% 的水平上,预期未来的地球科学研究也将保持这样的平稳态势。

图 2-5 是 *Nature* 20 世纪数学发展曲线图,整体上曲线呈下降趋势,反映出 20 世纪体现在 *Nature* 中的数学研究是一种衰落的态势。数学研究的最兴盛期是 20 世纪的最初 10 年(约占 3.5%),之后随着时间的推移在逐步衰减,经过 20 ~ 50 年代近 30 年的低迷态势之后,在 50 年代中期略有回升,短暂的快速发展之后又出现迅速递减,到 20 世纪最后 40 年数学研究基本处于低水平状态(持续约占 0.5%),似乎昭示着数学研究在未来较长一段时间中的低迷态势。

图 2-6 是 *Nature* 20 世纪物理学发展曲线图,物理学研究曲线整体上处于高水平状态。从 20 世纪初开始,物理学研究就开始保持缓慢上升的趋势,到 30 年代中期达到 20 世纪研究水平的最高峰,高达 14%。此后 40 年代物理学研究是呈缓慢发展的,但到 50 年代中期又出现回升,达到约 12% 的又一个研究高峰期。此后直到 20 世纪结束,虽然在 80 年代初期有一点回涨,但物理学研究整体看都在缓慢下降中前行。到 20 世纪末下降到与 20 世纪初的研究水平上,至少没有比 20 世纪初低落就是非常庆幸的了。

图 2-7 是 *Nature* 20 世纪天文学发展曲线图,天文学研究在 20 世纪初的 20 年间是最兴盛期(约占 10%),此后就再没有超过这个水平。接下来的 25 年(1920 ~ 1945 年)是天文学研究的衰退期,此后略微有所回涨,在 20 世纪中期又出现一个研究的小高峰,进而就回落到整个世纪研究的最低峰,即 60 年代的 2% 的研究水平。一个低潮就意味着一个涨幅的到来,经过 70 年代的回升(约占 7%),到 80 年代后天文学研究一直处于这样一个平稳的态势。到 20 世纪末天文学研究出现下降的趋势。

其次,我们以百年六大基础科学学科总数据的相应百分比为依据,绘制出 *Nature* 百年内容的基础科学学科分类比较柱形图(图 2-8)以及曲线比较图(图 2-9)。

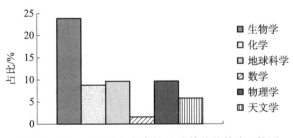

图 2-8   *Nature* 20 世纪内容的基础科学学科总比较图

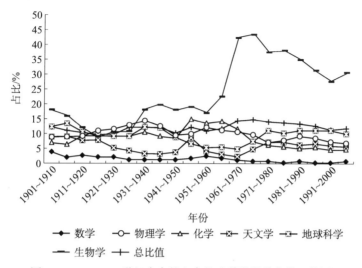

图 2-9　*Nature* 20 世纪内容的六大基础科学学科曲线比较图

从 *Nature* 20 世纪内容的基础科学学科分类比较图（图 2-8）来看，整个 20 世纪自然科学六大基础学科所占的比例分别是：数学占 1.5%、物理学占 9.7%、化学占 8.8%、天文学占 5.8%、地球科学占 9.6%、生物学占 23.9%，其中生物学独占鳌头，所占比例是其他自然科学学科所占比例均值（7.08%）的 3 倍还多。如此高的研究水平，说明生物学是百年基础科学发展中最为鼎盛的学科，长期保持良好的发展态势。其次是物理学研究高于地球科学、化学的发展，天文学次之，相比之下数学是发展相对较慢的学科。

从 *Nature* 20 世纪内容的六大基础科学学科曲线比较图（图 2-9）来看，异常鲜明的是生物学研究在 50 年代之后陡然上升，至此研究的水平一直处于高态势。相比于其余所有学科研究水平处于 20% 之下，生物学研究从 30 年代开始超越所有学科发展，直至发展到远远超越了其他自然科学研究水平，是 20 世纪基础学科发展的一大特色。还有特别清晰的显示是，数学研究的平稳发展，符合它作为自然科学研究基础理论的学科特征，是其他基础学科得以发展的有力保障。数学研究在整个 20 世纪在低水平上发展的同时呈递减态势也是非常明显的。再次，在比较图中物理学和化学、天文学、地球科学的发展均处于 15% 以下，随着年代的推进此起彼伏。因为比较图中每一类学科发展的编年曲线都有一个波峰和波谷，我们将波峰和波谷相应的年限分别代表了本学科的研究高峰期和低潮期，高峰期和低潮期所处的年代分别为峰值年代和低谷年代；并将 20 世纪 100 年间某学科兴趣指标高于 10%（均值为 9.7%，我们取整 10% 为高指标）的所有年限总值，代表某个学科的研究兴盛期；将低于 5%（各学科最低研究水平的平均值为 4.75%，我们取整 5% 为低指标）所含的年限，代表本学科的研究衰落期。我们将六大基础学科的高峰期、峰值年代、兴盛期，以及低潮期、低谷年代、衰落期做一比较（表 2-3）。

表 2-3   20 世纪 *Nature* 六大基础科学兴盛与衰落年代期限的比较

学科类别	生物学	化学	地球科学	数学	物理学	天文学
高峰期（年份）	1966～1970	1946～1950	1906～1910	1901～1905	1931～1935	1901～1905
峰值年代	60 年代	40 年代	10 年代	00 年代	30 年代	00 年代
兴盛期	95 年	30 年	55 年	—	40 年	—
低潮期（年份）	1916～1920	1991～1995	1961～1965	1976～1980	1906～1910	1961～1965
低谷年代	10 年代	90 年代	60 年代	70 年代	00 年代	60 年代
衰落期	—	5 年	5 年	100 年	—	35 年

尽管图 2-9 中曲线的研究高峰比较起来看不是十分清晰，但从表 2-3 对六大基础学科的峰值年代的比较可以看出，学科发展的高峰期是存在先后顺序的，所处的年代也是明显不同的，持续的兴盛期年限也是互异的。这说明 20 世纪各门学科在时间上是不平衡发展的，它们在不同的时期占据着不同的科学地位，引领着人们对自然探索的兴趣转移。随时间序列自然科学学科研究的高峰期依次出现为：20 世纪初的数学和天文学、10 年代的地球科学、30 年代的物理学、40 年代的化学以及 60 年代的生物学。这说明在某一历史年代的科学发展中，总有某个或某些科学学科成为科学研究的主要对象，受到科学研究者的共同关注，产生众多的科学研究成果，从而带动其他相关学科的发展。

另外，数学在 20 世纪初的兴盛恰好符合科学发展的逻辑性，作为科学研究的重要理论工具，理应为其他自然科学研究提供先行理论支撑。天文学的兴盛期也在 20 世纪初，从理论上为科学研究提供了更广阔的宏观、宇观的视野，从而带动物理学、化学的研究。10 年代的地球科学发展兴盛，逐步将地球看做动态的形体，并与外太空一起组成复杂的系统，对其运动规律和动态关系的解释不仅促进地球科学本身的发展，也与物理学、化学有了密切的联系而带动了物理学、化学研究高峰的到来。随之而来的 30 年代的物理学、40 年代的化学研究高峰，足以说明基础学科在理论基础支持和宏大的研究尺度下，物理学、化学成为自然科学研究的轴心，是应用科学研究，甚至是人文社会科学的发展的支撑和基础。因此，自然科学研究顺次呈现高峰期，是以一种特有的统计规律，展现了人类的认知逻辑和科学的历史逻辑。

对各个基础科学从步入兴盛期或衰落期，到出现转型、退出极端态势的时限来分析：就兴盛期而言，物理学在1916～1940年和1951～1965年两个时间段内是兴盛期，平均一次兴盛期为20年。化学在1926～1935年和1946～1965年两个时间段内处于兴盛，平均一个兴盛期持续18年。地球科学在1901～1915年、1931～1940年及1971～2000年这三个时间段上是兴盛的，平均处在兴盛期的年限为18年。生物学在整个20世纪百年中基本上都处于兴盛期。这样我们可以基本得出除去极特别的某个单一学科长期处于兴盛期之外，某一基础学科发展处于兴盛期的平均年限约为20年。就衰落期而言，化学和地球科学两学科是5年的衰落期，而天文学是35年的衰落期，说明除了数学学科在整个百年中持续走低之外，其他学科一旦处于衰退，大约要持续15年才能出现转变。

另外，从百年来学科所处的兴盛期来看，数学和天文学能称得上兴盛期的年限为零（低于均值10%），说明100年以来，二者虽然是科学研究的基础学科，但一直处于稳定低水平发展，始终不可能成为自然科学的核心。化学兴盛期为30年，物理学为40年，地球科学兴盛期为55年，都说明这三者是重要的自然科学学科，对于自然科学的发展有着举足轻重的作用，在百年科学研究中最为普及和重视，都获得了较为迅速的发展。最突出的是生物学，兴盛期长达95年，也就是说20世纪已经称得上是生物学的世纪，只是它走向真正兴盛是从20世纪后半叶开始的。从学科所处的低潮期来看，数学在整个20世纪都处于低谷年代，研究水平均低于5%。其实数学作为自然科学的语言，本不属于纯粹的自然科学，同时也不可能在自然科学研究领域占据优势地位，即使是处于低谷，也并不代表数学本身的发展衰退。相对于自然科学其他学科而言，处于低水平发展的数学恰好符合它作为先行理论工具的特性。天文学也有近35年的衰落期，所处的60年代恰好是自然科学中生物学的最兴盛期，天文学的相对低迷也是符合学科发展历史逻辑的。兴盛期和衰落期相比清晰可见，处于兴盛期的学科会导致其他学科处于衰落期，反之亦然。因此，对于人类认识自然的研究活动，总是有客观的需求和主观的取向所导致的学科之间发展的波动存在，也促使我们去探寻科学发现的逻辑。

总之，*Nature* 反映的基础科学发展态势有以下几方面。

（1）20世纪发展最迅速的基础科学是生物学。从50年代中期之后生物学迅猛增长。60、70年代是生物学研究的鼎盛时期。此后发展速度放缓，但整体上看仍然处于增长的研究态势。

（2）在20世纪30年代之前，物理学沿袭19世纪的火热态势，仍然处于高水平发展状态。此后生物学研究开始超越了物理学，是物理学技术和手段改进促进了生物学的发展。

（3）化学和数学研究是出现明显衰退的基础科学。其中更明显的是化学发展的衰退趋势，而数学整体低迷，略呈递减态势。

（4）基础科学学科研究的高峰期序列：20世纪初的数学和天文学、10年代的地球科学、30年代的物理学、40年代的化学以及60年代的生物学。它以一种特有的统计规律展现了人类的认知逻辑和科学的历史逻辑。

（5）学科发展呈现的兴盛期和衰退期是交替出现的，当某些学科处于兴盛期时，必然使其他学科受到影响而处于衰退期，而且学科发展出现兴盛一般要持续约20年，出现衰退期约持续15年才出现转机。

（6）基础科学"总比值"曲线说明：20世纪自然科学研究整体上是增长的，在30～40年代是研究低迷期，60～70年代是研究红热期。

二、Nature 反映的人文社会科学发展态势

我们首先对 Nature 中人文社会科学各学科的发展曲线图做出分析。

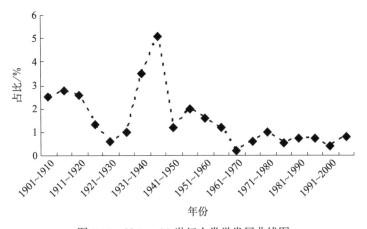

图 2-10　Nature 20 世纪人类学发展曲线图

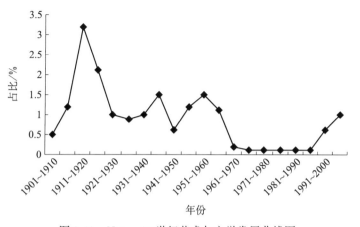

图 2-11　*Nature* 20 世纪艺术与文学发展曲线图

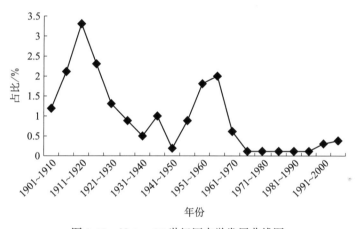

图 2-12　*Nature* 20 世纪历史学发展曲线图

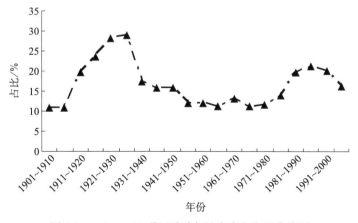

图 2-13　*Nature* 20 世纪政治与社会事务发展曲线图

图 2-10 是 *Nature* 20 世纪人类学发展曲线图,整体上看 20 世纪人类学研究有下降的趋势。在 20 世纪初的 15 年间人类学研究是一个小高潮。之后锐减,到 30 年代初又开始出现转机并迅速发展到新的高峰,5.1% 的研究水平也成了 20 世纪人类学研究的最高水平。以后的 60 年人类学研究持续走低,而且呈递减趋势,从 *Nature* 的计量数据看这种态势还将继续。

图 2-11 是 *Nature* 20 世纪艺术与文学发展曲线图,从数值上看对艺术与文学的研究所占份额很小(平均仅占 0.91%),20 世纪发展态势是递减的。前 60 年中在较高发展水平上还有一定的起伏,其中的研究波峰是在 20 年代前后(最高 3.2%),50 年代还有一个小高峰。20 世纪的后 40 年研究的水平就很低,只能说在 *Nature* 中还有对艺术与文学的关注,真正称得上研究的已经微乎其微了。在 20 世纪末略微有回升,但在 *Nature* 中研究比例应该不会再猛增。

图 2-12 是 *Nature* 20 世纪历史学发展曲线图,这一曲线与艺术与文学呈现的态势非常相近。整个世纪所占的平均值仅有 0.97%,并有明显的下降趋势,以 60 年代为界限,前期还有一定的研究成果受到关注,并且在 20 年代初期(最高 3.3%)和 50 年代后期分别出现大小两个研究高潮。60 年代之后历史学研究就非常少了,并将这种低迷的研究态势持续到了 20 世纪末。未来对历史学的关注也不会在 *Nature* 中增多。

图 2-13 是 *Nature* 20 世纪政治与社会事务发展曲线图,从数值(平均值为 16.58%)上看对政治与社会事务的关注程度是很高的,是仅次于自然科学中的生物学研究水平的科学类别。这说明在 20 世纪科学的整体发展中,对于科学与社会的动态关系和相互影响是一个重要的科学话题。特别是在 20 年代是最高潮时期,此后略减并平稳保持在一个较高水平状态。到 20 世纪末又有小幅度的增长,但未来不可能出现再大的动荡。

其次,我们以百年中人文社会科学学科总数据的相应百分比为依据,绘制出 *Nature* 百年内容的人文社会科学学科分类比较柱形图(图 2-14)以及曲线比较图(图 2-15)。

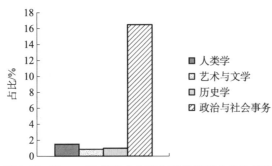

图 2-14   *Nature* 20 世纪人文社会科学学科分类比较图

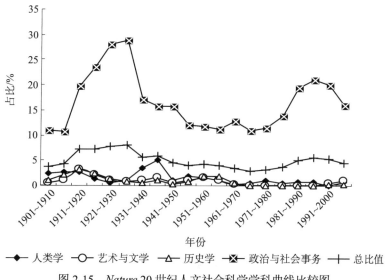

图 2-15　*Nature* 20 世纪人文社会科学学科曲线比较图

在 *Nature* 所反映出的人文社会科学学科中，人类学约占 1.5%，艺术与文学约占 0.9%，历史学约占 1.0%，政治与社会事务约占 16.6%。科学与政治社会事务也是在 *Nature* 这样的综合性期刊中得到很好的关注，对于科学的发展具有越来越重要的影响，是科学发展不可忽略的重要因素。因而科学与社会、政治、经济、文化等多方交叉影响会受到越来越多的关注。并且未来科学与社会的交叉综合性研究也将是人文社会科学研究的趋势。历史学和人类学也是 *Nature* 中专门讨论的主题，是科学科学结构中不可或缺的因素，对于宏观上解析科学的发展和人类自身的未来都有着重大的意义。尽管艺术与文学所占比例最小，但也会有持续的关注，因为科学发展离不开对其艺术的熏陶和文学的渲染。

从 *Nature* 所反映出的人文社会科学学科曲线比较图来看，人类学、艺术与文学以及历史学研究在 20 世纪整体上的发展态势是一致的：整体呈下降趋势；在 60 年代之前出现波动，后 40 年明显衰落；20 ～ 30 年代是研究的最高峰，50 年代也有一个小高潮；相对于自然科学研究来看这三类研究都占据很小的份额；但都是科学研究的不可缺少的内容和分支学科。相对于这三类单一的人文社会科学类目的统计数据，政治与社会事务发展曲线远远高于其他人文社会科学发展曲线是肯定的，因为它包含了众多的与科学相关的内容，而与科学发展有千丝万缕联系的诸多内容，如科学与教育、经济、政治、商业、哲学等的互动，必然会引起相关的学术研究和专业讨论。政治与社会事务是人文社会科学中综合性交叉性的最强、所含内容最丰富、最受到热议的主题，它的研究仅次于自然科学中的生物学研究水平，未来这种趋势也将继续保持。

总之，*Nature* 反映的人文社会科学发展态势为以下几方面。

（1）就人文社会科学所有学科来看，在 20 世纪中研究态势是非常一致的：整体上研究是呈下降趋势的。未来仍然延续这种递减态势。

（2）20 世纪人文社会学科的研究兴盛期是 20 ～ 30 年代，其次还有 50 年代的小高潮，但整体上相对于自然科学而言，在 *Nature* 中受关注的程度很弱。

（3）以 1960 年为界限，之前的人文社会科学研究有起伏，之后就是持续走低，衰退趋势必然。

（4）*Nature* 中还包含众多与科学相关联的人文社会科学类别，科学的社会化使得这种交叉综合性研究受到更多的关注。

（5）人文社会科学总比值曲线说明：20 世纪人文社会科学在 20 ～ 30 年代是最为红热期，之后缓慢下降，在 80 年代末 90 年代初略有涨幅，20 世纪末又开始放缓。

三、*Nature* 反映的应用科学发展态势

我们首先对 *Nature* 中应用科学两学科的发展曲线图做出分析。

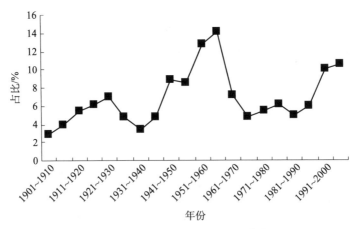

图 2-16   *Nature* 20 世纪医学发展曲线图

图 2-16 是 *Nature* 20 世纪医学发展曲线图，在 20 世纪初医学研究还是处在较低的发展水平上，随着时间推移开始稳步增长，在 30 年代初出现一个小高峰，回落到 30 年代末期，就开始迅猛增强，经过 20 多年的发展，到 60 年代达到研究的巅峰，最高数值达 14.2%，远远超出一个世界的均值 6.88%。此后研究缓

慢，呈衰落趋向，1965～1990年保持平稳的状态（6%左右），在20世纪的最后10年又开始小幅增长。从100年总态势看，医学研究是呈增长态势的。

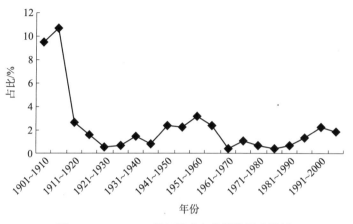

图 2-17 *Nature* 20 世纪技术与发明发展曲线图

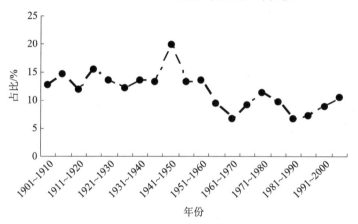

图 2-18 *Nature* 20 世纪其他曲线图

图 2-17 是 *Nature* 20 世纪技术与发明发展曲线图，在 20 世纪初的 10 年间是技术与发明最顶峰，高达 10.7% 的份额。此后骤降到一个低水平上缓慢发展，保持在约 0.7% 的状态上，在 50 年代左右出现了一点幅度较小的转机，升到 3% 左右，但此后就又回落到低水平上，到 20 世纪末略有回升的态势。但也远远不能与 20 世纪初的水平相提并论了。

其次，我们以百年中应用科学学科总数据的相应百分比为依据，绘制出 *Nature* 百年内容的应用科学学科分类比较柱形图（图2-19）以及曲线比较图（图2-20）[①]。

---

① 将 *Nature* 中的"其他"类总值所占百分比和发展曲线也显示在这里，但不包含在应用科学之中，将另行说明.

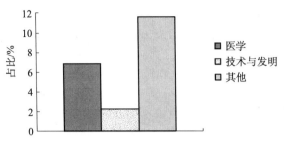

图 2-19　*Nature* 应用科学学科分类比较图

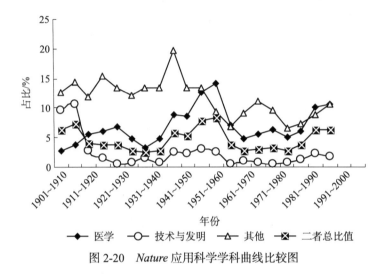

图 2-20　*Nature* 应用科学学科曲线比较图

在 *Nature* 所反映出的应用科学比较图来看，医学占 6.9%，技术与发明占 2.3%，显然医学也是受到很多关注和发展的学科之一，因为其与生物学、化学，甚至是物理学等之间都有着密不可分的关联，而且也关系着人类自身的生存和发展，未来也必将得到更加进一步的发展。技术与发明是科学的物化体现，对于改进人类的生存状态和未来可持续发展有着决定性的作用，因而是和科学一同受到绝对重视的不可或缺的研究主题。

在 *Nature* 所反映出的应用科学曲线比较图中，我们选定的医学和技术与发明两类呈现了相反的趋势，整体上看医学呈上升态势，而技术与发明稳中有降的态势。在 20 世纪初时期二者出现悬殊，医学几乎是整个世纪都处于最低迷时期，而技术与发明却是最突出的兴盛期。略微相同的是 50 ～ 60 年代二者都出现涨势，医学更明显，出现了最高峰。在随后的 20 多年中二者均稳步发展，在 20 世纪末均出现一定的增长，但涨幅不大。

除了自然科学、人文社会科学和应用科学之外，我们设置类目中需要特别说明的是其他类，从 Nature 中的其他类曲线（图 2-18）看，在 40 年代属于其他类的内容最多，说明和科学相关的信息最杂。把 20 世纪当整体看，有近约 11.6% 的其他类内容，这些内容是对于科学工作者重要的互相沟通和交流的信息平台，因为无法划入某种学科，而都列为其他。涉及与科学发展有关的通知、告示、修正等内容，以及无法判断类目的内容，还有不在我们设置的类目中的都归属于其他类。

　　总之，Nature 反映的应用科学发展态势为：

　　（1）医学是 20 世纪应用科学中得到充分发展并有稳定上升态势的学科，其经过长久的发展优势不断得到累积，未来也将上升发展。

　　（2）技术与发明除了 20 世纪初的迅猛态势，之后一直保持一个较低、的稳定的发展水平上，未来仍将继续。

　　（3）从二者的总趋势曲线看，20 世纪应用科学的发展高峰期在 50 ～ 60 年代，20 世纪初和 20 世纪末是另外两个小高潮时期，整体上在 Nature 中所占份额不足 4%。

四、与国内外相关研究的比较分析

　　通过对 Nature 所含内容的计量分析来阐明问题的研究，在国内外文献考证中我们发现了以下一些相关的研究，尽管这些研究未必是要说明科学发展态势的，但对于我们的研究仍然具有直接的分析价值，因此我们将这些研究的详细内容与上文中通过 Nature 计量分析的结果做出比较分析，以求更加客观地说明 Nature 所反映的科学发展态势。

　　1. 对《自然百年：21 个改变科学与世界的伟大发现》[①] 的分析

　　该书是由 Nature 杂志授权出版的在 Nature 上首次发表的 20 世纪引起轰动

---

① Laura Garwin, Tim Lincoln. A Century of Nature：Twenty-one Discoveries that Change Science and the World. The University of Chicago Press, 2003: 9.

　　注：在《自然百年：21 个改变科学与世界的伟大发现》的序言中特别指出科学发现的原始报告的重要性，"我们曾经遇到过两位物理学家，他们都曾经读过牛顿的《自然哲学的数学原理》。这是为什么呢？事实上，不像宗教和艺术，科学的经典理论是一种累积的事业。现在的我们就比前人能更好地理解事物的客体性，而且即使是刚刚毕业于理论物理学的优秀的大学生就比爱因斯坦本人能更好地理解相对论"。因此要在科学研究时，对于科学的历史、特别是科学发现的原始报告做更加深入的了解和吸纳。

　　为了中国读者更方便地获得过去以及现在的高水平的科学研究论文，由自然出版集团、麦克米伦出版集团和外语教学与研究出版社共同合作出版十卷本的《〈自然〉百年科学经典》（英汉对照），由 Nature 主编坎贝尔和路甬祥任主编，截至 2011 年已出版发行 5 卷，其中收录了约 840 篇 Nature 中的原始内容，也对每篇内容做了解释说明，以及附加了学科分类检索，只可惜到本书成书之前未能全卷出版，也未能将其内容做计量分析并与本书结论相比较。这一工作以后待续。

的科学成果的原始报告。其中，列出了 20 世纪 1900～1997 年共 102 项最伟大的科学发现年表，并以黑体的形式凸显最具影响的 21 个改变科学与世界的最伟大科学发现，"它们是组成大型建筑物上的小砖块。这些大型建筑物也许会被后来的知识所修改甚至摧毁，但我们绝不怀疑，来自 20 世纪的第 21 个砖块将在 21 世纪甚至更久的将来继续提供科学持久耐用的成分。事实上，科学是一个累积的事业"[①]。其中的一些科研成果已经转变为现实，如核裂变发现的产物；有的如克隆羊的成功却引起了巨大的争论。这些被选列入 20 世纪伟大的科学发现，引起的波澜迅速在科学家群体中传递，并进一步成为科学技术进步的推动力。

美国物理学家史蒂芬·温伯格为该书做了序言，指出："为了让大众更好地了解这些被选的科学发现的研究背景以及被收录的原因，特别聘请杰出的科学家（有四位诺贝尔获得者）、评论家，为每篇原始论文配写了简短的导读。他们通过描述已发表的同期相关的知识的理解，以及这些发现被揭示之后立即产生的效果，以语境相关的视角来将个人的理解和思考融入这些解释性的文章中"[②]。为了提高不同科学学科之间的平衡，收录的文章没有特别选取获诺贝尔奖的成果，至少因为诺贝尔奖没有针对古生物学、地质学或发现天文学。

我们以 *Nature* 的计量分析中的学科类别为指标，针对《自然百年：21 个改变科学与世界的伟大发现》中的 20 世界科学发现年表[③]，进一步做了学科分类统计，结果如表 2-4 所示。

表 2-4 《自然百年：21 个改变科学与世界的伟大发现》中的科学发现学科分类统计表

项目	人类学	艺术与文学	生物学	化学	地球科学	历史学	数学	医学	物理学	天文学	政治与社会事务	技术与发明	其他	合计
102 项	4		28	6	13		8	28	12			3		102
百分比 /%	4		27.5	6	17.4		8	27.5	11.8			3		100
21 项	1		8	2	1			5	4					21
百分比 /%	5		38	10	5			23.8	19					100

从统计结果可以看出，精选出的 20 世纪最伟大的科学发现中，被选最多的成果所属学科是生物学，它在 21 项成果中占 38%，在 102 项成果中占 27.5%。1953 年 DNA 双螺旋结构的发现、1977 年第一个完整的 DNA 序列的测定、1997

---

① Laura Garwin, Tim Lincoln. A Century of Nature: Twenty-one Discoveries that Change Science and the World. The University of Chicago Press.2003:9-12.
② 参见：http://www.nature.com/nature/history/pdf/century_of_nature/preface.pdf.
③ 参见：http://www.nature.com/nature/history/pdf/century_of_nature/chronology_of_20th_century_science.pdf: 15-18.

年克隆羊多莉的诞生，诸如此类的重大的生物学发现，不仅仅解开了生命科学的新篇章，使生物学学科本身的研究有了质的飞跃，而且也推动了基因工程、酶工程、蛋白质工程等生物技术的发展，对于人类利用生物规律造福于人类、有效预防治疗人类疾病、破解生命的奥秘都起到了巨大的作用。因此，20世纪的生物学对于改变世界和科学而言，是最为举足轻重的自然科学学科。

其次是物理学，在21项成果中占23.8%，在102项成果中与生物学所占份额一样，为27.5%，1927年电子的波状性质的证实、1932年查德威克发现了中子、1939年的核裂变的发现等物理学重大发现，极大地丰富了核物理学、高能物理学等研究领域内容，同时对化学、生物、天文学、地质学等领域也有着深刻的影响。

再次是天文学和地球科学，譬如天文学1963年的类星体的发现、1968年脉冲星的发现，地球科学1963年发现了洋底是从洋中脊向外扩张等，这些重大科学成果在20世纪人类对自我生存空间和宇宙空间的认识起到了重大的作用。还有化学、医学上的革命性进展，如1973年磁共振成像技术的发明，可谓是医学、化学和物理学的完美结合。

最后是不可忽视的人类学研究成果，第一个南方古猿化石于1924年在南非发现，大大提前了人类出现的年代；还有重大的技术成果如1960年研制成功的世界上第一台激光器，使人类有效地利用前所未有的先进方法和手段，去获取空前的效益和成果，促进了20世纪生产力的发展。

将《自然百年：21个改变科学与世界的伟大发现》内容的计量分析结果与20世纪*Nature*全部内容的计量分析结果做一比较。从学科的兴趣指标顺序上看，毋庸置疑地，生物学、物理学是最为兴盛的学科，其次是地球科学和天文学，最后是化学、医学、人类学与技术。这样的学科类别显示的结果是完全一致的。可见从含近30万篇信息的*Nature*百年内容中得出的学科受重视程度与精选出的《自然百年：21个改变科学与世界的伟大发现》中显示的学科兴盛度是一致的。

2. 对俄罗斯学者 D.B.Arkhipov 的研究成果 "*Nature* 的科学计量学分析"[①] 的分析

尽管原文研究的目的主要是对俄罗斯的分析化学的学科发展趋势做分析，

————————

① Arkhipov D B. Scientometric analysis of nature, the journal. Scientometrics，1999, 46(1) :51-72.

但文章中的很多内容是值得我们借鉴和讨论的。原文在开篇指出:"选择 *Nature* 是因为它是从 1869 年创刊以来的国际性周刊,并且涵盖了所有的学科领域,也是最具有可读性的科学杂志之一。""在 1869 ~ 1998 年 *Nature* 约有 30 万份科学报告被评论,期望可以对这些成果进行学科分类分析。"

原文中作者对 *Nature* 从创刊以来,在保持一定出版卷期的基础上,所含页码总数的变化做了如图 2-21 所示的曲线。

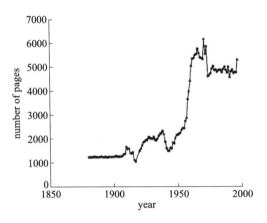

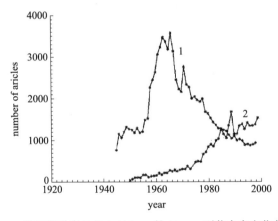

图 2-21   俄罗斯学者 D.B.Arkhipov 的 *Nature* 刊载内容变化曲线图

图 2-21 中显示了 *Nature* 从创刊到 20 世纪末,在保持同样的卷期的基础上所含页码的增长曲线。针对图 2-21 文章指出:"经济的或是其他外在的因素决定了包括杂志页码在内的发行规模。""*Nature* 在 20 世纪最后的 30 年间,卷期是恒定的情况下,文章数在下降。但这个趋势还没有被其他刊物的研究所证实。""显然在 20 世纪后 30 年间相比于前面的年份,增长是缓慢的。"由此可见,

Nature 的发行页码从 1869 年创刊到 20 世纪初基本上保持 1000 多页的水平上不变，从 20 年代到 40 年代有一些增长的态势，最猛烈的增长在 60、70 年代，呈指数级发展，从每年约 2000 页猛然间增到 6000 多页，但 80 年代初出现锐减，之后维持在每年近 5000 页的发展水平上。文章还进一步对 *Nature* 中的论文总数制作了曲线图（Fig.6 中的曲线 1），并分析说："在最后的 30 年间，尽管发行的卷期没有变化，但论文总数是呈下降趋势的。"针对 *Nature* 的内容含量，本书没有针对页码进行的考察分析，而是对百年的内容信息量进行了分析，页码与信息量的变换态势应该是统一的，具体的比较分析我们将在第四章讨论。

原文进而"应用传统的检索方法对 *Nature* 中主要的'评论、论文和来信'的内容，根据关键词'基因'以及'基因工程或技术应用'检索，检索结果显示在图 2-22 中。"可见，从 20 世纪 70 年代到世纪末 30 年间，曲线 1 代表的基因工程或基因技术应用（曲线 2 代表的聚合酶链式反应是原文讨论的，我们不予关注）呈现迅猛的增长态势。有关基因的研究是 20 世纪中期分子生物学诞生后的一个重要的内容，图 2-22 曲线 1 所显示的 *Nature* 中与基因相关的研究内容迅猛增长在一定程度上说明生物学研究的红热态势。

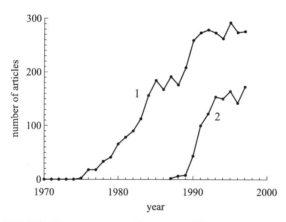

图 2-22　俄罗斯学者 D.B.Arkhipov 的 *Nature* 刊载"基因"内容变化曲线图

原文进而依据俄罗斯基础科学学科划分，对 *Nature* 中的"评论、论文、来信、书评"内容进行了学科分类统计分析（表 2-5）。我们将表 2-5 中显示的数据中 20 世纪的数据进行总的计量，同时也将本书统计出的学科类别按照表 2-5 类别做了新的类目处理，以便将二者的计量结果相比较，得到如下对照数据简表（表 2-6）。

表 2-5　D.B. Arkhipov 的 *Nature* 中俄罗斯基础科学学科分类统计表

Decade	（01）	（02）	（03）	（04）	（05）	（06）	（07）
1871～1880	2	25	6	31	28	7	1
1881～1890	3	19	10	31	29	6	2
1891～1900	5	19	11	35	22	6	2
1901～1910	4	20	12	37	18	6	3
1911～1920	3	18	13	37	16	8	5
1921～1930	2	26	14	35	11	8	4
1931～1940	1	27	17	36	9	7	3
1941～1950	2	23	17	47	3	6	2
1951～1960	2	34	28	24	6	5	1
1961～1970	1	23	20	44	6	5	1
1971～1980	1	18	13	51	11	5	1
1981～1990	1	19	12	48	15	4	1
1991～1998	1	20	13	49	12	4	1

注：(01)-Mathematics and mechanics　(02)-Physics and astronomy　(03)-Chemistry　(04)-Biology and medicine
(05)-Earth sciences　(06)-Human society sciences　(07)-High technology

表 2-6　本书计量数据与 D.B. Arkhipov 所做数据比较表

20 世纪　　　学科类别	数学（力学）	物理学与天文学	化学	生物学与医学	地球科学	人文社会科学	技术	总量
表 2-5 总数	18	228	159	373	107	58	22	965
百分比 /%	1.9	23.6	16.5	38.7	11.1	6.0	2.3	100
本书计量数	3 684	45 146	26 396	103 204	27 426	8 547	5 348	219 751
百分比 /%	1.5	15.5	8.8	30.8	9.6	3.42	2.3	（71.9）

　　从学科分类来看，类别与本书采用的分类类别基本一致，但本书划分得更加细致，即人文社会科学在本书中分为人类学、历史学、艺术与文学以及政治与社会事务；物理学、天文学、生物学与医学是分别分开计量的；唯一不同的是这里的数学类目还包含了力学的内容，而本书仅仅指数学。从表 2-6 我们可以得出：一是从计量的总数看，D.B.Arkhipov 从 20 世纪 *Nature* 内容中仅仅选取了965 条信息，而本书选取了 20 多万条信息，差距悬殊。二是就这样的比照来看，反映的学科兴盛度是一致的：最热门的是生物学与医学，再次是物理学与天文学，接下来是地球科学与化学，再次是人文社会科学、技术，最后是数学。三是从 20 世纪的学科发展走势上看，尽管俄罗斯学者 D.B.Arkhipov 仅从绝对数据分析说："*Nature* 从创刊到 20 世纪末，生命科学呈上升趋势；而物理学在缓慢下降。在 1981～1991 年，约 50% 的信息是生物和医学。"与本书计量研究结果显示生物学在世纪末呈现了下降的态势，最兴盛的时期是 60～70 年代，与他所讲的呈上升趋势是有差异的。而物理学在 20 世纪末缓慢下降的研究结果是相

同的。从表2-1数据看，在80年代生物与医学信息量占总数据的38.5%，还没有达到约50%的水平，但比起其他学科显然是居于很高的位置的。

D.B.Arkhipov在文章中还指出："与发表论文的科学家相比，数学家和历史学家都以专著的形式公布他们的研究结论。在 *Nature* 中包含的大多数历史学论文都是对最新的考古发现的描述，有关技术革新的论文也特别多见，在90年代，约91%的技术类论文是研究计算机的。"我们在计量分析中也看到人类学和考古学、历史学关系密切，致使大多数历史学研究成果看起来很多是考古发现是有同感的。而且计算机的出现带来的革命性的变化从而导致相关研究的兴起是肯定的，但约91%的数据还是有质疑的。数学家和历史学家都以专著的形式公布研究结论也许是 *Nature* 内容中数学和历史的信息较少的一个因素，但说服力还欠缺，需要进一步的研究论证。

表 2-7　**D.B.Arkhipov 的 *Nature* 中五大基础学科分类统计表**

physics

decade	atomic and nuclear physics	theoretical physics	condensed matter
1901～1910	26	16	26
1911～1920	34	29	40
1921～1930	152	115	108
1931～1940	160	91	54
1941～1950	52	51	60
1951～1960	94	58	89
1961～1970	70	79	79
1971～1980	34	71	40
1981～1990	30	57	51
1990～1998	14	29	60

astronomy

decade	radioastronomy	IR astronomy	UV astronomy	X-ray astronomy
1941～1950	7	0	0	0
1951～1960	15	0	0	0
1961～1970	82	3	1	16
1971～1980	55	10	5	57
1981～1990	22	9	4	20
1991～1998	13	13	2	17

chemistry

decade	inorganic chemistry	organic chemistry	physical chemistry	biochemistry
1901～1910	130	88	72	43
1911～1920	78	40	40	33
1921～1930	109	85	120	68

decade	inorganic chemistry	organic chemistry	physical chemistry	biochemistry
1931 ～ 1940	41	39	67	132
1941 ～ 1950	15	42	34	157
1951 ～ 1960	27	64	43	321
1961 ～ 1970	35	102	52	435
1971 ～ 1980	10	14	18	220
1981 ～ 1990	9	9	9	131
1991 ～ 1998	7	15	6	75

biological active compounds

period	proteins	nucleic acids	lipids	sugars	membrancs	hormones	ig*
1901 ～ 1905	20	1	0	6	0	1	3
1906 ～ 1910	15	0	0	6	0	1	3
1911 ～ 1915	17	0	1	6	1	3	1
1916 ～ 1920	6	0	2	4	1	2	2
1921 ～ 1925	23	1	6	4	1	5	7
1926 ～ 1930	34	0	13	16	1	13	7
1931 ～ 1935	33	2	24	15	2	23	8
1936 ～ 1940	66	3	17	11	1	36	8
1941 ～ 1945	36	4	14	6	2	20	17
1946 ～ 1950	73	17	16	17	1	31	20
1951 ～ 1955	121	34	28	27	3	59	20
1956 ～ 1960	234	54	54	37	19	106	63
1961 ～ 1965	415	141	108	52	38	173	130
1966 ～ 1970	299	194	68	21	43	116	169
1971 ～ 1975	260	285	52	6	49	85	175
1976 ～ 1980	220	245	42	7	79	93	157
1981 ～ 1985	189	324	18	3	70	52	162
1986 ～ 1990	182	336	13	3	69	22	131
1991 ～ 1995	204	340	7	3	74	12	78
1996 ～ 1998	175	321	8	3	73	12	41

decadc	natrual history	medicine	brain	agriculture	molccular biology
1901 ～ 1910	517	204	4	140	0
1911 ～ 1920	460	175	5	163	0
1921 ～ 1930	435	215	12	185	0
1931 ～ 1940	266	167	12	168	0
1941 ～ 1950	104	184	16	82	0
1951 ～ 1960	126	439	25	150	34
1961 ～ 1970	88	909	73	170	169
1971 ～ 1980	47	595	89	45	232
1981 ～ 1990	22	276	100	20	299
1991 ～ 1998	21	155	109	20	320

　　表 2-7 是原文对 *Nature* 中百年的物理学的原子和核物理学、理论物理学、冷凝物质这三个子学科，以及 20 世纪后 60 年的天文学的放电天文学、红外天文学、紫外天文学和 X 射线天文学这四个子学科，化学中的无机化学、有机化学、物理化学、生物化学四个子学科（生物的有效化合物的蛋白质、核酸、类脂、糖等 7 个类别），生物学的自然史、医学、脑科学、农学和分子生物学这 5 个子学科，地球科学的地表、地心、海洋、大气和空间和行星这 5 个子学科，分别进行取样统计调查的结果，对 D.B.Arkhipov 所呈现的表 2-7 显示数据我们做了进一步的统计：对 Table3 中上部分 20 世纪完整的数据所代表的物理学（下部分不完整我们不予考察）；Table4 代表的化学；Table5 虽然是生物化学医学的交叉，但更侧重于医学，我们将其视为医学来考察；Table7 代表的生物学，将这些数值总计出绝对数值之后并计算出相对百分比，利用这些百分比我们做出 20 世纪这四门学科的数据、百分比及曲线图（表 2-8、图 2-23）。

表 2-8　对 D.B. Arkhipov 提供数据的四类基础学科数值分析表

年份	1901～1910	1911～1920	1921～1930	1931～1940	1941～1950	1951～1960	1961～1970	1971～1980	1981～1990	1990～1998
物理学 百分比 /%	68 6.4	103 9.6	375 35	305 28.5	163 15.2	241 22.5	228 21.3	145 13.6	138 12.9	103 9.6
化学 百分比 /%	333 11.5	191 6.6	382 13.2	279 9.6	248 8.5	455 15.7	624 21.5	262 9.0	27 1.0	103 3.5
医学 百分比 /%	56 0.7	46 0.6	131 1.7	249 3.2	274 3.5	504 6.4	1967 25.1	1755 22.4	1574 20.0	1351 17.2
生物学 百分比 /%	865 10.7	803 10.0	847 10.5	613 7.6	386 4.8	774 9.6	1409 17.5	1008 12.5	717 8.9	625 7.7

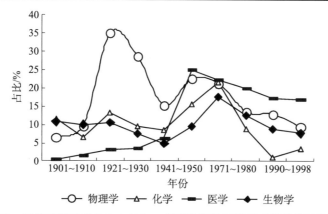

图 2-23　对俄罗斯学者 D.B.Arkhipov 提供数据的四类基础学科发展曲线图

将图 2-23 中显示的物理学与图 2-6 比较可见，物理学在 20 世纪的发展态势是基本一致的，均为 30 年代为最兴盛期，之后出现递减的趋势，到 20 世纪末也没有再兴盛起来。化学的曲线与图 2-3 走向也基本一致，50 年代之前是上升趋势，图 2-3 中兴盛期（1946 ～ 1965）略微提前于上面波峰显示的兴盛期（70 年代），之后都衰减下来。医学与图 2-16 相比较看，50 年代之前图 2-16 呈现上升态势，在 30 年代中期有个低谷，而在图 2-23 中 1950 年前却是递减的，但二者之后递增到 60 年代为最兴盛期是完全一致的。再之后的递减也是同样的，在 20 世纪末又有差异，图 2-16 表现出上升，而图 2-23 显示依然在下降。生物学曲线与图 2-2 相比较，20 世纪整体上上升的态势是存在的，而且兴盛期也都在 60 年代，研究最低谷有些差异，图 2-2 在 10 年代末，而图 2-23 显示出现在 40 年代。将主要的四门自然科学整体上形势和 *Nature* 相比较，生物学居高的形势这里没有体现，反而显示出物理学研究居高，尤其是 50 年代以前。后半个世纪在 *Nature* 凸显生物学研究的红热，但这里显示仍然没有超越物理、化学的研究。总的看来，俄罗斯学者 D.B.Arkhipov 的研究大部分呈现的还是与我们研究的结论相统一的，但也有诸多的差异，由于其统计数量有限，而且着重于考察与化学学科相关的研究分支学科，对于从 *Nature* 内容计量研究自然科学发展态势显得非常薄弱。

原文作者在其结论中也指出他所进行的计量研究的不足，"然而，单一杂志的研究将带来不可避免的错误，因此，目前呈现的图表仅仅是该问题研究的开始"。再者纵观他的全文没有呈现计量的原始数据，而且还是仅仅选取了四个栏目内容作为计量对象，计量得出的总数量相比于 *Nature* 本身所含的信息量太微不足道。因此，本书克服了这些问题，是这个研究基础上更可信的计量研究。

3. 对 "1997 年 *Nature* 载文和引文统计" [①] 的分析

原文针对 *Nature* 1997 年出版的 51 期，选取进展（progress）、评述（review article）、论文（article）及来信（letters to nature）4 个栏目所刊论文的学科分布、作者国别和引文情况做了统计，但没有做任何的分析。我们选取其中的两个表来看显示的意义。而且提取我们计量数据中 1997 年这里涉及的六类学科类别数据及其百分比，以便来对比分析（表 2-9）。

---

① 任胜利. 1997 年 *Nature* 载文和引文统计. 中国科学基金，1999，（4）：246.

表 2-9　对任胜利提供的 1997 年 *Nature* 数值所做分析表

表 2-9A　各栏目论文数统计表

栏目	进展	评述	论文	来信	总计
论文数 / 篇	7	13	61	798	879
百分比 /%	0.80	1.48	6.94	90.78	100

表 2-9B　各学科论文数统计表

学科	生命	地学	化学	物理	天文	技术	总计
总论文数 / 篇	504	136	110	79	35	15	879
百分比 /%	57.34	15.47	12.51	8.99	3.98	1.71	100.00
1997 年	1021	348	164	235	185	60	2013
占比 /%	51	17.3	8.1	11.7	9.2	3.0	100

从原论文数统计表看，1997 年的 *Nature* 内容中生物学所占比值最大，是该年度最受关注的学科。其次是地学、化学、物理学、天文学和技术。单就 1997 年看我们对 *Nature* 内容的计量结果显示，学科受关注程度从大到小的顺序是：生物学、地球科学、物理学、天文学、化学、技术。相同的是，这几个学科中生物学远远超出其他学科，所占比值是位居第二的地球科学的 3～4 倍；只有化学的位置不同，但化学同物理学的比值非常接近，也和我们计量的结果基本是相一致的。因为原文只选择了 4 个栏目内容进行学科分类，而我们是对所有信息的分类，因而总计数额有很大差异是当然的。因此，原文研究也因其仅仅关注一年中的部分内容，要说明学科发展的状况是太欠缺的。

第三节　从 *Nature* 反映出的 20 世纪科学发展态势

为了对 20 世纪整体科学发展态势做出微观分析，我们对 *Nature* 百年内容按照时间序列做了学科分类统计，并得出各类学科占总数目的百分比，即得出各类别的兴趣指标。据此得出微观方面的学科编年曲线及其相互比较柱形图，通过对图表分析对百年各大学科发展态势进行了详细的讨论。进而分别对 *Nature* 所包含的基础科学、人文社会科学、应用科学的发展态势做了分析。在此，我们将三大类的总比值做比较分析，以期从整体上考察 20 世纪科学发展趋势，特别绘制出总比值比较图（图 2-24）。

结果发现：在 *Nature* 中对基础科学的研究是最多的，平均水平达 11.3%，说明基础科学研究是 20 世纪科学发展中的重心和支撑。人文社会科学研究次之，平均水平约 4.8%，是科学思想的精神层面上的探究，是基础科学研究的重要补充。而且从基础科学与人文社会科学的两条总比值曲线来看，二者此起彼伏、恰好互补：当基础科学兴盛的时期，人文社会科学处在低迷期；当基础科学衰落时，就是人文社会科学繁荣期。再次是应用科学平均研究水平为 4.3%，始终远不及基础科学的研究，略低于人文社会科学研究。虽然 *Nature* 本身以自然科学为主的特色是造成这种悬殊的重要原因，但也从一个侧面反映出了更加宽泛意义上的科学发展态势。

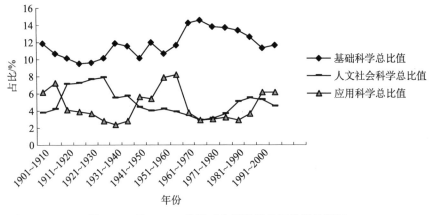

图 2-24　*Nature* 20 世纪三大类科学发展曲线比较图

综合 *Nature* 反映出的基础科学、人文社会科学、应用科学的发展态势及三者的对比研究，再结合国内外对 *Nature* 内容的学科分析，我们得出从 *Nature* 反映出的 20 世纪科学发展态势。

（1）20 世纪发展最迅速的基础科学是生物学。从 50 年代中期之后，生物学有迅猛的增长。60、70 年代是生物学研究的鼎盛时期。此后发展速度放缓，但整体上看仍然处于高水平增长的研究态势。

（2）在 20 世纪 30 年代之前，物理学沿袭 19 世纪的火热态势，仍然处于高水平发展状态。但 30 年代后物理学研究不及生物学研究，但仍然与生物学一起成为自然科学研究的重中之重。

（3）化学和数学研究是出现明显衰退的基础科学。其中更明显的是化学发展的衰退趋势，而数学整体低迷，略呈递减态势。

（4）基础科学学科研究的高峰期序列：20世纪初的数学和天文学、10年代的地球科学、30年代的物理学、40年代的化学，以及60年代的生物学。它以一种特有的统计规律展现了人类的认知逻辑和科学的历史逻辑。

（5）学科发展一旦呈现出兴盛期和衰退期，基本上要持续15～20年的时间才能脱离极端态势。

（6）基础科学"总比值"曲线说明：20世纪基础科学研究整体上是增长的，在30～40年代是研究低迷期，60～70年代是研究红热期。

（7）人文社会科学的交叉性综合性研究趋势明显，整体上呈现下降的趋势，最为红热的期限在20～30年代，最低谷出现在60年代末期。

（8）应用科学的发展稳步推进，高峰期出现在50～60年代，最低谷出现在30年代。其中医学得到充分发展并呈上升态势。

第三章　Science 1901～2000 年的内容的计量分析

第一节　Science 的综述

Science

The World's Leading Journal of Original Scientific Research，Global News，and Commentary

图 3-1　*Science online* 中提供的最早的 *Science* 封面（1913 年，vol.38 #966）

　　Science 杂志（图 3-1）是 1880 年由世界著名科学家、发明家托马斯·阿尔瓦·爱迪生（Thmas Alva Edison) 创办的，现在由美国科学促进会主办。该组织是世界上最大、最负盛名的科学团体，它通过 *Science* 和许多科学通信、书籍和报告等发展与教育项目，增进科学的国际交流。130 多年来，*Science* 在科技发展进程中发挥了无与伦比的作用[①]。*Science* 是具有科学新闻和学术期刊双重特点的国际性周刊，以发布具有重要意义的原创性科研报告为主，同时也特别关注

---

① Ellis R. ubinstein，漫话美国《科学》杂志 . 中国科技期刊研究 ,1995 ,6(3) :53-54.

当前科学研究及科学政策相关的综述和分析。许多对于世界科学界有重大意义的研究成果都是首先在 *Science* 上发表的，如关于无线电报的突破性论文、莱特兄弟首次飞行的实验报告、高温超导体的新发现以及艾滋病研究的新突破等。*Science* 是发布最激动人心和全新科学研究发现的前沿阵地。*Science* 所承载的内容涉及所有科学学科类别，有由人类学、动植物学、医药学、心理学等组成的生命科学，有以天文学、化学、物理学、数学、工程学等组成的物质科学，还包含经济学、社会学、科学史与科学哲学、教育学等其他交叉学科类别。因此 *Science* 实时记录了科学中的焦点和前沿问题的演变，呈现了一个多世纪以来自然科学各个领域发展的历史轨迹。

最负盛名的詹姆斯·麦基恩·卡特尔（James Mckeen Cattell），是 *Science* 长达 50 年之久的总编，是真正将 *Science* 变成世界性著名期刊的人。他在 1894 年继任主编后，为杂志重新编号，以 1894 年 1 月 4 日出版的第一本为第一卷第一期。同年，*Science* 杂志成为美国科学促进会的官方刊物。卡特尔基于对期刊的认识和设想为 *Science* 确定了办刊目标："物质上有助于美国及这一时代科学的发展。我们没有伦敦及巴黎那样科学家可以经常接触、交流思想的中心。这种疏远造成社会交流困难，甚至不可能。在这个时代，对于一个部门的科学家来说，了解别的部门科学家做了些什么是极为重要的。因为科学要在整体上发展，就需要各方面合作、在单方面突破。"继而说："一个设计所有科学领域的周刊是完全必要的，但要有效地运行起来，并能完完全全存在下去，必须有对科学发展不断作出贡献者的积极而持续的帮助。""专门研究作为规律由专门刊物来发表，但这类工作的一般性结果，在详细发表结果前后，都可在 *Science* 上发表。"[①]

如今，每年世界各地大约有 6200 篇论文投到 *Science*，在全世界大约有 16.5 万订户，全球约 100 万的读者，有 35% ～ 40% 的论文作者是美国以外的。*Science* 是世界上发行量最大的科技期刊之一，也是世界上传播范围最广的科学刊物之一。

Science 是世界上索引率最高的跨学科的科学杂志，据汤普森 2000 ～ 2009 年科学期刊引证报告可知，*Science* 十年间的影响因子分别为 23.872、23.329、26.682、29.162、31.853、30.927、30.082、26.372、28.103、29.747，平均为 28.013。因此 *Science* 已成为世界上最古老、最有名望的综合性科学杂志之一。

---

① Sokal M M. Science and James Mckeen Cattel, 1894—1945. Science,209:43,1980.

但是即使是 *Science* 这样的权威期刊，对于它本身的科学研究却非常局限。我们试图弥补这一缺憾，通过对整个 20 世纪 100 年的 *Science* 内容的计量分析，追踪自然科学发展的轨迹与脉络，从宏观上了解各个学科领域在不同发展阶段的总体概貌，以期洞悉近现代科学发展的整体脉络，为 21 世纪的科学发展提供有益的借鉴。

第二节　*Science* 1901 ～ 2000 年的内容的计量分析

我们根据 *Science online* 提供的回溯档案中的文献数据，详尽地对 *Science* 1901 ～ 2000 年 13 ～ 290 卷中所含的 314 ～ 5500 期[①]所提供的内容，依照前文分析确定的学科类别，即确定的人类学、生物学、医学、物理学、天文学、化学、数学、地球科学、科学与社会、工程技术、其他这 11 类学科作为变量，每个变量所对应的数值代表该学科在对应年份发表的论文（科学信息）数量。1901 ～ 2000 年均包含这 11 个变量的数据，每一年所含数据均为该年 52 份期刊分类计量结果的总和（每一年的分类统计表见附录 2），表 3-1 呈现的就是在 *Science* 的 100 年中内容的学科分类统计表。

表 3-1　*Science* 20 世纪内容的学科分类统计表

类别 年份	人类学	生物学	医学	物理学	天文学	化学	数学	地球科学	科学与社会	工程技术	其他	合计
1901	42	193	44	65	54	74	22	133	288	34	88	1037
1902	43	240	22	47	25	57	22	111	209	41	140	957
1903	35	209	42	54	23	44	16	115	181	23	128	870
1904	31	218	42	30	17	54	27	105	219	15	131	889
1905	18	227	28	41	15	55	41	97	217	29	116	884
1906	20	220	30	30	20	66	32	138	207	16	132	911
1907	21	266	29	28	18	72	30	131	166	15	134	910
1908	20	197	47	41	22	66	17	106	200	23	125	864
1909	40	278	28	39	29	80	29	71	225	21	131	971
1910	41	179	57	43	25	70	27	84	186	20	141	873

---

① 每年的增刊没有计入。

续表

类别 年份	人类学	生物学	医学	物理学	天文学	化学	数学	地球科学	科学与社会	工程技术	其他	合计
1911	36	193	60	49	10	62	31	70	179	41	132	863
1912	41	204	54	36	14	47	26	77	170	34	129	832
1913	44	219	46	49	6	41	30	88	187	15	129	854
1914	44	180	52	46	11	46	31	88	208	33	116	855
1915	24	184	67	35	12	43	20	69	188	55	128	825
1916	27	170	80	44	10	47	26	74	169	38	129	814
1917	27	133	85	35	13	68	17	63	187	45	119	792
1918	19	141	95	28	14	47	22	75	164	47	135	787
1919	16	136	84	37	14	61	12	79	178	29	135	781
1920	27	140	45	53	27	81	21	86	252	29	76	837
1921	15	139	82	42	16	78	18	68	267	42	83	850
1922	19	146	84	47	18	102	17	81	295	37	79	925
1923	16	150	85	55	16	105	17	61	277	25	82	889
1924	22	156	102	58	11	98	19	67	302	27	114	976
1925	33	220	172	81	29	117	17	95	320	69	120	1273
1926	22	172	118	54	19	86	19	75	314	41	118	1038
1927	24	278	164	92	33	108	6	112	271	44	158	1290
1928	22	208	133	59	27	83	17	80	243	54	166	1092
1929	26	257	186	68	37	90	15	132	277	71	212	1371
1930	33	181	85	63	32	66	29	97	113	58	221	978
1931	34	233	79	60	23	62	30	96	97	63	235	1012
1932	27	244	70	51	26	67	32	65	77	78	238	975
1933	31	234	58	47	25	75	31	86	86	71	224	968
1934	29	179	95	55	18	89	24	83	110	67	216	965
1935	32	183	103	57	24	68	21	103	142	60	151	944
1936	44	133	107	92	37	106	29	111	131	79	138	1007
1937	46	154	99	89	34	101	32	107	122	85	129	998

续表

类别\年份	人类学	生物学	医学	物理学	天文学	化学	数学	地球科学	科学与社会	工程技术	其他	合计
1938	49	103	119	85	33	77	30	109	110	80	98	893
1939	40	124	153	89	30	90	38	95	158	77	108	1002
1940	12	232	152	33	17	71	23	73	236	80	181	1110
1941	11	236	168	31	26	59	16	59	294	70	165	1135
1942	20	255	190	16	14	54	13	68	309	58	183	1180
1943	20	194	162	29	23	59	19	59	277	49	177	1068
1944	21	180	187	24	11	51	17	36	251	47	197	1022
1945	12	244	230	36	12	56	14	40	248	51	186	1129
1946	13	164	210	30	12	59	14	33	156	50	155	896
1947	8	156	232	15	12	68	8	14	53	49	159	774
1948	4	216	147	29	5	99	5	35	78	44	147	809
1949	7	181	163	35	12	93	5	24	62	51	149	782
1950	8	232	179	24	4	77	8	29	77	40	156	834
1963	24	906	82	165	47	169	40	151	479	44	189	2296
1964	30	1072	124	165	50	171	53	176	495	57	166	2559
1965	33	1022	111	226	75	156	57	232	531	43	207	2693
1966	41	1084	113	150	83	146	43	206	558	24	198	2646
1967	17	1045	90	144	97	126	10	193	506	36	262	2526
1968	33	988	99	171	97	128	25	203	521	25	176	2466
1969	36	1082	94	134	104	138	23	163	475	41	235	2525
1970	100	618	426	136	205	157	33	194	435	52	303	2659
1971	57	432	388	86	90	100	24	129	285	27	297	1915
1972	90	513	414	147	108	109	24	120	368	42	240	2175
1973	65	415	414	80	111	125	26	159	375	106	194	2070
1974	72	359	343	97	95	92	24	164	398	69	247	1960
1975	107	405	130	100	30	78	19	96	298	23	300	1586
1976	113	541	182	129	56	130	11	201	264	86	318	2031
1977	134	533	284	98	52	107	18	144	483	32	260	2145

续表

年份 \ 类别	人类学	生物学	医学	物理学	天文学	化学	数学	地球科学	科学与社会	工程技术	其他	合计
1978	145	541	274	81	42	106	58	255	359	95	188	2144
1979	121	542	224	107	137	115	192	459	8	47	265	2217
1980	33	711	261	143	68	132	43	163	219	64	284	2121
1981	74	959	171	165	53	124	28	141	549	109	95	2468
1982	66	762	304	226	98	119	57	197	397	63	97	2386
1983	40	847	279	163	69	110	41	151	404	70	91	2265
1984	38	722	276	182	52	146	44	132	478	89	89	2248
1985	58	766	197	174	98	56	31	107	96	486	93	2162
1986	44	822	191	167	95	115	43	121	562	157	104	2420
1987	41	810	241	169	60	88	29	111	589	132	69	2339
1988	29	917	237	157	62	76	40	156	638	103	50	2465
1989	38	833	220	164	100	59	44	175	556	160	69	2418
1990	66	454	500	258	121	326	78	291	374	123	99	2690
1991	68	423	480	221	145	386	99	277	342	97	218	2756
1992	67	502	522	233	146	369	75	297	335	107	183	2836
1993	70	498	516	235	148	417	76	316	302	112	215	2905
1994	57	558	520	223	150	474	57	316	302	126	191	2974
1995	51	509	495	251	156	450	72	345	290	110	172	2901
1996	140	525	554	282	203	328	107	264	375	103	226	3107
1997	67	547	426	229	193	275	65	280	312	95	117	2606
1998	72	537	418	239	190	289	55	338	344	126	121	2729
1999	80	582	437	256	170	311	78	309	311	139	143	2816
2000	56	579	449	222	172	303	68	304	362	112	174	2801

　　为了客观地展示学科发展的规律性，我们将表 3-1 呈现的绝对数字转化为百分数，得出学科分类百分比表 3-2，反映出了各个学科百年兴趣指标的变迁。为了更加清晰地显示各科发展的趋势，我们依据各个学科的兴趣指标为纵坐标，以年代为横坐标，绘制出各学科 20 世纪发展的曲线图。

表 3-2 *Science* 20 世纪内容的学科分类百分比表

期号	人类学	生物学	医学	物理学	天文学	化学	数学	地球科学	科学与社会	工程技术	其他	合计
1901～1905	3.7	23.4	3.8	5.1	2.9	6.1	2.8	12.1	24	3.1	13	100
1906～1910	3.1	25.2	4.2	4	2.5	7.8	3	11.7	21.7	2.1	14.6	100
1911～1915	4.5	23.2	6.6	5.1	1.3	5.7	3.3	9.3	22	4.2	15	100
1916～1920	2.9	18	9.7	4.9	2	7.6	2.4	9.4	23.7	4.7	14.8	100
1921～1925	2.1	16.5	10.7	5.8	1.8	10.2	1.8	7.6	29.7	4.1	9.7	100
1926～1930	2.2	19	11.9	5.8	2.6	7.5	1.5	8.6	21.1	4.7	15	100
1931～1935	3.2	22.1	8.3	5.6	2.4	7.4	2.8	8.9	10.5	7	21.9	100
1936～1940	3.8	14.9	12.6	7.8	3	8.9	3	9.9	15.1	8	13.1	100
1941～1945	1.5	20	17	2.5	1.6	5	1.4	4.7	24.9	5	16.4	100
1946～1950	1	23.2	22.7	3.3	1.1	9.7	1	3.3	10.4	5.7	18.7	100
1951～1955	0.9	22.3	17.1	5.9	0.8	12.1	1.3	4.3	11.8	3.8	19.8	100
1956～1960	1.6	23.5	13.9	5	1.2	6.5	1.4	4	21	2.7	19.3	100
1961～1965	1.3	39	4.1	6.8	2.1	5.8	1.9	7	23	1.9	7.3	100
1966～1970	1.8	37.6	6.4	5.7	4.6	5.4	1.1	7.5	19.5	1.4	9.2	100
1971～1975	4	21.9	17.4	5.3	4.5	5.2	1.2	6.9	17.8	2.8	13.2	100
1976～1980	5.1	27	11.5	5.5	3.3	5.5	3	11.5	12.5	3	12.3	100
1981～1985	2.4	35	10.6	7.9	3.2	4.8	1.7	6.3	16.7	7.1	4	100
1986～1990	1.8	31	11.3	7.4	3.6	5.4	1.9	6.9	22	5.5	3.2	100
1991～1995	2.2	17.3	17.6	8	5.2	14.6	2.6	10.8	10.9	3.8	6.8	100
1996～2000	3	19.7	16.3	8.7	6.6	10.7	2.7	10.6	12.1	4	5.6	100
平均	2.6	24	11.7	5.8	2.8	7.6	2.0	8.0	18.5	4.2	12.7	100

结合前文对科学的分类研究，我们将 *Science* 的学科分为基础科学和人文社会科学，以及应用科学来讨论，其中基础科学包含生物学、化学、地球科学、数学、物理学和天文学；人文社会科学包含人类学、科学与社会；应用科学包括医学、技术与发明。根据兴趣指标我们可以做出学科发展的动态曲线，可以轮廓鲜明地展示 *Science* 中各学科百年发展的宏观态势，这些起伏波动的发展曲线究竟体现出在 20 世纪学科发展怎样具体的情形呢？而且在不同的时代学科之间呈现了怎样的异同，抑或有某种地位和重视程度的变化？以下分别讨论。

一、*Science* 反映的基础科学发展态势

首先，我们对 *Science* 中基础科学各学科的发展曲线图做出分析（图 3-2 ～
图 3-7）。

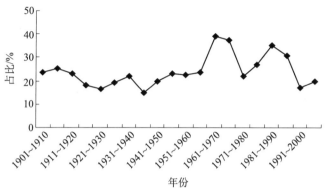

图 3-2　*Science* 20 世纪生物学发展曲线图

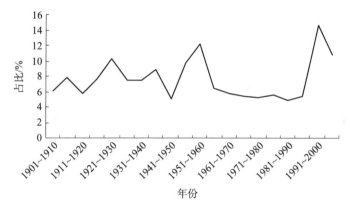

图 3-3　*Science* 20 世纪化学发展曲线图

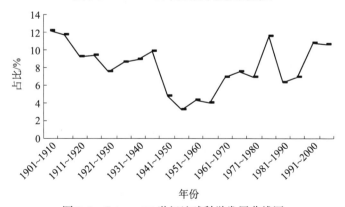

图 3-4　*Science* 20 世纪地球科学发展曲线图

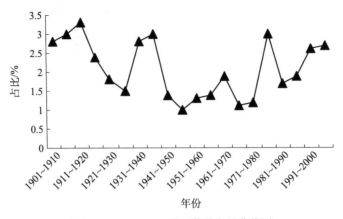

图 3-5   *Science* 20 世纪数学发展曲线图

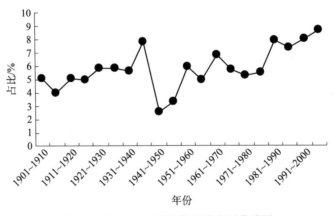

图 3-6   *Science* 20 世纪物理学发展曲线图

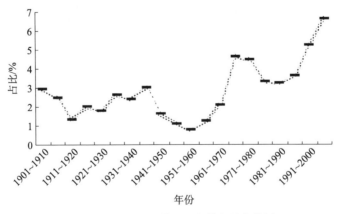

图 3-7   *Science* 20 世纪天文学发展曲线图

图 3-2 是 *Science* 百年生物学发展曲线图，可以看出，在 20 世纪前半叶生物学研究有小幅度的波动，始终在 20% 左右徘徊。在 30 年代末出现一个低潮（约占 15%）。20 世纪后半叶生物学研究出现两次较大的高峰期，首先是从 50 年代开始生物学研究呈现了迅猛的增长期，到 60 年代中期达到了最高峰（约占总量的 40%），然后在短期地下降后又回升到 80 年代前期的另一个高峰（约占总量的 35%），之后开始缓慢地下降，恢复到平均水平线。但在 20 世纪末又开始呈现增长的趋势。

图 3-3 是 *Science* 百年化学发展曲线图，整个世纪化学研究的态势基本平稳，出现三个小高潮，分别是在 20、50、90 年代。其中以 90 年代的平均研究水平最高，其次是 50 年代的化学研究处在比较高的水平上。再次是 50 年代之前，出现一定的涨落，20 年代居高位。化学研究的平稳发展期在 60 ～ 80 年代，几乎没有什么波动。20 世纪的前半个世纪化学研究水平（约 6.8%）和后半个世纪（约 7.0%）是相当的，可以说整个世纪化学发展是平稳的。

图 3-4 是 *Science* 百年地球科学发展曲线图，地球科学研究整体上看波动很大。20 世纪最初的前 10 年研究最高潮（约占 12%），之后出现递减，直到 40 年代初相对发展平稳。继而地球科学发展迅速衰落，发展的 50、60 年代的研究最低潮时期（约占 4%），幸而之后有所复活，到 70 年代后期又出现了一个研究小高潮（约 11%），80 年代又相对低迷，到最后的 10 年才上升到约 10%，未来发展趋势据此还不好预测。

图 3-5 是 *Science* 百年数学发展曲线图，整体上呈现出很多次的起伏涨落。整个 20 世纪数学学科最突出的研究高峰期是前 10 年（约占 3%），继而又快速下降，降到一个波谷。到 30 年代末又有一定的回升，但持续了很短的时间后，又开始骤降，到 40 年代末降到最低谷，随后开始缓慢增长，到 70 年代末就有一个小高潮，到 20 世纪末数学研究一直有缓慢上升的趋势。

图 3-6 是 *Science* 百年物理学发展曲线图，整个 20 世纪物理学研究以 1940 年为分界线，1940 年前和后都各自呈现稳步的上升态势，但 40 年代后到世纪末的增长幅度大于 40 年代前的增长幅度，因而到 20 世纪末物理学研究已经远远超出了 20 世纪初的水平。从数据看，20 世纪初物理学研究处在 5% 的水平上，之后上涨，到 40 年代初到达研究最高峰，高达 7.8%。之后骤减到最低谷，约 2.5%。此后随着时间而上升，持续了 60 年的增长，到 20 世纪末研究水平近 8%，这是 20 世纪最高的水平。

图 3-7 是 *Science* 百年天文学发展曲线图，整体上天文学研究呈现了持续的

增长势头，而且随着百年的发展，到 20 世纪末上升到研究的最高峰（占 6.6%）。整个世纪天文学研究的最低谷出现在 50 年代初期，仅仅占总数的 0.8%。在前半个世纪中，天文学研究徘徊在 2% 左右，处于较低的发展水平，其中两个较高点出现在世纪初的 10 年和 30 年代，其余时间段研究水平更低一些。后半个世纪中，天文学研究一直处于增长的态势，迅猛的增长出现在 60 年代，以至在 1970 年出现一个新的高潮（占 4.6%），此后 80 年代有一点回落，但也没有低于前半个世纪的研究水平。在世纪末的最后 20 年仍然保持增长的研究态势。

上面我们将各类学科分布按其年代排成时间序列，并按照各类数目占同期数目的比例而得出微观方面的学科编年曲线，通过这些曲线对百年各大学科发展态势进行了详细的讨论。为了更好地对 20 世纪基础科学发展态势做出有效的分析，我们以百年六大基础科学学科总数据的相应百分比为依据，绘制出 *Science* 百年内容的基础科学学科分类比较柱形图（图 3-8）以及曲线比较图（图 3-9）。

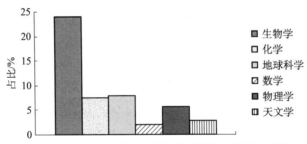

图 3-8 *Science* 20 世纪内容的基础科学学科总比较图

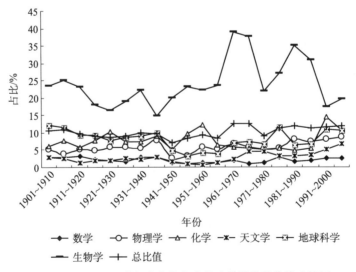

图 3-9 *Science* 20 世纪内容的六大基础科学学科曲线比较图

从 *Science* 百年内容的基础科学学科分类总比较图（图 3-8）来看，整个 20 世纪自然科学六大基础学科所占的比例从大到小依次为：生物学占 24%、地球科学占 8%、化学占 7.6%、物理学占 5.8%、天文学占 2.8%、数学占 2.0%，其中生物学独占鳌头，是其他自然科学研究量的 2～3 倍，是六大学科平均值（8.4%）的近 3 倍，充分说明生物学是 *Science* 百年基础科学发展中最为鼎盛的学科，长期保持良好的发展态势。其次是地球科学和化学的发展，都比物理学研究还有甚，天文学再次之，数学最低，说明这二者是关注率低，发展缓慢的学科。

从 *Science* 百年内容的六大基础科学学科曲线比较图（图 3-9）来看，生物学研究在整个世纪的研究态势都是异军突起的，最突出的表现在 50 年代的迅猛增长和 60 年代的巅峰状态。天文学和数学研究整个世纪中都在一个低水平上发展。六类基础科学发展的编年曲线除去生物学之外，均处于 15% 以下，并且随着年代的推进此起彼伏。因为比较图中每一类学科发展的编年曲线都有一个波峰和波谷，我们将波峰和波谷相应的年限分别代表了本学科的研究高峰期和低潮期，高峰期和低潮期所处的年代分别为峰值年代和低谷年代；并将 20 世纪 100 年间某学科兴趣指标高于 8%（均值为 8.4%，我们取整 8% 为高指标）的所有年限总值，代表某个学科的研究兴盛期，将低于 5%（各学科最低研究水平的平均值为 4.55%，我们取整 5% 为低指标）所含的年限，代表本学科的研究衰落期。我们将六大基础学科的高峰期、峰值年代、兴盛期，以及低潮期、低谷年代、衰落期做一比较（表 3-3）：

表 3-3　20 世纪 *Science* 六大基础科学兴盛与衰落年代期限的比较表

学科类别	生物学	化学	地球科学	数学	物理学	天文学
高峰期（年份）	1961～1965	1991～1995	1901～1905	1911～1915	1996～2000	1996～2000
峰值年代	60 年代	90 年代前期	20 世纪初	10 年代	90 年代后期	90 年代后期
兴盛期	100 年	30 年	50 年	—	10	
低潮期（年份）	1936～1940	1981～1985	1946～1950	1946～1950	1941～1945	1951～1955
低谷年代	30 年代	80 年代	40 年代	40 年代	40 年代	50 年代
衰落期	—	5 年	20 年	100 年	20 年	90 年

在图 3-9 中曲线所显示的研究高峰看起来不是十分清晰，但在表 3-3 中可以明显看出学科之间存在着不同的研究高峰期，所处的年代也明显不同，所产生的兴盛期限也是不同的。依时间序列学科研究的高峰期依次表现为：20 世纪初

的地球科学、10 年代的数学、60 年代的生物学、90 年代前期的化学和 90 年代后期的物理学和天文学。在一定的历史年代，社会需求和科学发展的内在逻辑都会使不同学科受到不同的关注程度，使某一学科在一定时期处于高峰，成为科学研究的主要对象。对 *Science* 的计量分析得出的是地球科学和数学在 20 世纪初处于研究高峰期，也即说明是数学和地球科学带动了其他学科的发展，特别是生物学在 20 世纪中后期的迅猛态势也反过来刺激了物理、天文、化学学科的研究走向兴盛，是生物学的革命引发的连锁反应。

另外，从百年学科的兴盛期来看，最突出的是生物学相比于其他自然科学而言，在 20 世纪整个百年中始终处于兴盛期，从数据上说明 20 世纪已经是生物学的世纪了，而且在 60 年代之后出现最繁荣的景象。其次是地球科学有 50 年、化学有 30 年的兴盛期，说明这两者在 20 世纪的科学研究中也曾受到高度的关注。物理学始终是自然科学的核心学科，也有 10 年的兴盛期。再次，从天文学和数学研究水平整体上看百年中称得上兴盛期的年限为零，也就说明相比而言，它们是在一个稳定的低水平上发展，没能成为 20 世纪科学研究的热门领域。从学科所处的衰落期来看，数学在整个 20 世纪都处于低谷年代，研究水平均低于 5%。这也符合作为自然科学工具性质的数学学科性质，永远不可能是自然科学研究的核心。天文学研究除了在 20 世纪末有了很大的提升之外，其余的 90 年间均可视为衰落期，因而天文学研究不是 20 世纪的兴盛学科。物理学和地球科学各有 20 年的衰落期，最严重的衰退期在 40 年代，这与世界动荡的战争局势是分不开的。化学在 80 年前期出现一个短暂的 5 年衰落期。

对各个基础科学从步入兴盛期或衰落期，到出现转型、退出极端态势的时限来分析：就兴盛期而言，化学在 1921 ～ 1925 年、1936 ～ 1940 年、1946 ～ 1955 年以及 1991 ～ 2000 年四个时段中处于兴盛期，平均一个兴盛期为 8 年；地球科学在 1901 ～ 1940 年和 1991 ～ 2000 年两个时间段内是兴盛的，平均一个兴盛期可持续 25 年；物理学在 1991 ～ 2000 年是处于兴盛期的，这样比较来看，单一学科处于兴盛期持续的年限大约为 15 年。生物学是 20 世纪发展的特例，相比于其他基础科学学科，百年中生物学始终处在兴盛期，真可谓是生物学的世纪。就衰落期而言，数学学科是百年中均位于低迷状态，天文学是约有 90 年是衰落的，这样二者是相对而言的受冷落的学科。物理学在 1906 ～ 1910 年、1916 ～ 1920 年以及 1941 ～ 1950 年处于衰落期，地球科学在 1941 ～ 1960 年处于低水平发展，化学在 1981 ～ 1985 年是持续走低的，这样一旦某个学科进入衰退期，大致要持续 12 年才能摆脱低迷态势，才可能出现新的转机。

总之，*Science* 反映的基础科学发展态势有以下几个方面。

（1）生命科学是名副其实的带头学科，百年来一直保持研究的红热态势，20世纪可以称得上是生物学的世纪。

（2）物理学和天文学在20世纪整体上呈持续增长的势头，最终在20世纪末达到最高的研究水平，未来还将保持增长态势，但期间二者均在40、50年代出现低迷状态。

（3）地球科学、数学和化学学科研究态势整体上在一个低水平上呈现起伏，研究最兴盛期出现在20世纪初，在40、50年代出现研究低潮，此后稳步小幅上升。未来态势应该仍然保持一个低水平上的稳步发展。

（4）基础科学学科研究的高峰期序列为：20世纪初地球科学、10年代的数学、60年代的生物学、90年代的化学以及20世纪末的物理和天文学，显示了生物学革命对于自然科学发展的推动作用。

（5）基础科学学科发展一旦呈现兴盛期，平均要持续约15年的时间。同理一旦进入衰退期，也要持续约12年的时间才能有所改变。

（6）基础科学"总比值"曲线说明：20世纪60年代是自然科学研究最鼎盛时期，40年代是基础科学研究的最低迷期，到20世纪末明显出现新的增长趋势。

二、*Science* 反映的人文社会科学发展态势

首先，我们对 *Science* 中人文社会科学各学科的发展曲线图做出分析。

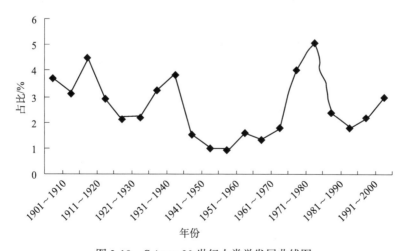

图 3-10 *Science* 20世纪人类学发展曲线图

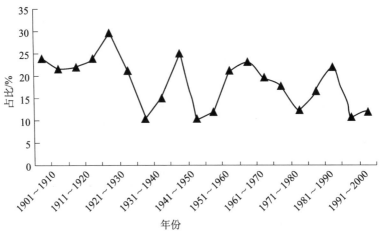

图 3-11   *Science* 20 世纪科学与社会发展曲线图

图 3-10 是 *Science* 百年人类学发展曲线图，在 100 年间，人类学研究的平均值为 2.6%，和其他学科发展水平相比处于一个低水平态势。在 20 世纪初的 40 年间，人类学研究在小幅起伏间保持相对平稳，在 3% 左右徘徊。但从 40 年代开始迅速衰落，持续了近 30 年的衰退期，直到 70 年代初开始回升，到 80 年代前期达到整个世纪的研究最兴盛期，比值升到 5.1%。但兴盛的态势很快结束，80 年代后期已经开始走低，恢复到 20 世纪前 40 年的发展态势。未来可能还在这个水平上发展。

图 3-11 是 *Science* 百年科学与社会发展曲线图，在整个 20 世纪中对科学与社会的互动研究占有非常高的比值（平均 18.5%），但从曲线的走向看有逐渐下降的趋势。20 世纪初的 30 年间研究处于高水平，均超出 20%，是兴盛期。最高峰出现在 20 年代前半叶（占 29.7%），此后逐步递减。在 40、60、90 年代后半叶均有小的研究高潮，到 20 世纪末是在低水平上发展的。

因为在 *Science* 中我们计量研究的人文社会科学类别只有这两类，研究结果难免有所偏颇，但在百年的大尺度和大计量数值的保障下，还是能说明一定的发展变化的。

其次，我们以百年中人文社会科学学科总数据的相应百分比为依据，绘制出 *Science* 百年内容的人文社会科学学科分类比较柱形图（图 3-12）以及曲线比较图（图 3-13）。

在 *Science* 所反映出的人文社会科学学科中（图 3-12），人类学约占 2.6%，科学与社会约占 18.5%。在 *Science* 中有清晰的人类学栏目设置，因此人类学一直占据着稳定的研究份额，从人类的起源到人类社会的发展，人种的差异到族

群的区别，以及人类的文化差异和冲突等，丰富着人类学的研究。科学与社会
囊括了科学与经济、教育、哲学、史学、宗教、专利等极为丰富的内容，虽然
在整个世纪看有递减的研究态势，但高水平的信息量仍然说明科学与社会的交
叉互动研究是未来 *Science* 的重要内容。

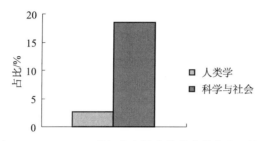

图 3-12　*Science* 20 世纪人文社会科学学科分类比较图

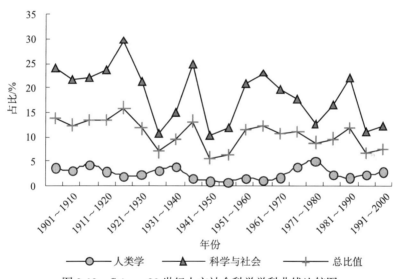

图 3-13　*Science* 20 世纪人文社会科学学科曲线比较图

　　从 *Science* 百年内容的人文社会科学学科曲线比较图（图 3-13）来看，人
类学研究和科学与社会相比之下处于非常低的水平。但这主要是因为我们只单
独选出两类人文社会科学加以统计，科学与社会涵盖的内容极其丰富，而在
Science 中为人类学单独做栏目就充分说明对人类学研究的重视程度。科学与社
会当然也是科学发展和社会前进不可剥离的关系研究。人类学整体上看态势稳
定，科学与社会研究略显下降趋势，但综合起来表现出的人文社会科学研究态
势是稳定的，在 20 世纪初 20 年最兴盛，在 40 年代最低迷，其余时间段发展均衡。

总之，*Science* 反映的人文社会科学发展态势为：

（1）人文社会科学研究整体上在 20 世纪呈现一定的递减趋势，未来也将延续，不排除突发重大的社会政治事件而引发的研究态势的巨变。

（2）人文社会科学研究在 20 世纪出现的鼎盛时期是最初 20 年，最衰落期是在 40 年代。其余时间研究态势略显缓慢下降。

（3）人类学的研究始终受到重视，未来也将是重要的研究内容。

（4）20 世纪科学研究已经深受社会的影响，科学与社会的互动研究受到所有科学参与者的共同关注。

三、*Science* 反映的应用科学发展态势

我们先对 *Science* 中应用科学两学科的发展曲线图做出分析。

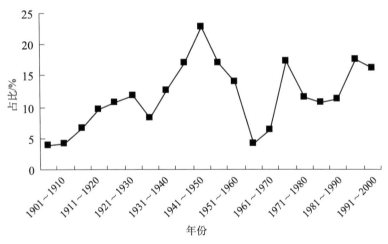

图 3-14　*Science* 20 世纪医学发展曲线图

图 3-14 是 *Science* 百年医学发展曲线图，从图来看，在 20 世纪前 30 年间，医学研究是呈稳步上升的，在 30 年代初期有一个小幅回落，此后迅速发展，到 20 世纪中叶达到 20 世纪研究的最顶峰，所占比例高达 22.7%，紧接着又有一个非常明显的衰退，在 60 年代初出现了最低谷，比例退至 4.1%，此后医学有了更多的研究，持续增长到 80 年代又达到一个小高潮，此后稳步推进，在 20 世纪末也呈上升的态势。预计未来医学也将是快速增长的。

图 3-15 是 *Science* 百年工程技术发展曲线图，据此看来，在 20 世纪初的 40 年间，工程技术的研究是持续增长的，在 1940 年达到该世界研究的最高峰（所

占比例高达 8%），此后呈现持续约 30 年的回落，最低谷在 70 年代前后，又经过约十年的恢复期，到 90 年代初达到一个新的小高峰（占比为 5.5%），20 世纪末工程技术研究保持在相对稳定的水平，保持在一个世纪的平均值（约 4.2%）左右，未来的发展趋势也将保持在这一水平上。

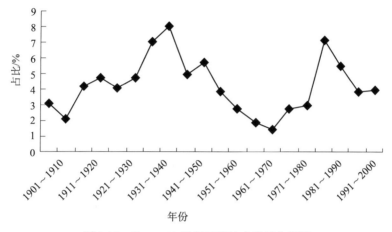

图 3-15　*Science*20 世纪工程技术发展曲线图

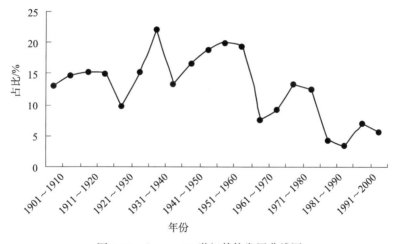

图 3-16　*Science* 20 世纪其他发展曲线图

其次，我们以百年中应用科学学科总数据的相应百分比为依据，绘制出 *Science* 1901 ～ 2000 年内容的应用科学学科分类比较柱形图（图 3-17）以及曲线比较图（图 3-18）[①]。

---

① 将 *Science* 中的其他类总值所占百分比和发展曲线也显示在这里，但不包含在应用科学之中，将另行说明。

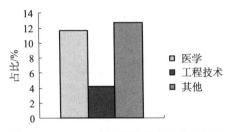

图 3-17　*Science* 应用科学学科分类比较图

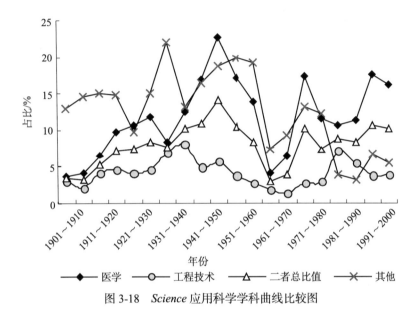

图 3-18　*Science* 应用科学学科曲线比较图

在 *Science* 所反映出的应用科学比较图来看，医学约占 11.7%，工程技术占 4.2%，医学研究所占的比值仅次于自然科学中的生物学（所占比值为 24%）研究，充分说明了医学研究受到的关注程度。因为医学和生物学本身有非常密切的内在联系，因此二者的高研究态势一致地反映出了整个生物学和医学的重大意义，因而也决定了未来将有更广阔的发展前景。工程技术整体上的均值也超出了天文学、数学、人类学等的研究水平，在 20 世纪重大的科学成就很快就会被转变成相应的应用成果和技术创造，在经济活动和人类社会生活中发挥不可替代的作用，几乎规定和支撑了我们研究和生活的每一个细节，未来的工程技术必然还会得到更好的发展。

在 *Science* 所反映出的应用科学曲线比较图中，我们选定的医学和工程技术两类呈现了基本上类似的发展趋势，整体上看两者在 20 世纪初的 30 年间是稳步上升的，均在 30 年代达到研究的最顶峰。此后又同样地出现了较为猛烈的回落，在 60、70 年代回落到了最低点，此后的三四十年中都有上升态势，都在 70 年代末出现了又一个小的研究高潮，此后恢复到正常的均衡水平发展上来。这样我们可以预计二者的研究也将保持在各自稳定的态势上继续前行。

除了基础科学、人文社会科学和应用科学之外，我们设置类目中需要特别说明的是其他类，在 *Science* 中有近约12.7%的其他信息，在图3-16中可以看到，在 30 年代末到 40 年代初属于其他类的内容最多，说明和科学相关的信息最杂。这些内容的呈现很好地为科学工作者、科学爱好者以及普通大众的信息涉猎提供了便捷而深入的服务，也在更加宽广的意义上为科学发展做出了不可忽视的贡献。这些内容也将是未来科学发展继续要关注的部分。

总之，*Science* 反映的应用科学发展态势为以下几方面。

（1）医学在 20 世纪的发展不亚于其他自然科学，因而在应用科学中称得上是首屈一指的学科门类，整体上呈现上升态势，未来也将持续上升。

（2）工程技术在 20 世纪也得到了充分的发展，在世纪末维持在一个相对稳定的发展状态上，这一趋势还将继续。

（3）从二者的"总趋势"曲线看，20 世纪应用科学的发展高峰期在 40 年代，研究的最低谷是在 60 年代中期，到世纪末均恢复到百年的平均水平上，这种稳定态势还将保持。

第三节　从 *Science* 反映出的 20 世纪科学发展态势

为了对 20 世纪整体科学发展态势做出微观分析，我们对 *Science* 百年内容按照时间序列做了学科分类统计，并得出各类学科占总数目的百分比，即得出各类别的兴趣指标。据此得出微观方面的学科编年曲线及其相互比较柱形图，通过对图表分析对百年各大学科发展态势进行了详细的讨论。进而分别对 *Science* 所包含的基础科学、人文社会科学、应用科学的发展态势做了分析。在此，我们将三大类的总比值做比较分析，以期从整体考察20世纪科学发展趋势，特别绘制出总比值曲线比较图（图 3-19）。

结果发现：在 *Science* 所记录的学科类目来看，在 20 世纪前 40 年基础科学人文社会科学研究都大致呈下降趋势，在 40、50 年代基础科学研究落入低谷，反而人文社会科学比较繁荣。从 60 年代始，基础科学与人文学科两者都有进一步的增长态势，在世纪末基础科学的繁荣态势更加明显。其中反映出的数据，基础科学和人文社会科学分别平均为 10.07% 和 10.39%，即似乎看出人文社会科学整体超出了基础科学，其主要原因是在 *Science* 的计量类别中涉及的人文社会科学仅仅两类，而使得其最后的均值很大，其实并不能说明 *Science* 中的人文科学研究能胜过自然科学的研究，在此我们仅仅关注其整体上的动态趋势和相互之间的趋势比较。*Science* 中的应用科学在前半个世纪中均呈明显的上升态势，与前两者的下降趋势恰好相反，说明这段时期对于科学的应用研究，将科学成果转化为应用的社会动力和需求很大。在60年代应用科学衰落时，基础科学与人文社会科学研究却在上升，在最后的30年间三者都有一定的回升，基本持有稳定的发展，未来也将共同成为科学研究的主题。

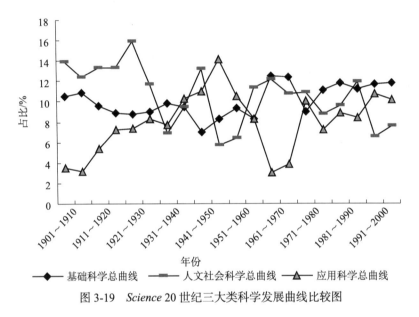

图 3-19　*Science* 20 世纪三大类科学发展曲线比较图

综合 *Science* 反映出的基础科学、人文社会科学、应用科学的发展态势，以及三者的对比研究，我们得出从 *Science* 反映出的 20 世纪科学发展态势为以下几方面。

（1）20世纪的生物学始终受到高度关注，尤其是20世纪的后半叶。因此，20世纪可以称得上是生物学的世纪。

（2）六大基础科学均在四五十年代出现一个明显的研究低潮，此后才逐步恢复，显示出社会政治环境对于科学研究的深刻影响。

（3）物理学和天文学呈现持续增长的势头，20世纪末达到研究的最兴盛期。

（4）数学、化学和地球科学在20世纪呈低水平发展态势，决定了未来将继续延续这种态势。

（5）基础科学学科研究的高峰期序列为：20世纪初的地球科学、10年代的数学、60年代的生物学、90年代的化学以及20世纪末的物理和天文学。

（6）基础科学学科发展一旦呈现兴盛期和衰退期，基本上要持续12～15年的时间才能有所改变。

（7）基础科学"总比值"曲线说明：20世纪60年代是基础科学研究的最鼎盛时期，40年代是基础科学研究的最低迷时期，到20世纪末明显出现新的增长趋势。

（8）20世纪科学与社会的关系密切，其间的互动研究受到所有科学参与者的共同关注。但整体上人文社会科学还是有递减态势，期间的最红热期在20年代，最低迷期出现在50年代末期。

（9）20世纪的应用科学研究整体上略显上升态势，其研究最高峰在50年代前后，最低谷出现在60年代初期。应用科学中显著增长的是医学研究，未来也将有更大的发展前景。

Nature 和 *Science* 的计量
结果比较分析及验证

    Nature 和 *Science* 是国际上具有特殊影响力的两种科技期刊，所刊登的富有创造性和高影响力的论文为世界科学技术的发展起了巨大的推动作用。在如此高水平期刊发表论文的数量，已经被用来衡量一个国家或地区的基础科学研究水平的重要标准。*Nature* 和 *Science* 于 2007 年同时获得了由西班牙阿斯图里亚斯王子基金会建立的一个交流与人文类最权威国际奖——西班牙阿斯图里亚斯王子奖，旨在表彰在世界范围内在科学、技术、文化、社会等方面做出极大贡献的杰出团体，充分证明了这两份期刊在国际科学技术及其社会文化方面的影响是举足轻重的。

    温伯格在《自然百年：21 个改变科学与世界的伟大发现》的序言中指出："（全球）仅有两份英文的科学杂志保留了涵盖所有科学的老传统：美国的 *Science* 和英国的 *Nature*。其中我们可以看到 20 世纪科学领域中的有巨大影响力的论文。"[①]*Nature* 杂志的主编坎贝尔曾指出："英国 *Nature* 杂志与美国 *Science* 杂志是世界上最权威的两份学术期刊，它们发表的论文总体上代表了当今世界科技发展的最高水平。"正如参加奥林匹克运动会是全世界大多数运动员的梦想一样，能在英国 *Nature* 杂志和美国 *Science* 杂志上发表论文是全世界大多数科技工作者的夙愿。二者被列为世界上最权威的两大科技学术刊物。这两大刊物发表所有科技领域的成果，内容都由学术论文和科技新闻两部分组成。两大刊物风格略有不同的是：*Nature* 杂志更侧重宏观性和前瞻性，而 *Science* 杂志则更务实一些。[②]有人用比喻形容二者，认为 *Nature* 是学术刊物中的浪漫主义代表，

---

① Laura Garwin, Tim Lincoln, A Century of Nature：Twenty-one Discoveries that Change Science and the World. The University of Chicago Press. 2003：Forword.

② Sir John Maddox, Philip Campbell, 路甬祥 .《自然》百年科学经典（Nature: the Living Record of Science）（第一卷）. 北京：外语教学与研究出版社，2009：前言 .

Science 是现实主义的代表。也有人认为 *Science* 是美国科学促进会的杂志，对美国科学家有所侧重，而 *Nature* 国际性更强一些。虽然二者在刊载内容的侧重点上有所不同，但丝毫没有影响二者在学术期刊中的权威地位。

创刊于 19 世纪末期的 *Nature* 和 *Science* 具有悠久的历史，收录了科学发展历程中最杰出的论文，报道过最新的重大的科学发现，刊载过众多的诺贝尔获得者的研究论文，拥有庞大的全球发行量和上百万的读者群，其影响因子在学术期刊中是首屈一指的。这两份期刊无疑是集实用性、科学性、先进性和收益性于一体的、国际上具有最高学术水准、最权威的综合性科学期刊。

经过认真的调研，我们知道如此出类拔萃的科学期刊却少有比较研究的成果，更没有针对其所刊载内容的科学分析，我们在对 *Nature* 和 *Science* 分别进行计量研究的基础上，对二者所含的共同的科学学科类别进行对比研究，不仅可以弥补由单一期刊对科学进行的说明的片面性，而且对于在科学领域位居中流砥柱的两大期刊的自身研究填补了一个空白。

需要指出的是，*Nature* 和 *Science* 虽然从期刊本身而言有很大的不同，但我们只针对它们刊载的信息做科学分类，显然涉及的科学类别是大同小异的，因此对二者进行比较就有了合理性。进而通过比较更能避免一种期刊呈现的学科发展可能带来的偏差，兼备无可争议的权威性，使其论证结果更具有说服力。

第一节　总信息量的比较

对 *Nature* 和 *Science* 的内容的学科分类统计，按照时间顺序和期刊编码顺序进行统计而形成的初始数据，都包含了 *Nature online* 和 *Science online* 提供目录的全部信息，因而也间接地为我们提供了两份期刊的所承载的信息量的年代变迁，对其进行计量分析，也可以从一个侧面反映 20 世纪科学发展的整体态势。

将 *Nature* 和 *Science*20 世纪内容学科分类统计表中的"合计"数据，依照 20 世纪所含的 10 个年代为时间段，分别计算出各个年代所含的信息容量以及占总容量的百分比，列表如表 4-1 所示。进而我们按照各个年代容量百分比做出 *Nature* 和 *Science* 20 世纪内容信息量比较图（图 4-1），并得出 *Nature* 和 *Science* 20 世纪内容信息量曲线图（图 4-2）。

表 4-1   *Nature* 和 *Science* 20 世纪所含信息比较表

年 份	*Nature*		*Science*	
	各年代信息容量	容量百分比 /%	各年代信息容量	容量百分比 /%
1901 ～ 1910	13 555	4.53	9 166	5.93
1911 ～ 1920	14 092	4.71	8 240	5.33
1921 ～ 1930	20 158	6.73	10 682	6.90
1931 ～ 1940	31 268	10.45	9 874	6.38
1941 ～ 1950	25 527	8.53	9 629	6.23
1951 ～ 1960	36 820	12.30	11 113	7.19
1961 ～ 1970	52 281	17.47	23 500	15.19
1971 ～ 1980	35 696	11.93	20 364	13.17
1981 ～ 1990	36 506	12.20	23 861	15.43
1991 ～ 2000	33 440	11.17	28 431	18.38
合计	299 343	100	154 860	100

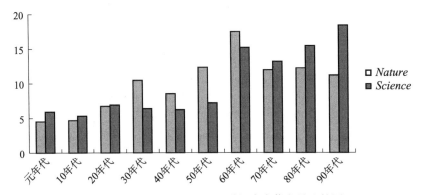

图 4-1   *Nature* 和 *Science* 20 世纪内容信息量比较图

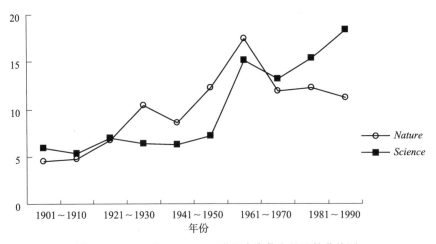

图 4-2   *Nature* 和 *Science* 20 世纪内容信息量比较曲线图

　　表 4-1 中显示 *Nature* 和 *Science* 在 20 世纪 10 个年代中所含信息量有明显的递增趋势，这是科学发展累积的必然结果。从总量看，*Nature* 所含的总信息量大约是 *Science* 所含信息总量的 2 倍，说明 *Nature* 比 *Science* 所包含的内容更丰富、更翔实。

　　图 4-1 中显示的 *Nature* 和 *Science* 的信息容量的比较，*Nature* 的容量最高值是 60 年代的 17.47%，此前除了在 40 年代有个回落，基本上是呈递增趋势的。但在 60 年代之后容量明显减少，保持在 12% 左右。因此可以说 60 年代是 *Nature* 最繁荣的时期，也是科学发展最兴盛的时期。相比之下，*Science* 的容量最高值是世纪末、90 年代的 18.38%，最突出的增幅出现在 60 年代，之前的容量比较稳定，约为 6%，到 60 年代，达到 15.19%，是之前容量的 2 倍还多，到世纪末增到 3 倍多。因此，看出 60 年代是 *Science* 的革命性的年代，极大地影响了科学的发展，世纪末是 *Science* 最鼎盛的时期，是美国科学，乃至全世界科学发展的必然结果。

　　结合 *Nature* 和 *Science* 的信息容量年代曲线图（图 4-2），可以清晰地看到二者在一个世纪中的增长态势。在 20 世纪最初的 30 年间，两份杂志的信息量是基本持平的，到 30 年代 *Nature* 陡然间高出 *Science* 近 4 个百分点，开始兴盛起来。但同样的在 40 年代，两份杂志的容量都有所下降，这与当时的世界战争的局势是分不开的，社会的动荡对科学的影响是负面的。50 ～ 60 年代是二者的迅猛发展期，刊载容量急速上升，达到世纪初的 3 ～ 4 倍，反映出蓬勃发展的科学态势。70 年代这样的迅猛态势有了缓和，都出现了回落，但也处在高水平的、递增的发展态势上，20 世纪最后 20 年，*Nature* 有递减的趋势，而 *Science* 的容量仍在缓慢递增。

　　另外，第二章中我们曾引入俄罗斯学者 D. B. Arkhipov 对 *Nature* 杂志进行的计量分析，其中对 *Nature* 创刊以来的页码含量进行了考察分析，我们将他的研究结果与图 4-2 显示的 *Nature* 百年内容信息量曲线做一比较可以看出：*Nature* 的页码含量与信息量的曲线基本上是一致的，当然二者之间本来就有着根本上的联系，页码含量一定会决定着信息量的大小。但一致的发展曲线也在一定程度上反映出科学整体的发展态势：在 20 世纪初 20 年基本上保持较低的发展水平，在 20 ～ 40 年代中期有一定的增长，在 40 年代中期有一个短暂的回落之后又出现了迅猛的增长，增长一直持续到 70 年代末，之后的 80 年代开始锐减，递减到 50 年代末 60 年代初的水平上时，保持了相对的稳定性，一直持续到 20 世纪末。D. B. Arkhipov 在原文中还对论文数做了曲线分析，在 40 年代后有快速的增长，以及在最后 30 年间递减的趋势与图 4-2（比较图）结论是完全一致的。D. B. Arkhipov 在其原文中指出："经济的或是其他外在的因素决定了包括杂志页码在内的发行规模。""显然在 20 世纪后 30 年间相比于前面的年份，增长是缓慢的。""Nature 在 20 世纪最后 30 年间，卷期是恒定的情况下，文章数在下降。但这个趋势还没有被其他刊物的研究所证实。"我们这里的信息量的研究是对 D. B. Arkhipov 研究的一个有力的印证。

最后为了分学科讨论 20 世纪科学发展态势，我们将 Nature 和 Science 共有的 10 类学科各自占有的总信息量做比较，得出 Nature 和 Science 20 世纪内容各学科总信息量比较图（图 4-3）。

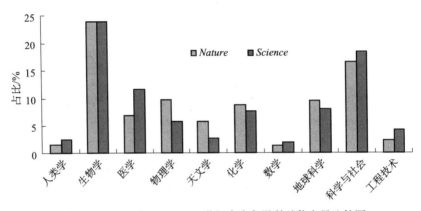

图 4-3   Nature 和 Science 20 世纪内容各学科总信息量比较图

从 Nature 和 Science 内容分学科信息量的比较图（图 4-3）来看，在 10 类共有的学科之中，同样地最受关注的学科是生物学，所含的信息量分别为 23.9% 和 24%，远远超出其他学科类目，证明在两份权威的科学期刊中生物学是 20 世纪最有影响力的自然科学；科学与社会也是高刊载的学科，分别含信息量为 16.6% 和 18.5%。一方面，因为在 20 世纪科学的发展中不可忽视的社会因素，科学的社会化和社会的科学化都会影响科学与社会之间错综复杂的关联。另一方面，因为包含科学与经济、教育、商业、政策、哲学、史学、宗教、外交、科研机构等繁杂的内容，导致信息量呈现较高的水平；地球科学也是两份期刊均予以高度关注的学科，20 世纪地球科学发展取得了一定的重大的科学发现，带动了对地球科学研究的红热态势；医学、物理学、化学、天文学也是非常重要的自然科学研究主题，平均信息量都超过或略低于 5%；较低信息量的是人类学、数学、工程技术，数值在 2% 左右，但能作为单独一类呈现在期刊中，始终占据一定的份额，也足以说明它们在科学发展中的重要意义。此外，还可以看出，*Nature* 比 *Science* 刊载量大的学科有物理学、天文学、化学和地球科学，而 *Science* 比 *Nature* 刊载量大的学科是人类学、生物学、医学、数学、科学与社会和工程技术。

第二节 *Nature* 和 *Science* 反映出的科学发展态势对比分析

在对 *Nature* 和 *Science* 的总信息量以及各类学科信息总量做出比较研究之后，本书将沿袭 *Nature* 和 *Science* 的计量研究方式，对二者的内容按照学科分为基础科学和人文社会科学，以及应用科学来讨论，其中自然科学包含生物学、化学、地球科学、数学、物理学和天文学；人文社会科学包含人类学、科学与社会；应用科学包括医学、工程技术①。根据上文我们已经做出的学科发展的动态曲线，以及根据曲线所做的阐释，进一步将二者的结果加以更加具体的比较研究，以期更加清晰地展示和更加客观地说明学科发展的态势，从而从整体上揭示 20 世纪科学发展态势。

一、基础科学发展态势对比分析

首先，我们依据 *Nature* 和 *Science* 内容的计量结果中，得到的六大基础科学学科编年曲线图进行比较，并通过数据叠加分别呈现出每个学科总体上的曲线（图 4-4 ～图 4-9）。

从图 4-4 显示的生物学发展曲线看，两条曲线呈现了非常相似的波动性。20 世纪前半叶基本上处于相对平稳的态势，相对地在 20 世纪初的 20 年间有比较高的研究状态，之后就出现了一个小的研究低潮期，研究的最低潮 *Nature* 是出现在 20 年代初，*Science* 是在 30 年代末，但最低也保持在约 15% 的水平。非常相似地，到 50 年代生物学研究开始发生了迅猛的增长，直到到达研究高峰期 60 ～ 70 年代，研究占总量的 40% 以上。然后出现小的缓慢的下降，但到了 20 世纪末，又都呈现出了明显的增长趋势。

---

① 人文社会科学在 *Nature* 中含有的政治与社会事务，与 *Science* 中的科学与社会，比较分析时统一为科学与社会；应用科学在 *Nature* 中含的技术与发明，与 Science 中的工程技术，比较分析时统一为"工程技术"。

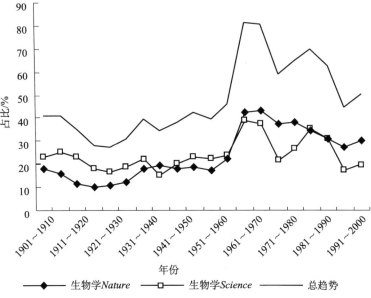

图 4-4　*Nature* 和 *Science* 20 世纪生物学发展曲线比较图

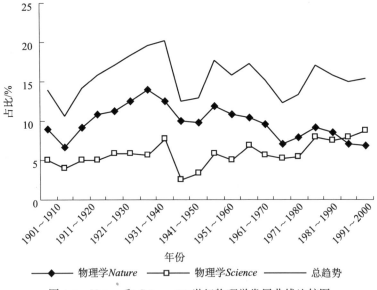

图 4-5　*Nature* 和 *Science* 20 世纪物理学发展曲线比较图

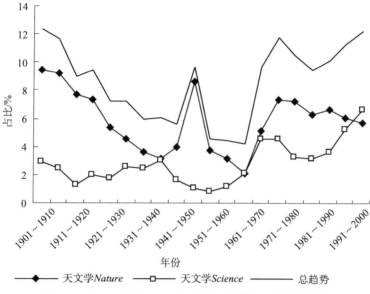

图 4-6　*Nature* 和 *Science* 20 世纪天文学发展曲线比较图

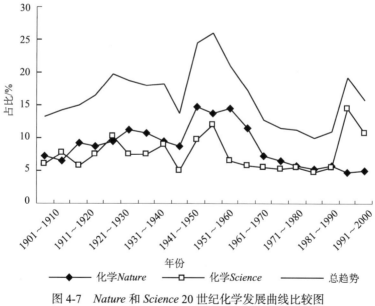

图 4-7　*Nature* 和 *Science* 20 世纪化学发展曲线比较图

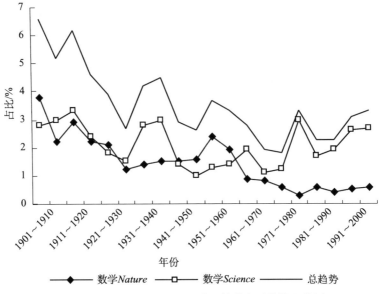

图 4-8   *Nature* 和 *Science* 20 世纪数学发展曲线比较图

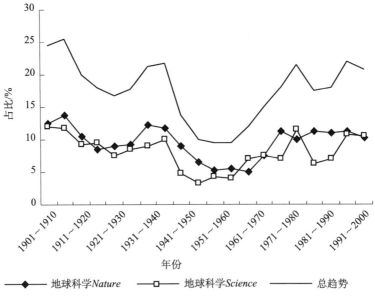

图 4-9   *Nature* 和 *Science* 20 世纪地球学发展曲线比较图

从总趋势曲线看，清晰可见，20 世纪生物学研究波动性大，整体呈上升趋势。而且，20 世纪前半叶生物学研究水平平均约为 32%，后半叶平均约为 60%，整体上高出前半个世纪的研究水平近 30 个百分点。50 年代似乎是一个分水岭，将生物学研究推进到更高的发展阶段。两份国际权威期刊所显示出的生物学研究曲线惊人地相似：以 50 年代为分水岭，前半叶研究以 20 世纪初期的水平为最高，而后半叶以 60～70 年代为兴盛，最后在 20 世纪末出现新的可能的增长。

从图 4-5 显示的物理学发展曲线看，两条曲线所反映出的 20 世纪物理学科研究水平差距很大，整体上 *Nature* 的曲线高于 *Science* 的曲线近约 5%，到了 20 世纪末才基本达到一致的水平。二者虽然研究水平有很大差距，但研究的态势在 1940 年之前是相对吻合的，都是在缓慢上升中前行，到 30 年代末、40 年代初处于研究的高峰期。40 年代初期陡然下降，20 世纪中叶一致地处于研究最低谷；*Nature* 中反映出的物理学研究此后呈现的是下降态势，而 *Science* 中反映出的相反的上升态势，到 90 年代二者的曲线出现交叉，意味着研究处于一致水平。

从总趋势曲线看，20 世纪物理学科发展在头十年是研究的最低水平，之后持续增长到近 30 年代末时达到研究最高峰，因而 30 年代是物理学发展的一个转折点。由于 *Nature* 和 *Science* 在 40 年代之前都呈现上升的态势，因而总趋势中增长的态势越发明显。此后的 20 世纪中期是物理学研究的又一个低谷。接着在 50～60 年代中期回升，此后近半个世纪基本上态势是比较平稳的，整体上高于 20 世纪初的研究水平，但不及 30～40 年代初的研究水平。从 80 年代中期后增长趋势越发明显，意味着物理学研究在 20 世纪末出现了增长的态势。

从图 4-6 显示的天文学发展曲线看，两条曲线所反映出的 20 世纪天文学研究态势差异巨大，整体上 *Nature* 中的天文学研究水平高于 *Science* 中的研究水平，而且 20 世纪初在 *Nature* 中展示出的是研究的高峰期，而 *Science* 中却显示很低的研究水平，二者有近 8% 的差异；在 30 年代末这两者有个交叉，说明在这个时期研究水平是一致的。此后的 40 年代末到 50 年代仍然出现了较大的差距，*Nature* 中的研究高于 *Science* 中显现出的水平；进入 60 年代，二者的态势出现一致，都反映了快速增长的势头，只是反映在 *Nature* 中的增长幅度超出了 *Science* 中的涨幅，到 20 世纪末又处于一个均衡的水平上，二者显现出的研究指标均为 6% 左右。

从总趋势曲线看，20 世纪天文学研究态势整体上是 20 世纪初和 20 世纪末两头高，中间时段的水平低。从 20 世纪初的最高水平状态起，至 1950 年之前研究水平持续下滑，在 50 年代中后期有突然的一个增长后又下滑至最低谷，低水平状态持续到 70 年代初,之后迅速回升,增至几乎与 20 世纪初同等高度的水平之后又略微降低,但态势仍然在高水平状态,到 20 世纪末保持增长的研究势头。

从图 4-7 显示的化学发展曲线看,两条曲线在 20 世纪前 90 年呈现了相似的波动性,遗憾的是最后 10 年的发展趋势差距较大。在 20 世纪前 40 年中,体现在 Nature 中的化学研究整体上高于 Science 中的研究水平,而且 Nature 中的态势相对于 Science 中的显示的比较平稳。到 40 年代后期化学研究在迅猛的递增,相同的到 50 年代达到研究高峰期,然后又出现锐减的发展状态,到 80 年代发展变慢趋于稳定,二者所反映的这些化学研究走势基本上是吻合的。唯一不足的是最后 10 年间在 Science 中反映出的化学研究是很高的,而 Nature 中却比较平稳,两者反差较大。

从总趋势曲线看,化学研究在 20 世纪 30 年代有个小高峰。40 年代前期处于第一个研究低谷。之后快速增长到 50 年代达到了研究高峰期(约 30%)。随着时间的推移,又在 60 ~ 70 年代出现骤减,致使 80 年代又处于一个研究的低水平上,但在最后 10 年间化学研究又有了一定的回升,又出现了一个研究的小高峰。

从图 4-8 显示的数学发展曲线看,两条曲线所反映出的 20 世纪数学学科研究态势差距很大。其中比较一致的是反映在 20 世纪最初 10 年间,数学研究都处于整个世纪的研究最兴盛期,之后均没能超过这一发展水平。接下来的 20 年代的数学研究态势一直在下降,在 30 年代呈现在 Science 中的数学研究水平高出 Nature 中数值近 2 个百分点;40、50 年代反过来是 Nature 中的数学研究比 Science 中的高出 1.5 个百分点,此后二者所显示的发展态势差异增大,Science 中的数学研究从此开始稳步增长,而在 Nature 中的数学研究却在持续下降,这种差异一直保持到 20 世纪结束。虽然这种情形是我们不愿意看到的,但确是计量出的真实结果。因而将二者进行叠加处理,才可以更客观地反映学科发展的态势。

从总趋势曲线看,20 世纪数学学科发展有一种清晰的随时间递减的态势。在 20 世纪的最初 10 年是数学研究的高峰期,之后的近 30 年间虽然呈现衰减趋势,但仍然处于高水平研究态势。在 30 年代中后期有一个研究的反弹,但转而就开始回落,在 70 年代初降到整个世纪研究水平的最低谷,之后的 20 年有稳步回升的趋势,但整体地看来已经达不到 20 世纪初的兴盛了。

从图 4-9 显示的地球科学发展曲线看,两条曲线反映出在 20 世纪地球科学研究态势基本上是相契合的，仅在 80 年代的研究水平有一定的悬殊。在 20 世纪前 60 年中，体现在 *Nature* 中的地球科学研究整体上略微高于 *Science* 中的研究水平。相一致地，在最初 10 年时研究最活跃的时期，之后研究状态平缓，继而下滑，相同地在 50、60 年代陷入研究的最低谷。70 年代开始稳步增长，到 80 年代体现在 *Nature* 中的研究水平高于 *Science* 中的水平，但后 20 年基本上保持在相对平稳的研究态势。

从总趋势曲线看，地球科学研究在 20 世纪最初的 10 年是最高潮期。在这之后衰落，在 30 年代略有反弹，但进入 40 年代又出现骤降，到 50 年代降到研究的最低谷。随着时间的前行，地球科学研究在 60 年代末又开始迅速回升，从低迷的状态走出来，到 80 年代到达新的饱和期，之后就处于一个相对稳定的态势上，进入 21 世纪有望将这样的稳定态势持续下去。

二、人文社会科学发展态势对比分析

首先，我们依据 *Nature* 和 *Science* 内容的计量结果中，得到的人文社会科学学科编年曲线图进行比较，并通过数据叠加分别呈现出每个学科总体上的曲线（图 4-10、图 4-11）。

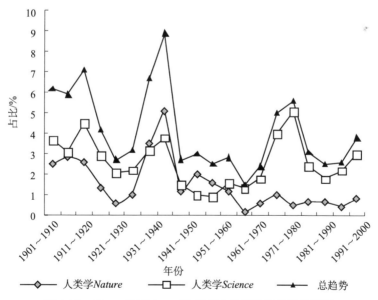

图 4-10　*Nature* 和 *Science* 20 世纪人类学发展曲线比较图

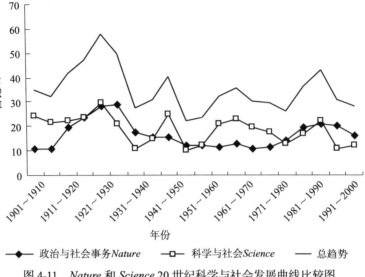

图 4-11   *Nature* 和 *Science* 20 世纪科学与社会发展曲线比较图

从图 4-10 显示的人类学发展曲线看，20 世纪在 *Science* 中的人类学平均研究水平是 2.6%，大于 *Nature* 中的平均值 1.52%，因此人类学 *Science* 曲线基本上高于人类学 *Nature* 曲线，只是在 30 年代末当 *Nature* 处于研究最高峰时超出了 *Science* 中的研究水平。在 *Science* 中的研究最高峰出现在 80 年代初期，但二者的研究最高水平比值是相同的，均为 5.1%。还有一个态势是共同的，即从 40 年代开始人类学研究出现衰退，在 *Nature* 中显示这种衰退的趋势一直持续到 20 世纪末，而在 *Science* 中显示衰落了 30 年后又有反弹，但到 20 世纪末的递减态势是一致的。

从人类学总趋势曲线看，虽然整个世纪有起伏，但还是有递减的趋势。最初的 20 年是整个世纪人类学研究的一个小高潮。在短暂衰落后在 30 年代末一跃成为人类学研究的鼎盛期。此后呈低迷态势，50 年代是最低潮期，在 70、80 年代出现明显的反弹，但没能和 20 世纪初的研究水平相媲美，到 20 世纪末期人类学研究还处于低水平上的增长。以此来看，未来的人类学研究也将保持在低态势上继续缓慢增长。

从图 4-11 显示的科学与社会发展曲线看，二者所代表的研究水平基本上是持平的，都占据着较高的信息量。相比而言，二者的百年研究高峰期是一致的，都出现在 20 年代。在 40 年代与 90 年代的前期各有相同的一个研究小高峰，其余时间都基本上平稳发展。*Nature* 中的递减趋势明显，而 *Science* 在 20 世纪末也出现了衰减趋势，因此，在未来科学与社会的关系仍然非常紧密，会极大地影响着科学的发展，但要在 *Nature* 与 *Science* 中出现高的承载量，则与社会的发展态势有绝对的关联。在平稳的社会发展下，科学与社会的关系也将在一个稳定的态势上。

从科学与社会的总曲线看，整个世纪的兴盛期明显处于 20 年代，40 年代中后期是最低谷。即使是在科学与社会走出兴盛期时，也保持在一个相对较高的水平上发展。这说明科学与社会之间复杂而多重的关联，是科学发展重要的影响因素，也是未来科学发展不可忽视的要素。

三、应用科学发展态势对比分析

我们首先依据 *Nature* 和 *Science* 内容的计量结果中，得到的应用科学学科编年曲线图进行比较，并通过数据叠加分别呈现出每个学科总体上的曲线（图 4-12、图 4-13）。

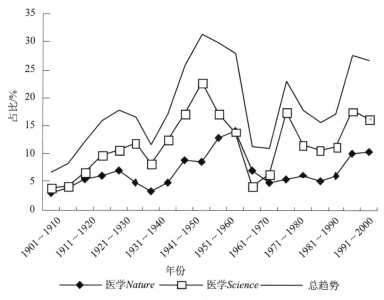

图 4-12　*Nature* 和 *Science* 20 世纪医学发展曲线比较图

从图 4-12 给出的医学的 20 世纪发展曲线比较图看，二者所代表的研究水平持有非常类似的发展态势，特别是在 20 世纪的前 60 年中，均呈现为最初 30 年的稳步上升，在 30 年代初回落之后又猛增，到世纪中叶，即 50、60 年代达到研究的最高峰，但明显的快速衰落继而出现，在后 40 年的时间里，两条研究曲线呈现出不同，*Nature* 表现在低水平上稳定发展，而 *Science* 表现出的是一定限

度上的增长。二者在 20 世纪最后的 10 年间都出现了小幅增长。预计未来医学
发展都是呈现增长态势的。

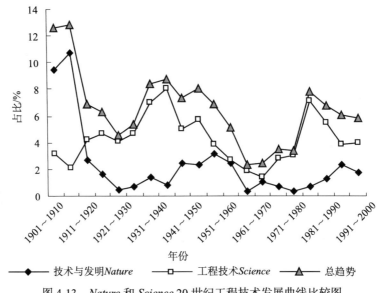

图 4-13   *Nature* 和 *Science* 20 世纪工程技术发展曲线比较图

结合二者的比较研究，呈现出的从医学总趋势曲线看，20 世纪整个发展态
势就越发清晰：整体上看 20 世纪的医学无疑是呈现上升态势的。在 20 世纪初
期是整个医学发展的最低谷期，20 世纪初的前 30 年是持续增长的态势，在 30
年代初出现了一个小的缓慢时期。此后迅速、大幅度地猛增，持续到 20 世纪中
期，即在 1945～1950 年达到研究的最高峰，此后慢速递减，到 60 年代出现一
个研究的新的低谷期，但是没跌落至 20 世纪初期的低水平。在 70 年代后期还
有一个明显的回升，以及 20 世纪最后 10 年的迅速回升，都在预示着 21 世纪医
学的更大的、更快的发展前景。

从图 4-13 给出的工程技术的 20 世纪发展曲线比较图看，在二者工程技术所
表现出的态势有比较大的差距。最初 10 年表现的差距最大，在 *Nature* 中异常突
出，而 *Science* 中却比较低；此后 *Nature* 中趋势是逐渐递减的，而 *Science* 中逐
步递增，分别在 50 年代达到最高峰和最低谷，此后继续相悖发展，直到 60 年
代后期发展趋势一直呈现下降态势，在 70 年代到达最低谷，此后二者都在缓慢
回升，到 20 世纪末基本发展水平保持了同步趋势。

结合二者的比较研究，呈现出的从工程技术总趋势曲线看，整个 20 世纪技
术与发明创造的黄金期是世纪初期。此后是锐减的一个转折，近 30 年代回升，

在 40 年代末和 50 年代初出现一个新的技术与发明繁荣期，但没有超过世纪初期的水平。显然在一个高涨期之后跟随着的是一个递减，在 60 年代中期到了研究最低谷，此后缓慢回升，80 年代有一个研究小高峰出现，到 20 世纪末期还是呈现了较高的研究水平上的递减态势。

四、与国内外对 *Nature* 和 *Science* 相关研究的比较分析

1. 匈牙利和德国学者共同研究的"应用文献分析法对多学科和综合性期刊中论文的逐条目进行的学科分类"[①]

文章讨论了类似于 *Nature* 和 *Science* 这样的综合性期刊，在基于（*Science*）SCI 文献学研究中存在着严重缺失。虽然文章对 *Nature* 和 *Science* 的讨论旨在通过 *Nature* 和 *Science* 内容的硬学科分类和"不确定"类的百分比来说明这个分类法的缺点，并不是专门对其内容的学科分类做的探讨，但我们对其中的研究可以有所借鉴。图 4-14 是截取自其中的饼状图。

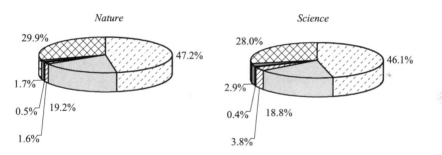

图 4-14　匈牙利学者 W. Glanzel 等的 *Nature* 和 *Science* 1993 ～ 1995 年学科分布饼状图

图 4-14 中显示，在 1993 ～ 1995 年这 3 年中，*Nature* 和 *Science* 的学科分布分别是：

Nature：生物学占 47.2%、物理学占 19.2%、化学占 1.6%、工程学占 0.5%、交叉科学占 1.7、不确定"占 29.8%。

Science：生物学占 45.1%、物理学占 18.8%、化学占 3.7%、工程占 0.4%、交叉科学占 2.9%、"不确定"占 29.0%。

① W. Glanzel, A. Schubert, H. J. Czerwon. An item-by-item subject classification of papers published in multidisciplinary and general journals using reference analysis. Scientometrics, 1999.44, （3）, 427-439, 其中第 434 页.

原文中指出："*Nature* 和 *Science* 的主要科学领域分布轮廓是相似的。约占 30% 的'不确定'类别需要进一步给予学科分类，也即依照（*Science*）SCI 的学科分类体系对于 *Nature* 和 *Science* 这样的综合性期刊内容的学科分类是有缺陷的。文章中进而提出利用参考文献法来确定综合性期刊的文章学科属性。""还有约 2/3 的论文是生命科学，约 1/4 的论文是物理学和小部分的化学和工程。" 一是说明二者确实是综合性很强的期刊；二是说明在自然科学领域中生物学是最大的关注点，其次是物理学、化学和工程学。

将此结果与我们研究的结果（见 *Nature* 和 *Science* 学科总比较图）进行比较来看，在整个 20 世纪中这几个学科分布是：

生物占 23.95%、物理学占 7.75%、化学占 8.2%、工程学占 3.25%、其他占 12.1%。

如果也只考察我们计量结果中和图 4-14 的饼图一样的 1993～1995 年的内容，数据分布会略有变化，但整体上差距不超过 2%。于是可以比较看出，生物学占很大的比重是共同的，显然我们的所占比例要小于饼图的结果；其次是物理学和化学，以及其他（不确定）项所占比值都有差异。

针对原文我们最后指出，他们所讨论的年限仅为 3 年，是有很大局限性的。而且原文没有提供计量考察的方法、选取的哪些栏目的内容、原始数据等细致的说明，因此对于我们的计量研究的结果是没有影响的。

2. 匈牙利学者对 *Nature* 和 *Science* 进行了国家发行模式和引证分析 [①]

文章开篇指出："发刊于 1869 年的 *Nature* 和 1880 年的 *Science* 两个刊物，从创刊起这两个综合性的期刊就成为世界上最广泛、最可读性的期刊。但对于这两个期刊出版模式的定量方面的研究之前却很少有关注。"文章对这两份期刊的内容进行了国别分布的讨论，我们选取其精华内容做一参考分析。

文章中分析说，从表 4-2 的两份表格可以看出，在 *Science* 中美国（占 88.11%）是占主要份额的，在 *Nature* 中尽管没有绝对的压倒之势，但也是美国（占 44.81%）是主要的论文制造者。表 4-2 还可以说明，*Science* 可以被认为是纯粹的美国时代，*Nature* 显示了更具有国际化的形象，尽管在 *Nature* 中美国和英国同其他国家相比而言仍然是两大"巨头"。

① T. Braun, W. Glanzei, A. Schubert. National pubilcation patterns and citation in the multidisiplinary mournals *Nature* and *Science*. Scientometrics, 1989, 17（1-2）:11-14.

表 4-2　匈牙利学者 T. Braun 等的 *Nature* 和 *Science* 1981 ～ 1985 年国别统计数据表

	Nature			*Science*	
Country	No.of papers	%	Country	No.of papers	%
USA	3613	44.81	USA	5056	88.11
UK	2047	25.39	Canada	191	3.25
France	380	4.71	UK	83	1.45
FR Germany	325	4.03	France	70	1.22
Canada	281	3.49	FR Germany	58	1.01
Australia	250	3.10	Japan	43	0.75
Japan	230	2.85	Australia	42	0.73
Switzerland	147	1.82	Switzerland	29	0.51
The Netherlands	122	1.51	Israel	27	0.47
Sweden	89	1.10	Sweden	23	0.40

原文进一步从表 4-3 两个表格可以看出："最明显的特点是居于首位的瑞典，它对两个刊物都有最高的引证率，下一个突出位置的是瑞士。另两个有突出表现的是日本和法国，二者如今在科学用语中英语都占据绝对位置，他们克服了语言障碍的不利因素是有证据的。"

表 4-3　匈牙利学者 T. Braun 等的 *Nature* 和 *Science* 1981 ～ 1985 年引证率国别数据表

	Nature		*Science*	
Country	RCR	Country	RCR	
Sweden	1.92	Sweden	2.00	
Switzerland	1.78	France	1.52	
Japan	1.46	Switzerland	1.80	
USA	1.18	Japan	1.13	
FR Germany	1.17	USA	1.00	
The Netherlands	1.01	UK	0.95	
France	0.92	Canada	0.87	
UK	0.77	FR Germany	0.86	
Canada	0.62	Israel	0.79	
Australia	0.46	Australia	0.68	

虽然本书没有对国别进行讨论，但在计量过程中还是非常关注我国的研究内容的。从匈牙利学者的研究中可以清楚地看出，无论是发表的论文还是对论文的引证率，排名中根本没有中国，也就从中说明中国在国际权威期刊的参与度和关注度都是不够的，需要引起我国的重视，这对于 21 世纪中国成为科技大国是有重大警示作用的。

3. 日本的七位学者对 *Nature* 和 *Science* 分两个大方面进行了比较研究[①]

一是总的比较，包括每篇文章的作者数、第一作者的研究所国别、第一作者主要研究的学科以及收稿日期到发表日期的时间间隔。二是从日本作者的视角看，分析了日本作者的数量、日本作者在作者中的排序以及其中体系的关系。但这个研究仅仅对 1981 年、1982 年、1983 年这 3 年中发表于 *Nature* 的"论文"和"来信"栏目、*Science* 中"论文"和"报告"栏目中的内容进行随机抽样，分别从 *Nature* 和 *Science* 中抽取出 153 篇和 152 篇文献来进行分析，最终得出"*Nature* 比 *Science* 更国际化"。显然这么有限的数据为基础做研究，难以代表 *Nature* 和 *Science* 真正丰富的信息。虽然文章有很大的缺陷，但我们还是对其研究结果进行了分析。

表 4-4   日本学者 **K. Kaneiwa** 等的 *Nature* 和 *Science* 1981 ~ 1983 年学科分类统计表

	Nature (n=153)	*Science* (n=152)	Total (n=305)
medicime	32(%)	36	34
bioiegy	25	17	21
science	30	28	29
engineering	4	8	6
agriculture	3	2	2
humanities	3	8	6
others	3	1	2
total	100	100	100

表 4-4 在原文中显示的是发表的 *Nature* 和 *Science* 中文章的第一作者所研究的学科分布情况，显然，"二者的学科分布略有不同，但总的来看，均为医学和生物学占 50% 还多"。文章在最后指出："*Nature* 和 *Science* 中大多数的作者从事医学和包括生物学在内的生命科学，这些事实也反映了科学技术目前的发展趋势。"

与我们研究的结果进行比较看，20 世纪 80 年代 *Nature* 和 *Science* 中生物学和医学共占 38.5%、40.0%，均低于上文中的 57% 和 53%，显然上文中的选择年代有限，仅仅三年数据，而且所选仅两个栏目，数据出现悬殊是一定的。但都

① Kaneiwa K，Kaneiwa J, et al. A comparison between the journals *Nature* and *Science*. Scientometrics, 1988, 13（3-4）:125-133.

反映出生物学、医学确实占据很大的比例，是未来科学发展的重心。这一点毋庸置疑。

4. Kendall Haven 教授从人类历史上精选了 100 个最伟大的科学发现[①]

这些发现是对已有知识、生命、思维的彻底改变，提出的新概念、新思维对于人类科学与思维的发展都产生了重大的影响。科学发现产生的过程是人类史上最重大的、最关键的信息，代表了世界最辉煌的科学成就。因为科学发现是人类进步和发展的重要标签，今天的发现将会是明天的世界。科学发现决定着科学的方向、科学家的信仰以及我们的世界观。

在 Kendall Haven 的《人类历史上 100 个最伟大的科学发现》中，20 世纪的发现正好占 50%，19 世纪占 30%（而 17、18 世纪各占约 10%），从公元前到 18 世纪的内容占 20%。其中 Kendall Haven 提供了学科分类检索，笔者对其计量发现，20 世纪的 50 个最伟大的发现中有天文学 7 个，占 14%，化学有 3 个，占 6%，物理有 15 个，占 30%，地球科学有 7 个，占 14%，生命科学有 3 个，进化与人类解剖学有 7 个，医药科学有 8 个（后三者合起来为生物学，共 18 个，占 36%）。显然，生物学最多，次之是物理学，此两者是人类历史上最伟大发现中的核心学科，远远多于其他自然科学发现。再次是地球科学、天文学、化学。

将此结果与我们研究的结果进行比较来看，*Nature* 和 *Science* 学科总比较图中显示生物学和医学共占 32.75%，是最受关注的学科，与 Kendall Haven 内容的计量结果接近一致。其次的物理学、地球科学、天文学、化学研究所占比重有一定的差异，但基本上受关注程度是一致的，共同构成了 20 世纪的自然科学。

第三节 *Nature* 和 *Science* 共同反映出的 20 世纪科学发展态势

我们以 *Nature* 和 *Science* 百年六大基础科学学科总趋势、医学与工程技术代表的应用科学总趋势，以及人类学和科学与社会为代表的人文社会科学总趋势中得出的相应百分比为依据，绘制出两份期刊共同呈现出的科学学科分类比较

---

① Haven K. The 100 greatest science discoveries of all time. Westport, CO: Libraries Unlimited，2007.

柱形图（图 4-15）以及曲线比较图（图 4-16）。

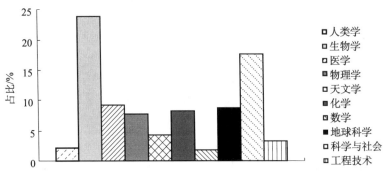

图 4-15　*Nature* 和 *Science* 共同呈现的科学学科比较柱形图

从 *Nature* 和 *Science* 两份期刊共同呈现出的 20 世纪学科分类比较柱形图来看，整个 20 世纪各大学科所占的比例依次分别约为：人类学占 2.06%，生物学占 23.95%，医学占 9.3%，物理学占 7.75%，天文学占 4.3%，化学占 8.2%，数学占 1.75%，地球科学占 8.8%，科学与社会占 17.55，工程技术占 3.25%。在所有学科中，研究态势最为突出的是生物学，远远超出其他学科所占的份额，是 20 世纪所有学科中发展最繁盛的。有国内学者根据美国基本科学指标数据库（ESI），对 1993～2003 年的科研成果进行统计分析中指出，"从世界科学领域中两个比较重要的刊物 *Nature* 和 *Science* 发表的文献来看，在 18 个领域共发表文献总量中分子生物学与遗传学领域论文发表量最高，占总量的 13.85%，其次生物学和生物化学领域的占文献总量的 12.70%"[①]，这两者加起来表明十年中两份期刊总的生物学研究份额是 26.55%，略高于我们百年计量的结果，但均能充分说明 20 世纪生物学是毋庸置疑的最受到关注的自然科学学科。其次是科学与社会，在 20 世纪受到越来越多的关注是必然的，一方面与科学本身的社会化和社会的科学化密切相关，另一方面两份期刊的综合性、兼容性和广谱性也促使科学与社会相关内容刊载量增多，也即说明科学与社会受到的关注度增大。再次是医学，与人类自身的密切关系促使 20 世纪的医学取得重大进展的学科。最后依次有地球科学、化学、物理学和天文学这四个基础科学，次之是工程技术与人类学的研究，最低研究水平的是数学。

从图 4-16 所呈现的科学学科发展曲线图来看：在 20 世纪百年发展中，整体上明显呈现研究上升态势的学科是生物学与医学，整体上呈现下降趋势的是人

① 高柳滨，陈桦，江晓波. 从科研论文量看世界生命科学的发展. 生命科学，2003，15（4）：251～252.

类学、艺术与文学及数学；在 20 世纪初 10 年中处于研究最兴盛期的学科是天文学、数学、地球科学及工程与技术，反之处于研究最低谷的学科是医学与物理学；发展到 20、30 年代，历史学、艺术与文学、人类学、科学与社会这四个学科处于研究的最兴盛期，物理学也在 30 年代末期处于最兴盛，相反的生物学却处于研究最低谷；在 20 世纪后半叶，在 50 年代处于研究兴盛期的学科是医学、化学，而处于研究最低谷的是人类学、科学与社会及地球科学；进一步发展到 60 年代生物学达到研究最兴盛期，而天文学和工程技术却处于研究最低谷，到 70 年代历史学、艺术与文学以及数学处于研究最低谷，80 年代化学处于研究最低谷，到 20 世纪末期唯有历史学、艺术与文学呈现了明显的下降趋势，其他学科均处于相应的增长态势。

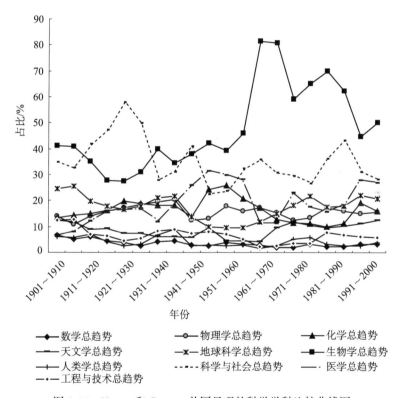

图 4-16 *Nature* 和 *Science* 共同呈现的科学学科比较曲线图

我们特别对 *Nature* 和 *Science* 计量分析所呈现出的六大基础科学总比值做了进一步的对比，如图 4-17 所示。

虽然每个学科发展都会出现不同时代的波峰和波谷，会在不同时期出现兴隆期或衰退期，但科学经过时间的累积呈现上升的根本趋势是一定的。这个图清晰地显示了剔除期刊的差异，剥离了学科的差异，将相对值在整体上呈现，看出 20 世纪科学的发展趋势，再一次证实整个 20 世纪科学发展的趋势是增长的，而且数据表明，在 20 世纪前后半叶均值分别为 20.05% 和 22.8%，后半叶上升了近 3 个百分点，尤其是表现在 60 年代初期出现的快速增进态势，然后 40 年也保持了高水平的科学发展态势。有研究表明，"科学发展的'饱和'极限在 22 世纪 50 年代，科学发展到科学饱和的极限还很远。事实上，我们今天很难设想一二百年后科学会达到怎样的水平，正如一二百年前的人们不可能想象得出今天科学发展的规模和水平一样。尽管我们曾经多少次预言科学发展的饱和状态，但科学发展总是一再否定这种预言"[①]。因而在 20 世纪科学发展仍然沿袭 18 世纪和 19 世纪科学发展的增长态势，科学仍然在持续快速地发展，推动着整个人类社会不断进步。但这并不意味着用以表示科学发展的动态曲线是持续增长的，具体到发展的特定阶段，科学发展一定是震荡变化的，在时间轴上或多或少地呈现出波浪起伏的震荡现象，但一定不是大起大落或骤然聚变的震荡，因此在长时间段上来看，从整体态势上看科学发展是随着人类心智的累积，具有明显的历史继承性，是在稳步递增地发展的。

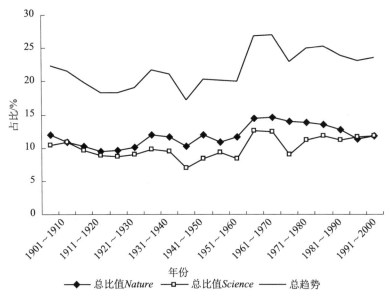

图 4-17　*Nature* 和 *Science* 呈现的六大基础学科总趋势比较曲线图

还需要指出的是，数据在大尺度上显示的趋势是可信的，也即科学在 20 世

① 徐纪敏著. 科学的边缘. 上海：学林出版社，1987：87.

纪整体态势上的增长是一定的，但针对某一个特定时期的计量数据看，会出现较大的波动。例如，很明显，在 20 世纪 40 年代中期出现学术研究上的"静默期"，持续到 50 年代末期。这与 20 世纪社会与政治环境的变化有着紧密的联系。到 60 年代科学研究出现大的革命性突破，并开始出现大量的国际合作和融合，科学发展步入快速增长期，也是与整个国际社会发展紧密联系的。

结合图 4-15、图 4-16 及图 4-17 做出的分析我们得出以下结论。

（1）生物学与医学是科学学科体系中受到高度关注，并表现出持续增长态势的学科，一方面这两个学科本身有着密切的联系，是相辅相成的关系，自然表现出互相促进共同发展的趋势。另一方面是这两个学科本身是与人类的基本需求和社会发展的基本动力相一致的，只有自然的"人"所需要获得的认识得以提升，具有社会性的能动的"人"才能带动其他因素的繁荣，这是符合人类学需求分析的。

（2）20 世纪初 10 年中处于研究最兴盛期的天文学、数学、地球科学及工程技术，一方面是沿袭着 19 世纪中后期的发展态势继续呈现的一种繁盛态势，另一方面是因为在 20 世纪初期这些学科本身有着巨大的发展和提升，我们将在第五章的学科发展态势中做详细的分析。

（3）20 世纪初期，医学和物理学的研究处于最低谷，但二者的研究态势是在整体高水平的状态下的研究低潮期。19 世纪末，医学的细菌革命和物理学天空飘过的两朵乌云，都已经说明二者的研究已经受到高度的关注，但新的变化还有待发生。

（4）20 世纪的 20、30 年代，历史学、艺术与文学、人类学、科学与社会这四个学科处于研究的最兴盛期，它们作为人文社会科学的代表性学科，是科学学科体系三维分类中的同一维度，发展的兴盛期处于同一时期，无疑说明有着共同的发展规律。一者是第一次世界大战的爆发，必然引发人们对时代的人文探讨；再者是物理学中三大发现引发的现代物理学飞跃，以及 20 世纪初期量子力学相对论的诞生，带来全新的时空认识。这些发展带来的是人类思维意识上的深刻变革，更多地体现在学科体系中的人文社会科学研究之中。

（5）物理学在 20 世纪 30 年代末期处于最兴盛期，相反的生物学却处于研究最低谷，这个态势是基于物理学的重大突破而出现的，现代物理学的诞生需要一定的理论积累，在全新的理论体系下才能带来最繁盛的研究态势。生物学相对而言是研究最低谷，也正说明生物学的革命爆发之前需要广泛地引入化学、物理学和数学的分析方法和实验技术。

（6）20 世纪 50 年代处于研究兴盛期的学科是医学、化学，继而 60 年代生物学达到研究最兴盛期，具体兴盛期先出现的顺序是医学、化学、生物学，充分说明这三者之间千丝万缕的紧密关联性以及存在的内在逻辑性，我们将在后文中详细论述。在整个 20 世纪科学发展态势中生物学革命的繁盛期是最醒目的，引发了新的技术发明与相关学科的兴起。

（7）20 世纪前半叶，整体上科学研究水平低于后半叶的科学研究水平，而且在第二次世界大战期间科学整体上处于"静默期"。但随后第二次世界大战带来的科学技术的促动大大刺激了自然科学基础领域的研究，对人文社会科学的影响没有自然科学的影响大。

（8）20 世纪末期绝大部分学科呈现了增长的态势，这是 20 世纪 60 年代科学突飞猛进的一种累积化的延续，以及全球和平环境和可持续发展的要求下出现的态势，为 21 世纪的科学发展奠定了良好的基础。

六大基础学科的发展所呈现出的 20 世纪科学发展表现出宏观更宏、微观更微，宏观和微观相结合的方向发展，即其一，不断深入地揭示各个自然领域中的微观过程，现代自然科学的各个基础学科在自己的对象范围内日益微观化。其二，继续致力于诸多宏观现象的研究，各门基础学科在广泛渗透和相互交叉的整体化。

物理学的微观化是基础科学微观走向的基础，20 世纪初的 30 年间，基本粒子及粒子间的相互作用理论的提出，使原来研究大尺度或连续性现象的物理学科走向了量子化。化学也受其影响，用量子力学的原理和方法研究分子的微观结构的量子化学研究，也可以说化学走向了微观化道理。生物学的微观化越发明显，分子生物学的诞生和发展就是把 X 射线衍射技术应用于生物学研究，从而测定出氨基酸和近十种肽结构。天文学的研究视野更大，考察星团、星族、星系等大尺度领域的宇观乃至超宇观的研究。另外也从微观上分析天体的成分、结构和演化，如通过光谱分析推动星体的密度、化学元素组成、星体和地球的关系、星系演化等。这些都需要原子物理系、核物理学、基本粒子物理系的知识背景才可以探究。

第五章

20 世纪科学发展态势分析

内史是科学史研究的基础和起点，是科学学科特质的内在根据。通过上面的三章内容，我们在 *Nature* 和 *Science* 百年内容的计量数据的基础上详细地对20世纪基础科学、人文社会科学以及应用科学的发展趋势做出分析。但是这样的科学发展态势与科学发展的内史之间有什么必然的联系？科学的理论发展是如何决定了我们分析出的科学发展态势的？反过来，我们通过数据的得出的态势能否对内史发展做出有效的解释？等等一系列问题，需要我们深入关注20世纪科学发展的理论内核，为科学发展的计量结果提供有效合理的分析说明。

20世纪产生了众多的科学技术成果，它们是人类对世纪认识的重大突破。世纪之初以量子力学和相对论为先导的物理学革命，改变了物理世界最普适的基础理论，成为20世纪重大科学发现和技术发明的理论基石；DNA双螺旋结构模型的建立，标志着人类在揭示生命遗传奥秘方面迈出了具有里程碑意义的一步，奠定了生物技术的基础，对现代农业和医学的发展产生了深远影响；信息科学的发展为计算机科学、通信技术、智能制造提供了知识源泉，并为人类认知、经济学和社会学研究等提供了理论基础；大陆漂移学说和板块构造理论，对地震学、矿床学、古生物地质学、古气候学具有重要的指导作用；新的宇宙演化观念的建立为人们勾画出了基本粒子和化学元素的产生、分子的形成和生命的出现，乃至整个宇宙的起源和演化的图景。

随着基础研究的重大突破和市场的强劲拉动，使人类在技术领域获得了前所未有的成就，能源、材料、信息、航空航天、生物医学等领域发生了全新变化。新能源技术为人类社会发展提供了多元化的动力；新材料技术为人类生活和科技进步提供了丰富的物质材料基础，推动了制造业的发展和工业的繁荣；信息技术使人类迈入了信息和网络时代；航空航天技术拓展了人类的活动空间和视野；医学与生物技术的进展极大地提高了人类的生活质量和健康水平。

如此众多的科学技术成果，其对人类社会的影响已经深入到社会、经济、政治、文化等多个层面。

因此，我们仍然采用科学学科大类，即基础科学、人文社会科学及应用科学三大类，从其中的各个学科发展的内史视角，对 20 世纪的理论革命和技术革新做出阐释，以期对前文的计量分析结果给予关联性解释。

第一节   20 世纪基础科学发展态势研究

一、20 世纪生物学发展态势

由 *Nature* 杂志授权出版的《自然百年：21 个改变科学与世界的伟大发现》[①] 中收录的第一篇生物学原始论文就是 1953 年发表于 *Nature* 杂志的，由美国生物学家沃森（J.Watson）和英国物理学家克里克（F.H.C.Crick）所合作的 "DNA 双螺旋结构"，这篇划时代的研究发现，不仅仅改变了生物学的世界，甚至改变了整个科学的图景。

但在此之前，生物学经历了一段艰难的历程。20 世纪初，以孟德尔定律的重新发现拉开了现代生物学的序幕，随之是摩尔根用实验证实了孟德尔所假设的 "遗传因子" 就是 "基因" 将遗传学从个体遗传学推进到细胞遗传学，最后在分子水平上探讨了遗传的机制，到 20 世纪 40 年代，粗具规模的现代遗传学正在孕育着分子生物学的诞生，也进而成为分子生物学的核心部分。因此，20 世纪前半叶生物学研究在平稳地行进中，其中较为突出地表现在了 20 世纪初的遗传学的兴起，在我们计量得出的生物学总趋势中有一致的体现。

直到 1953 年双螺旋结构模型的提出，不仅揭示了自然界千差万别的生物种群和个体在遗传物质结构与遗传机制上的统一性，也开创了分子水平上认识生命现象的分子生物学，宣告了分子生物学的诞生。它是一篇具有划时代意义的伟大的科学发现，被誉为是 20 世纪改变科学和世界的伟大发现之一。DNA 以及伽莫夫提出遗传信息的传递从 DNA 到 RNA 的中心法则一起奠定了分子生物学的基础，是 20 世纪生物学发展的一座里程碑。它揭开了生物学研究新的一页，

---

① Laura Garwin，Tim Lincoln. A Century of Nature：Twenty-one Discoveries that Change Science and the World. Chicago: The University of Chicago Press，2003.

引发了生物学领域的一场革命。我们计量所得的生物学发展态势为"以50年代为分水岭，前半叶研究以20世纪初期的水平为最高，而后半叶以60～70年代为兴盛，最后在20世纪末出现新的可能的增长"。彰显着20世纪生物学研究有三次革命性进展：第一是20世纪初孟德尔遗传定律的重新发现和摩尔根的基因论；第二是20世纪中期沃森和克里克的发现，使人们认识了生命物质的结构基础；第三是20世纪末基因重组等现代生物技术的出现，彻底改变了生命科学的研究现状。对20世纪生命科学的内史发展的探寻为本书计量分析得出的发展态势做了最本质上的支撑，那么20世纪生物学发展的特点与态势归结为以下七点。

（1）拓展了生物学各分支学科的研究领域。生物本身以多样性为基本特征，它们种类繁多、形态各异、结构复杂、功能各异；但生物学的发展也告诉我们生物界又有同一性，都以细胞为生命活动的基本单位，有同一的遗传密码，都在进化的产物等。因此，从不同的视角和层面研究与认识生命活动的规律就产生了许多不同的生物学分支学科。随着分子生物学的兴起，各分支学科都有了更加深入而广阔的研究。譬如，以微生物（细菌、病毒、真菌等）为研究对象的微生物学进入了分子层面的研究，成为体系生命科学发展的前沿学科；以细胞学说为标志的细胞生物学深入到分子水平，开始研究细胞结构与有机体进行生命活动的关系；对生命的物质组成和化学过程进行研究的生物化学，也开始在分子水平上研究生物结构和机能。这样转变了传统生物学研究的重点，拓展了生物学的内涵，极大地推动了生物学的发展。

（2）实现了从生命现象的外观描述到认知生命本质的转变。经典的生物学研究是对自然界动植物的形态描述和系统分类，到生物结构组织、系统发育、种群进化等宏观的、表象的揭示；分子生物学的兴起，对生命现象的研究逐渐从个体深入到细胞、亚细胞和分子水平，从静止地观察描述发展到动态地代谢分析。现代生物学研究走向微观的、机理的、本质的解析，是人类认知自然、认知自我的巨大飞跃。这是生命科学在研究本质上的飞跃。

（3）提升了学科地位，使生物学在20世纪成为科学发展的主学科。从以上的计量分析数据可以看出，在整个20世纪对生物学研究是其他自然科学研究成果的2～3倍。这说明现代生命科学已经成为当前自然科学各领域中最为活跃，发展最为迅速的领先学科。尤其是分子生物学研究的深入到生命本质，将为哲学、伦理学、经济学、医学等提供鲜活的事实。

（4）引发了一场现代生物技术革命。分子生物学对于以遗传工程为核心的新的生物工程技术的兴起打下了牢固的科学基础和实验的技术基础。生物工程技术运用基因重组、细胞融合、细胞或组织培养和生物传感器等工程技术原理，加工生物材料或组建具有特定形状的新物种或新品系，因而以基因工程为核心的生物工程正在引发一场现代生物技术的革命。

（5）加深了同其他自然科学甚至是社会科学的联系。进入 20 世纪，在生物学研究中就广泛地引入化学、物理学和数学的统计分析、实验技术等理论和方法，使生物学取得了突破性进展。如今诸如生物化学、生物物理学、生物数学、生物地理学等交叉学科和边缘学科不断丰富和发展，进而生物学与农业、医学和环境科学等，还有与哲学、社会科学等领域都在相互渗透。

（6）生物学从小科学发展成大科学。20 世纪 80 年代，科学家开始了在分子水平上对人类基因的结构和功能进行研究的人类基因组计划，涉及了美、英、德、日、法、中等国的参与，到 20 世纪末的最后一年，人类基因草图绘制工程已告完成。这样具有明确的目标、在较长时间内进行的跨国合作的研究方式表明，生物学研究已经进入了大科学时代。

（7）实现了生物学到生命科学的学科转变。生物学是研究动物、植物和微生物的生命物质的结构和功能，它们各自发生和发展的规律，生物之间以及生物与环境之间的相互关系的学科。"生物学"一词是法国博物学家拉马克（J.B. Lamarck）和德国博物学家特来维拉纳斯（G.R.Treviranus）于 1802 年分别提出的。生物学发展到 20 世纪 50 年代，所涵盖的内容已经远远超出了已有的界定，因此开始用生命科学来表述。生命科学是以生命物质为研究对象的自然科学总称。它涵盖了研究生命的起源及其物质结构和功能活动的基本规律，以及在医、药、农等领域中应用的基本原理和方法等学科。在欧美等发达国家，自然科学就分为两大类：生命科学与物质科学。权威期刊 *Science* 中给出的学科分类就是这两大类，进而说明生命科学的涵盖之广。

20 世纪，生物学发展经历的三次激动人心的革命，带动了 20 世纪末生物学研究的热潮，在生物学总趋势图中，生物学在后半叶的高增长得到了极好的印证。从 20 世纪生物学发展的特征中我们知道，生物学在研究内容、研究方法、研究重点、研究尺度等上都得到了充分发展，难怪有众多的学者预测说，"21 世纪是生物学世纪"，那么生物学未来可能的发展趋势如下：

（1）各种学科交叉带来的多学科融合将不断深入。除了生物化学、生物物理、生物数学等比较成熟的交叉科学之外，生物医学、生物地层学、生物地质学、生物政治学、生物哲学等新兴学科正在逐步发展成型，逐步推动和促进生物学与其他自热科学和社会科学的联系与发展。

（2）各个水平层次上开展生命科学研究。英国生物学家彼得·梅达沃（P.B.Medawar）在谈论分子遗传学时指出："现在生物学学科即在分子和细胞水平上研究，又在整个生物体水平上研究。此外，还有在群体水平上研究"① 分别致力于从分子结构的角度来解释生物学现象，从细胞生物学角度、以整个生物体为研究对象、以群体或生物体群落为研究对象的、不同生物学水平分析层面来进行研究。

（3）人类基因组研究推动下的组学研究将是生命科学研究的制高点。人类基因组研究将继续推动涌现出一系列的新学科，如基因组学、蛋白质组学、结构基因组等的兴起，它们对于生命功能的产生的揭示必将取得突破性进展；人类基因组学和蛋白质组学研究的不断深入，人体复杂系统的组成元件将得到足够的信息量，加上数学和计算机技术的进一步发展、复杂系统研究方法上的突破，人们将有可能在人体和细胞复杂系统研究方面取得突破。

（4）生命科学将呈现大规模的科研合作。1990 年 10 月启动的美、英、德、法、日等国合作的"国际人类基因组计划"，目标是绘制出人类基因图谱并破译影响人类遗传的基因密码。1999 年，中国也加入该计划。类似的生命科学研究都在大科学研究范畴之中，必然要求并促成国际性的科研合作。

（5）生命科学将实现精细分析和广阔综合的统一。建立在大科学观基础上的生命科学的研究空间急速拓展，甚至建立视宇宙万物为生命，天人合一的大生命观，并以生命观点看待一切所有，从而找到人类的本有位置和最佳生产方式，对解决人类自身、人与人、人与自然的协调发展起到根本的作用。这样广阔的综合研究取向必然要求建立在生物研究精细分析的基础上才能实现。

（6）生命科学研究与技术的关系将更加密切。一方面是生物学研究逐步依赖于生物技术与应用，充分利用先进的科技成就，包括精密的、自动的实验仪器，快速、高性能的计算工具等，进行多层面的生命科学研究。另一方面，生命科学的发展带动了生物工程领域中具有潜在生产能力的高新技术，以及实现改造生物体的生命工程的开发。譬如，人工智能就是需要从生命科学的角度揭开大脑思维的机理，需要利用信息技术模拟实现这种机理。科技发展的一个重要趋势是"实现人体特别是大脑功能的延伸"，有可能出现生物个体和芯片的复合体，比如，把具有一定功能的芯片植入人体以加强人体的功能等。

正如 *Nature* 的主编坎贝尔所说：目前对生命科学的研究仍然局限在局部细

---

① Maddox J，Campbell P，路甬祥.《自然》百年科学经典（第四卷）.北京：外语教学与研究出版社，2010：853.

节上，尚没有从整个生命系统角度去研究，未来对生命科学的研究应当上升到一个整体的、系统的高度，因为生命是一个整体。21 世纪的生物学也有重大难题和奋斗目标：后基因组学、蛋白质组学和人类疾病的消除、脑科学、生物如何进化、生命如何起源等问题。对于生命科学的 21 世纪新发展，我们共同期待。

二、20 世纪化学发展态势

沿袭着 19 世纪近代化学以原子和分子结构学说、元素周期律、化学热力学和化学动力学等为核心内容的研究发展，20 世纪初期化学研究仍然以此为前沿顺势继续发展。但随着物理学三大科学发现（X 射线、放射性和电子）揭开了化学发展的新序幕，化学理论研究获得了重大的突破，以此为依托的化学应用也取得了迅猛的发展，也就在 20 世纪初期实现了从近代化学到现代化学的深刻变革。

继此之后，基本的化学分支发生了震荡变异，新兴的化学分支不断兴起，化学与物理生物、医学等学科进行了深入的渗透与融合，奠基于 20 世纪初期的现代化学体系到了 20 世纪 50 年代得到了进一步的充实和发展，化学发展呈现了欣欣向荣的局面。但不容忽视的是，在现代化学发展中，一方面学科自身内部基本化学分支界定变得模糊，另一方面在与物理学、生物学、医学等学科更加深入的融合过程中，逐渐地丧失了独立的学科地位，在夹缝中不断消微甚至产生了消退。在 20 世纪末期，借着微电子和计算机技术的突飞猛进，以及广阔的化学应用领域的要求，化学研究又找到了新的发展契机，化学依然是自然科学不可或缺的中心科学，是人类赖以生存的保障性学科。

结合上文计量得出的化学发展的总趋势：在 20 世纪 30 年代有个小高峰，40 年代前期处于第一个研究低谷。之后快速增长到 50 年代达到了研究高峰期，随着时间的推移，又在 60 ～ 70 年代出现骤减，致使 80 年代又处于一个研究的低水平上，但在最后 10 年化学研究又有了一定的回升，又出现了一个研究的小高峰。我们可以清晰地看到，20 世纪初期的现代化学体系的建立为化学研究带来了发展的小高峰，凭借着分子生物学和量子物理学的发展，化学学科在 20 世纪中期研究达到最高峰，但随之而来的是化学学科的边缘化和被蚕食化，化学的研究滑落到低谷。20 世纪末又出现的化学研究态势的回升，在力图依靠学科大整合来对人类面临的共同难题进行破解和攻克中，化学也一定可以找到学科研究更多的切入点，进而在不久的未来达到更加飞速的、更加广阔的发展。在对 20 世纪化学发展做内史上的梳理和考证中，不仅对本书计量的结果给予了学理上的分析和支撑。对于 20 世纪化学发展的特点与态势归结为以下七点：

（1）化学从原子的科学过渡到分子的科学。近代化学被认为是研究化学变化，即原子不变的科学，在以元素周期律的指引下，不断地发现新元素成为近代化学研究的重心。到了 20 世纪，物理学的重大进展将人类认识拓展到了原子内部，物理更多地关注原子的更深的结构层次，然而化学研究却不再是发现新元素，而是集中到了合成新分子，因而现代化学成为分子的科学。1900 年，从天然产物中分离出来以及人工合成的已知化合物为 55 万种，到 1999 年化合物总数高达 2340 万种，这百年的时间里是以指数函数的加速度向前发展的，合成或者分离出的新物质的数量和质量已经成为化学成就的重要衡量指标[①]。

（2）传统的化学学科分支在逐步拓展中渐进消解。无机化学在量子力学、谱学技术和计算机的应用中，将宏观性质和反应与微观结构联系起来，将物理、生命与化学等诸运动联系起来揭示性质与规律，已经超越了传统上的无机化学界限。有机化学不断向无机、高分子、生命科学、医药、分子材料等学科渗透。20 世纪中期人工合成胰岛素以及 80 年代 C60 的发现，将无机界与有机界，以及二者与生命界的统一起来，消除了无机与有机的传统界限。

（3）基础化学有了深入的发展和更加清晰的界定。分析化学在 20 世纪初从一种技术演变成为一门科学，随着物理学的发展，到 20 世纪中期，经典的化学分析开始步入了仪器分析的新时代，化学分析也超出了定性、定量的局限，走向了全面信息测定的自动化和智能化时期。现代分析化学已经发展成为一个密集的和众多分支学科如色谱学、波谱分析、生化分析等相交织的庞大的分析科学体系。作为化学理论基础的物理化学学科在 20 世纪前半叶，从微观角度出发，以量子化学与结构化学为带头分支学科，并与国民经济发展密切相关，在 20 世纪后半叶得到了飞速的发展，成为基础科学领域最具活力的学科之一。

（4）新兴学科在学科交叉中逐步涌现。生物化学和高分子化学是两大新兴的化学分支学科。在 20 世纪初随着化学与生物学的结合，兴起了研究生命现象的化学本质的生物化学学科，到 20 世纪中期，生物化学从细胞水平走向分子水平，生物有机化学与分子生物学融为一体，生物化学进入了一个蓬勃发展时期。以合成橡胶、合成塑料和合成纤维为代表的高分子化学兴起于 20 世纪初期，在

---

① 徐光宪. 21 世纪是信息科学、合成化学和生命科学共同繁荣的世纪. 化学通报，2003（1）：3-4.

30年代末形成了学科体系，在50年代后有了蓬勃的发展，耐高温高分子材料和精细高分子材料的发展尤为迅速。60年代始，化学研究逐步利用电子技术、计算机技术以及网络通信技术，出现了计算机化学、化学计量学等新兴交叉学科，也促使化学研究，如结构解析、分子设计和合成路线设计等不断革新。

（5）化学学科发展带动了化学工业的大发展。化学工业是以化学手段为方法，根据需求对各种物种进行一系列的化学处理，以达到预期的、为人类服务的目的。以石油化工、煤化工、合成化工、染料和涂料化工、化肥和农药等为代表的化学工业在20世纪得到了快速的发展，现代化工以精加工和人工合成为主要发展方向。化学工业对于工农业和国防建设、环境保护、新能源开发，以及生物、医药和材料工业诸多方面都发挥着重大的作用，是国民经济和社会可持续发展的重要支撑。

（6）化学发展带来的环境问题促使环境化学的兴起。20世纪的化学显示出重要的社会价值的同时也成为环境污染的主要元凶之一。环境问题需要生物学、地球科学、物理学、医学、社会科学、工程技术等学科的交叉与综合来探索解决，因此20世纪后期环境化学越来越凸显出它的重要性，环境恶化的祸因还要依靠化学自身取得的进步去化害为利。

（7）化学发展要求"化学"概念等元理论研究不断加以完善。化学定义的词条数目众多，化学定义的内涵随着化学的发展不断完善，从最简单的"化学是研究物质的组成、结构、性能以及相互转化的科学"到"化学是研究分子及其近层次物质性能、构成、演变、应用诸运动规律的科学"[①]，化学发展需要基于化学适应发展的时代表述。

20世纪的化学发展无疑取得了空前辉煌的成果，但化学在学科交叉和融合的夹缝中不断呈现消退危险，现在西方各国的化学会也注意到化学有被边缘学科蚕食的危险。德国化学会的总干事 Heindirk tom Dieck 说：由于化学没有产生出一些引人注目的、昂贵的像人类基因组或太空探索这样的大工程计划，因此被社会看低了。英国 Nature 杂志评论指出："化学形象被与其交叉学科的成功埋没"，"当其他学科从自己的成就中声名远扬时，化学往往发现本学科中最辉煌的成就的名声被其他学科所占有"[②]。哈佛大学化学教授George Whitesides也曾指出许多化学中最有趣的部分往往被称作别的名字，化学家总是过于谦虚和本

---

① 魏光，曾人杰等.重申人类赖以生存的科学——化学的定义.科学学研究，1998（12）:28.
②《自然》杂志社论.化学形象被与其交叉学科的成功埋没.科学时报，2001-6-8（3）.

分。①面对新时期化学的边缘化问题,化学必须在学科交叉渗透,在研究主题大量融合化的大趋势中寻求自身发展的研究主题,21世纪的化学将攻克新的难题,寻求新的突破口。对化学科学未来发展可能的趋势预测如下:

(1)化学学科将在学科纵横交叉中发展。一方面,化学本身学科内部传统分支之间相互交叉融合已经成为现实;另一方面,化学与传统的自然科学之间的渗透也成为必然;进而,现代化学已经同生命科学、材料科学、信息科学、环境和生态科学、能源科学等一系列新兴学科之间有着密不可分的联系。这些交叉的深度和广度都将继续。

(2)生命化学探索将成为化学研究的一大主流。21世纪是生物学的世纪,当生物学进入分子水平层面的时候,研究生命过程的化学机理,就是从分子水平来认识生命,可以为整体研究生命提供基础,生命化学将以仿生和解析生命现象为主要目的来发展前行。

(3)材料化学将在21世纪得到更大的发展。在化学新分子和新化合物在20世纪有了近似指数级的增长速度之后,化学已经不再满足于合成新分子;要继续将分子拓展成为分子材料,以生物医用高分子材料为例的精细高分子材料是发展主要方向;纳米尺度上的材料制备更是化学的一个未来研究的难题。

(4)高效计算机信息处理将在化学中受到更高的应用。利用计算机技术手段对化学和化工信息资源化和智能化处理成为必需。计算机手段对于化学数据挖掘、辅助分子设计、合成线路设计、化学过程综合与开发及化学中的人工智能等都有重要的作用。

(5)化学的应用性研究还将是一条研究主线。化学研究对于生命科学、能源科学、环境科学、医药科学,以及精细加工和石油化工、粮食增产有关的化肥农药的重视,无不显示了化学研究与人类生存和发展的高度关注。化学不仅要认识世界、改造世界,更要保护我们的世界。

徐光宪院士指出21世纪化学的四大难题,即化学反应理论、结构与性能的定量关系、生命现象的化学机理以及纳米尺度难题②,这些难题的解决是21世纪化学研究的伟大目标。在21世纪生命科学大发展的世纪,化学难题的攻克必将对生命科学的发展带来深远的影响。我们期待着能在化学领域开拓出更加美好的未来。

---

① 徐光宪.21世纪是信息科学、合成化学和生命科学共同繁荣的世纪.化学通报,2003,(1):6.
② 徐光宪.21世纪是信息科学、合成化学和生命科学共同繁荣的世纪.化学通报,2003,(1):7-9.

三、20 世纪地球科学发展态势

地球是我们赖以生存的家园，对地球的认识和探索一直伴随着人类的发展。最初人类通过对地理事实和现象的记述，对地理知识有了初步的积累。到了近代，人类开始着力于对地理事实和现象的进一步因果关系的解释，不同的解释带来了激烈的争论，如著名的火成论和水成论、灾变论和渐变论、固定论和活动论之争，为 20 世纪新的地球科学的诞生奠定了坚实的基础。

如同人类社会在 20 世纪所经历的世纪巨变一样，在百年的光辉历程中，地球科学突飞猛进、成就卓著，导致人们对日地空间、地球深部、海洋和极区的深度探索，形成了较为完整的"上天、入地、下海"的内容丰富的学科知识体系，地球科学逐步成为涵盖地理学、大气科学、海洋科学、地质学、地球物理学等众多分支学科的庞大的科学体系；地球科学的研究成果不仅有助于提高对人类所生息的地球本身的认识，而且其很强的应用性也使地球科学在资源供给及其持续利用、保护和改善环境、促进生态系统良性循环、协调人与自然的关系以及整体上为社会与经济发展做出了重大的贡献，对地球系统的整体性研究已经成为 21 世纪人类社会可持续发展的重要科学支撑。

纵观 20 世纪地球科学的发展历程，我们可以看出，在 20 世纪初期，由于现代物理学革命的影响，物理学的基础理论和实验手段逐步向地质学渗透，地球物理学这一重要的分支学科得以兴起，特别是 20 世纪 10 年代提出的"大陆漂移说"和"同位素地质年代"，掀起了地质学理论基础的革命序幕，近代地质学中的动力地质学和经典地史学两个主要分支相继发生了深刻的变革，实现了从近代地质学向现代地质学的历史转变。本书计量分析得出的地球科学的发展态势中的"地球科学研究在 20 世纪最初的 10 年是最高潮期"，也恰好印证了地球科学在 20 世纪初的迅猛发展态势。到 20 世纪 40 年代末 50 年代初，由于航海、潜海和探测技术的发展，人类在深海具有了与陆地同等的考察能力，海洋地质学迅速崛起，现代地质学研究领域拓展到了包括海洋在内的全球地质。特别是50 年代兴起的古地磁学研究，不仅为大陆漂移说提供了直接的证据，而且促成了 60 年代初的海底扩张说和 60 年代末的板块构造学说的提出，随后的 20 年间地球物理学、深海钻探、海洋地质等研究，为板块学说提供了新的资料和证据，"三大学说"构成了名副其实的现代地质学革命，本书的计量分析结果"随着时间的前行，地球科学研究在 60 年代末又开始迅速回升，从低迷的状态走出来，到 80 年代到达新的饱和期，之后就处于一个相对稳定的态势上"，也反映了地球科学的这一革命性的发展变化。在 20 世纪的最后 20 年间，地球信息系统技术的出现，乃至空间数据基础设施的建设和"数字地球"战略的提出，以及航天航空技术的发展，人们开始把地球看做一个包含着大气、海洋、地质、环境等复杂内在因素的动态星体，一个与外太空有着紧密联系的发展的系统，地球科学向着一个综合性、系统性、整体性的大科学方向发展。

借助于对地球科学 20 世纪发展变化的考察，结合本书计量分析结果，对 20 世纪地球科学的发展特点与态势归结为以下八点：

（1）地球科学发展成为多层次多学科的庞大的网络体系。地球科学以包括大气圈、水圈、岩石圈、生物圈和日地空间在内的地球系统的变化和相互作用为研究对象，包括了地理学、大气科学、海洋科学、地球物理学、地质学，以及诸如地球信息科学、比较星质学等在内的若干分支学科和边缘学科；而且这些学科之间的交叉和互动，以及与外部学科，如生物、化学、天文学等基础学科之间的渗透和汇合在持续频繁地进行。

（2）地球科学研究的时空尺度范围不断扩大。大气科学中天气现象的研究分秒之间瞬息万变，时间单位小至分秒，而地球和外星球的诞生到灭亡的研究尺度则到数亿年；再如矿物晶体中原子间的距离以"埃"来表示，而各星系之间的距离却可以达到数百万光年之上。可见地球科学研究的时空尺度所涵盖的内容近乎无所不包。

（3）革命性的学说在地球科学发展中起到了突出的作用。最典型的如 20 世纪初的大陆漂移说的提出，震撼了经典地质学的理论基础，继而为了寻求大陆漂移的驱动力，海底构造新理论海底扩张说到 60 年代得以确立，之后提出的板块构造说使地质学在一个高度上获得了全面的综合，板块构造学的革命意义堪与日心说在天文学史上的革命意义相媲美，也就足以体现重大学说对于学科发展起到的革命性的作用。

（4）地球科学的发展很大程度上依赖技术手段的进步。20 世纪初的物理学实验技术手段为动力地质学提供了支持，航海潜海探测技术的进步支撑着海洋地质学的发展，航天航空技术为月球地质学、行星的星质与地球的地质相比较研究提供了可能。空间信息的获取和处理、物质能量的测试、地理过程的模拟技术，成为现代地理学发展的强大技术手段。全球观测与通信网的建立，气象雷达、红外和微波遥感以及全球定位系统广泛应用于大气科学的研究等。

（5）地球科学逐步向数字化信息化方向发展。在大气科学中各种现象几乎都可以表示成一定的数学模型，并借助计算机高速运行，进行数值模拟和预测，提高数值天气预报和气候预测的准确性。近几十年来，以遥感、遥测、遥控、自动化和电子计算机为基础的技术研究，出现了地理信息系统，乃至空间数据基础设施，并研究开发信息技术网络系统、地球科学数据共享系统等，向"数字地球"战略的实施不断迈进。

（6）地球科学的应用性不断增强。地球科学的研究与人类生存和发展有着密切联系，如大气科学研究成果在农业、林业、牧业、水利交通、航空、航天、通讯军事等方面都有广泛的应用；地球物理学对于勘探和开发石油、天然气、地热资源、金属与非金属矿藏等国民经济中重要的产业部门都有深刻的影响；空间物理学通过研究广阔的日地空间为航天活动提供了环境认识上的保障，提升本国在空间开发和利用的国际竞争，这将直接关系到国家安全和利益。

（7）灾害型地球科学研究受到重视。20世纪人类自身不得不面对的严重的灾害问题引起人类高度的重视，譬如地质本身引起的地震、火山、滑坡及岩爆等自然灾害，大陆沙漠化、环境恶化、资源短缺等威胁人类生存和进步，还有不可忽视的人为造成的环境污染、人口急增带来的土地压力、淡水减少等间接性的灾害等，面临严峻的挑战，必须加强管理地球科学的发展，确保人类社会的可持续发展。

（8）人地关系的协调共生成为地球科学研究的思维导向。一方面是人类凭借先进的科学技术逐渐对地球多圈层的影响加深加重，天然地质中的人为地质因素影响受到关切，要求人类理性、科学地对地球加以保护和利用。另一方面是人类面临的各种自然灾害，以及自身发展带来的人口、资源、粮食、环境、社会等问题加剧，都需要协调人地关系，形成良好的可持续发展的人地系统。

为了纪念 Nature 创刊125周年，在 Nature 中专门设置了"未知的领域"特刊讨论，其中专门讨论了"地球是如何形成的？"文章中指出，"在银河系中，无论是相互间能进行质量转换的 X 射线双星还是聚集在分子云中的有机分子，到处存在着一些特性和起源都不很清楚的天体。其中一个令人十分感兴趣的问题，那就是地球是如何在45亿年前形成的？这个问题的研究除了其本身具有的重要性外，还在于地球及其他地内行星都具有固体表面而木星以外的其他天体却非如此；通过研究该问题，我们就能获得有关太阳系整体演化有意义的信息，同时还可以对一系列银河系中存在生命行星的探索提供指南"。文章最后指出，"在地质上，地球仍处在有力、活泼、年轻和兴旺的时期，并且还会持续相当长的一段时间"。因此，我们可以看到，无论是对于地球本身，还是整个太阳系，地球科学的研究都将是21世纪高度关注的重点学科，只有当地球完全被认识时，也可以更容易认识其他的内行星。展望 21 世纪的地球科学发展，可能的发展趋势预测如下。

（1）地球科学的各分支学科将得到进一步的深入研究。未来海洋科学将得到迅猛的发展。因为发展海洋科学具有重大的经济效益和社会效益，大规模开发海洋已经成为 21 世纪的重大目标。地球物理学也将是极具活力的学科之一，对于地球空间的灾害性环境预报将是未来研究的焦点。

（2）地球科学与其他学科的交叉与渗透将更加深入。地球科学将大气、海洋、陆地和生物圈，以及外太空都看作一个完整的相互作用的体系，这就大大拓宽了研究领域，而且地球信息量的剧增，推动着学科之间的交叉和渗透，需要多学科跨学科综合的系统研究。

（3）人类活动对地球环境的影响受到更多的关注。人类作为地球动态体系中的一个重要的一环，对其影响力的研究受到重视。近 30 年来的观测和研究认识到，地球环境变化中除了地球自然力的作用之外，人类活动对地球表层和臭氧层的重大影响，甚至超过了自然力的作用。地球科学研究要求从人地关系角度审视环境的变化，为社会和自然的协调发展提出科学原理和方法。

（4）地球科学将大力借鉴计算机信息技术来拓展研究。地球科学研究将广泛采用高分辨率的观测系统、高灵敏度和高准确的分析测试系统、不同条件下的实验模拟系统、建立在动力学及高性能计算基础上的数值模拟以及数字化的地球信息系统。

（5）地球科学的复杂性、非线性研究加强。各个层圈内的物质运动规律和相互作用都是非常复杂的非线性问题，大型高速电子计算机的应用将推动地球科学进行复杂性和非线性的研究。

（6）地球科学的应用性研究将不断深入。地球科学在解决资源、环境、灾害和地球信息问题能力将进一步加强，预测能力继续提高，并拓宽社会服务的功能，为国家的决策者和国际论坛提供事关人类生活质量和可持续发展以及国家安全的科学基础与咨询。而且地球科学还将大力开展资源调查、土地评价、城乡规划、国土整治、环境保护、防灾抗灾、旅游开发与农业生产基地等应用性研究。

（7）地球科学研究将朝着大科学方向迈进。地球科学中具有前沿性和原创性的研究，都不仅仅需要将地球以及其各个圈层作为一个整体，更需要将区域性的研究同国际地球科学整体研究趋势，以及全球性信息和全球其他地区、国家研究进展的及时掌握，区域性是通向全球的窗口[①]。因而地球科学研究将向宏观更宏、微观更微、宏观微观相结合的方向发展，而且大型综合研究和国际间的交流合作、国际间的双边多边及全球性合作交流将日趋频繁。

国际地质科学联合会主席布雷特在第30届国际地质大会上指出："今后世界面临的两个主要问题，第一是过度消费，第二是人口的过度增长。"[②] 自然灾害、能源需求急增、资源短缺、环境恶化、人口增长对土地的压力等直接威胁着人类的生存与进步，空间开发国际竞争也直接关系到国家安全和利益。理智地认识到人类可能面对的危机，全面深入地认识人类生存的地球环境，将是未来地球科学发展的原动力。

四、20世纪数学发展态势

正如其他所有科学领域一样，数学在整个20世纪的面貌也发生了巨大的变化。尽管数学学科和其他自然科学学科相比，在学科性质上更接近理性、工具性而表现出相对的、更强的稳定性，但从数学研究对象、方法以及哲学基础上的论证，导致数学学科在20世纪的开始到终结，都处在不断摸索和探寻的理论最前沿，为更好地服务于其他自然科学的发展，数学未来的研究趋势值得探讨。

就在19世纪行将结束的1897年，国际数学家大会成立了；恰逢20世纪到来之际，1900年在巴黎召开了第二届国际数学家大会；希尔伯特在大会上提出了20世纪面临的23个问题，涉及数学基础问题、数论问题、代数和几何问题、数学分析等问题，对这些问题的探究极大地推动了20世纪数学的发展。

在数学基础方面，1903年英国数学家罗素发现了被公认为统一现代数学的理论基础的康托尔无穷集合论中存在悖论，引发了数学基础的新危机，也带来了20世纪数学基础领域的大变革。随后的30余年间，围绕数学基础问题，逻辑主义、直觉主义和形式主义三大学派进行了激烈的论争，推动了现代数学基础的变革，也成为新兴起的布尔巴基学派及其结构主义的前导。在数学基础方面，20世纪前30年无疑是最为丰富和兴盛的研究期。

在代数、几何和分析等问题上，20世纪初期抽象代数中的群论、环论、域论都有了突破性的进展，最后范德瓦尔登于1930～1931年出版《近世代数》，

---

① 地球科学发展战略研究组.世纪之交的地球科学发展展望.世界科技研究与发展，2001，23（1）：11.
② 胡夏嵩.从三十届国际地质大会看地球科学研究的现状与发展前景.地学工程进展，1997，（1）：57.

对代数系统做了理论上的综合。同样地，泛函分析也在20世纪初期约40年时间内发展起来，并在量子力学、数学物理方程等方面得到了初步的应用。另外，1914年形成点集拓扑学，经过20世纪初的近40年时间的发展，拓扑学已经成为活跃的数学分支。在数论方面，以华林问题、素数定理和哥德巴赫猜想的进一步解决为代表，解析数论得到了深入发展。

到了20世纪中后期，代数拓扑学、微分拓扑学、代数几何学以及非标准分析等新的纯粹数学分支兴起并得到迅速发展。区别于高等分析、高等代数和高等几何为主体的"老三高"，以抽象代数、拓扑学和泛函分析为代表的"新三高"成为纯粹数学研究的最前沿学科。不可忽视的是，应用数学在20世纪中期的迅猛发展，"从战后至今，由于应用数学得到了比较充分的发展，一个以横向型应用数学、管理性应用数学、技术性应用数学和工具性应用数学为基本分支的现代应用数学体系初步形成。所谓横向性应用数学，主要指系统论、信息论和控制论这一类新的横向科学；所谓管理性应用数学，主要指运筹学这一类新的应用数学；所谓技术性应用数学，主要指计算机科学、计算数学这类新的应用数学；所谓工具性应用数学，主要指数学物理方法、统计物理这一类传统应用数学"[①]。在20世纪后期介于纯粹数学和应用数学之间的模糊数学、突变理论兴起，区别于"老三论"，即系统论、信息论和控制论，而逐步形成了突变论、协同论和耗散结构论为标志的"新三论"。

本书计量得出的数学发展的总趋势为"20世纪数学学科发展有一种清晰的随时间递减的态势。在20世纪的最初10年是数学研究的高峰期，之后的近30年间虽然呈现衰减趋势，但仍然处于高水平研究态势。在30年代中后期有一个研究的反弹，但转而就开始回落，在70年代初降到整个世纪研究水平的最低谷，之后的20年有稳步回升的趋势，但整的看来已经达不到世纪初的兴盛了"。从以上的数学发展史看来，无论是数学基础性研究，还是纯粹数学的发展都兴起于世纪初期的30余年内，特别是基础数学的大论战就在此期间展开，因此在我们计量分析和数学内史分析中都充分说明这段时期是20世纪数学发展的繁荣期。此后即使有应用数学的突飞猛进，也都被应用于其他的自然科学和应用科学之中，而未能体现在数学发展的态势之中，因而数学发展保持了低水平的稳步发展态势。未来的数学因其工具性和理论性的特质而必然持续稳步推进。对20世纪数学发展的特点与态势我们归结为以下六点。

---

① 童鹰.现代科学技术史.武汉：武汉大学出版社，2000: 310-311.

（1）数学内容的拓展使得数学走向了高度抽象化。抽象化是数学的一个自然的本质属性，数学在经过 20 世纪的发展之后，无论是纯粹数学还是应用数学，其研究内容、研究形式、研究方法等的抽象程度逐步加深。以代数学为例，集合的点、相应的代数运算、公理条件都变得抽象，形成的代数系统又是高一层的抽象，代数系统之间的比较研究成为更抽象的泛代数，将同一种代数以及同态映射一起考虑，产生范畴论。这样的逐级抽象化程度的加深，是数学发展的必然趋势。

（2）数学基础的研究使统一性成为数学思想的主线。20 世纪初期的无穷集合悖论引发的数学基础危机，导致了逻辑主义、直觉主义和形式主义的大讨论，此后的布尔巴基学派用结构的观点重新统一数学基础，使得结构成为一条主线贯穿 20 世纪的数学，"而结构观念的提出正是通过相互联系使数学趋于统一，全面发展。这正是 20 世纪数学发展的重要特点"①。

（3）纯粹数学的研究使数学成为整个科学技术研究的思想库。纯粹数学（又称基础数学）是数学的核心和灵魂。在 20 世纪，纯粹数学发展出了包含数理逻辑、数论、代数、几何、拓扑、泛函等众多的分支学科，并源源不断地产生出新的研究领域。它们不仅成为数学其他分支学科的理论基础，而且也是其他自然科学、工程技术，甚至是社会科学等领域普遍适用的语言、工具和方法。

（4）数学的应用性日益增强。一方面，应用数学的研究成果卓著，特别是 20 世纪中后期与计算机科学的全面结合渗透，崭新的应用数学体系形成，对其他自然科学、工程技术、管理、经济、金融、社会和人文科学都产生了重要的影响。另一方面，纯粹数学中具有超前性的高度抽象的理论体系，也有了实际应用的价值。例如，抽象代数应用于计算机科学、晶体物理、图像设计等之中；拓扑学应用于生物学、经济数学等之中；数论应用于编码理论、通信理论等之中。

（5）数学与其他科学的交叉渗透趋势明显。数学的发展使得数学有了全面的、多角度的、全方位的应用，体现在数学分支学科之间内部出现的交叉和融合，更体现在数学在其他科学技术领域的渗透和广泛性的应用，甚至是社会科学也表现出了日益数学化和形式化的特性，并将定性的分析和定量的描述相结合。

（6）数学与计算机的相互依存是 20 世纪数学发展的一个突出特征。计算机本身是抽象数学成果对人类文明的贡献，反过来计算机的设计、制造和改进使用都给数学提出了挑战性的问题。计算机与数学的相辅相成形成了若干边缘性

---

① 胡作玄.20 世纪的纯粹数学：回顾与展望.自然辩证法研究，1997（5）：3.

学科，如计算数学、计算物理学、计算化学、计算生物学、计算经济学等，为解决科学难题提供了最新的研究方式。数值模拟、理论分析和科学实验（包括新型的数学实验、计算机实验）鼎足而立，成为科学研究的三大支柱。

回顾20世纪的数学，巨大的发展比以往任何时候都更加牢固地确立了数学作为整个科学技术的基础的地位，数学正突破传统的应用范围计划向所有的人类知识领域渗透，并越来越直接地为人类物质生产和日常生活做出贡献。国际数学联盟（IMU）专门将2000年定为"世界数学年"，宗旨就是"使数学及其对世界的意义被社会所了解，特别是被普通公众所了解"。人类欣然跨入21世纪的时候，预计未来数学发展的趋势如下。

（1）数学的纵深发展要求数学在交叉融合中寻找新的生长点。数学发展已经形成了众多的数学分支学科，而且具备了各自相对系统的理论和明确的问题和方法。数学的理论先行性必然使得数学的逻辑推演向更加深入的方向发展，应用数学也在众多学科中发挥不可替代的作用。面对如此庞大的数学体系，未来的数学发展必须在自身发展的同时，面向更加广阔的科学领域，在学科交叉中寻求的新的生长点。

（2）数学在高精尖的科研领域将起到决定性的作用。数学作为自然科学研究，特别是理论思维的方法，具有极强的普适性，数学在与计算机结合之后，更加成为现代科学技术研究离不开的普适工具。譬如，天文学中超新星的爆发过程、地球科学中的地壳运动、人类认知和人工智能、机器人等探究，诸如此类难以在实验室进行的科学研究，将通过计算机和数学模型来模拟实验，在大科学时代，数学和计算机的科学研究手段将起到突出的作用。

（3）数学与计算机结合出的新型学科及其技术产品将在未来成为最活跃、最具经济效益的科学技术。一方面数学建模与仿真、智能控制与设计、数理经济学及数学金融学分支直接渗透进经济研发领域，直接影响着金融发展。另一方面技术产品随着信息时代的到来影响着人们生活的方方面面，最活跃和最具经济效益必将是被时代、被21世纪所叹服的。

（4）随着通信技术和软件工业的发展，未来各种"数学计算公司"将出现，形成繁荣的"数学市场"。未来的数学技术公司将为企事业单位、国防科技部门、工程技术部门、政府机构部门、教育部门等提供各种数学服务，如问题咨询、数学解题、构建模型、设计算法等类型的服务。[1] 数学将在21世纪特别关

---

[1] 徐利治. 20世纪至21世纪数学发展趋势的回顾及展望（提纲）. 数学教育学报，2000，9（1）：4.

注切实有效的大众服务性应用发展。

就在 20 世纪行将结束的 1998 年，克莱数学促进会成立了；恰逢又一个新世纪年到来之际，2000 年在巴黎召开了千年数学大会；在大会上公布了七个"千年大奖问题"。正如著名数学家怀尔斯（Wiles）在发布此千禧年悬赏问题的记者招待会上说："我们相信，作为 20 世纪未解决的重大数学问题，第二个千年的悬赏问题令人瞩目。有些问题可以追溯到更早的时期，这些问题并不新，它们已为数学界所熟知。……我们坚信，这些悬赏问题的解决，将类似地打开我们不曾想象到的数学新世界。"

五、20 世纪物理学发展态势

《自然百年：21 个改变科学与世界的伟大发现》[①] 是由 *Nature* 杂志授权出版的在 *Nature* 上首次发表的 20 世纪引起轰动的科学成果的原始报告。其中，列出了 20 世纪共 102 项最伟大的科学发现年表，其中物理学占总数的 27.5%。在 21 项最伟大的发现中，物理学占总数的 23.8%。21 项最伟大的发现中 20 世纪前半个世纪只有 5 项，5 项中就有 4 项是发生在 1940 年之前的物理学重大成就。再结合前文计量研究分析的结果，"物理学科在 20 世纪头十年是研究的最低水平，之后持续增长到近 30 年代末时达到研究最高峰，由于 *Nature* 和 *Science* 在 40 年代之前都呈现上升的态势，因而总趋势中增长的态势越发明显"。从计量的数据充分说明，在 20 世纪物理学是自然科学的基础，是自然科学研究的核心领域，尤其是在 20 世纪前 40 年，是物理学研究成功最丰硕、影响最深远、最具革命性的时代，从根本上奠定了现代物理学的科学基础。"在 20 世纪的后面约四分之三的时间里，物理学并没有发生新的、基础性的重大变革，物理学的进展主要表现为相对论和量子论的推广应用。"[②]

20 世纪的第一年——1900 年的 4 月，正当英国物理学家开尔文伯爵指出古典物理学十分晴朗的天空中飘过的两朵乌云时，物理学的革命已经悄然在深刻的危机中孕育了。就在 1900 年年底，普朗克冲破了经典物理学观念的束缚，提出了量子化观念，标志着量子论的诞生；1905 年，爱因斯坦提出了光量子论、狭义相对论和质能关系式；1911 年，卢瑟福提出了原子的有核模型；1913 年，

---

① Laura Garwin，Tim Lincoln. A Century of Nature：Twenty-one Discoveries that Change Science and the World. The University of Chicago Press. 2003: 9.
② 路甬祥 . 百年物理学的启示 . 物理，2005，34（7）：472.

玻尔提出了原子结构模型，是量子理论发展重要的里程碑；1915 年，爱因斯坦建立了广义相对论，并在 1917 年提出了有限无边的静态宇宙模型；1924 年，德布罗意提出了物质波理论，是认识物质世界一个划时代的进展；1925 年，海森堡建立了量子论的矩阵力学；1926 年，薛定谔建立了量子论的波动力学，并证明了矩阵力学和波动力学的的等价性，二者统一组成了量子力学。从卢瑟福于 1919 年实现了人工核反应，标志着原子核物理学的诞生，经过了 1932 年查德威克发现了中子，到 1939 年费米发现了铀核裂变的链式反应，仅仅 20 年的时间，核物理学的实验基础和理论基础均已形成。至此，形成了以量子论、相对论和核物理学为主体的现代物理学体系。

上文的计量研究得出的物理学研究态势中指出："20 世纪中期是物理学研究的又一个低谷。接着在 50 ～ 60 年代中期回升，此后近半个世纪是基本上态势比较平稳的。"可以说，在 20 世纪初经历了急风暴雨式的科学革命之后，物理学有一段短暂的迂回期。1942 年，原子弹的研制计划开始，3 年之后，核物理学的物化技术成果原子弹爆炸，结束了第二次世界大战，但也给物理学的研究带来了一层阴霾。很快，物理学研究走出了低谷，继续在核物理学和粒子物理学，以及凝聚态物理学方面积极展开。1952 年，第一颗氢弹爆炸成功，1953 年玻尔的儿子提出了综合模型，还有其他的各种的原子核结构模型被提出。在受控热核反应的实现方面也取得了进展，特别是 60 年代初激光技术的问世，为热核反应提供了新的技术支持，继而成为核物理学研究的主要方向。在粒子物理学方面，50 年代中微子被观测到，费米提出共振态概念，随后一大批新粒子及其共振态相继被发现。基本粒子的夸克模型提出以及四种基本相互作用的统一理论的探索。以固体物理学、半导体与超导体物理学研究为主的凝聚态物理学在 20 世纪后半叶取得了迅速的发展，因其与实际技术应用联系紧密而成为活跃的物理学研究领域。还有光纤通讯的实用化、大规模集成电路计算机研制成功、计算机大量普及、互联网的兴起是 20 世纪末物理学研究带来的技术成效。因此，"物理学研究从 80 年代中期后增长趋势越发明显，意味着物理学研究在 20 世纪末出现了增长的态势"。

从物理学百年的发展史与本书计量分析结果的相互印证中，对物理学在 20 世纪的发展特点与态势我们归结为以下九点：

（1）对前沿难题的理论突破催生了物理学革命。发生在 20 世纪前期的物理学革命就是源于对接连出现的以太漂移、黑体辐射等现象与经典物理学理论的尖锐矛盾，为了对这些前沿难题给出科学的解释，导致了深刻的物理学革命，为物理学发展，乃至所有自然科学和技术的发展开辟了新纪元。在20世纪末也同样地出现了系列难题，期待新的革命能够孕育而生。

（2）新概念的层出不穷在20世纪的物理学发展中表现得尤为突出。譬如能量子、光量子、原子核、物质波、中子、强子、轻子等新概念，是在从研究实践中抽象化出来的反映某些共同属性的思维单位，是新物理学发展的基础，为新物理学理论研究提供了逻辑的起点。

（3）物理学研究的物质尺度不断向极限值穷追。20世纪的物理学研究从比地上物体大的层次，如行星、恒星、星系、本星系群、星系团、本超星系团延展到约200亿光年的大尺度，以及比地上物体小的层次，如分子、原子、原子核、基本粒子，乃至夸克，都是物理学研究的范围，在至大和至小的尺度上向极限值穷追。

（4）新技术、新仪器对物理学研究提供了坚实基础。物理学研究的物质尺度的增大无疑依赖于实验仪器与技术的改进。反射式望远镜、射电望远镜、卫星遥感技术等为穷追宇宙之际提供了技术支持；加速器、对撞机、激光器等的出现，使探寻粒子之微的威力大增。计算机技术的实用，也为物理学的数值计算、实验模拟等带来了极大的方便。

（5）物理学发展也极大地影响了技术学科和工程学科的进步。最典型的20世纪60年代物理光学中激光问世，随之激光技术迅速得到应用；纳米技术、航天技术、超导技术、信息技术，乃至生物技术工程都是物理学进展所带来的新型技术广泛应用，对人类社会产生了深刻影响。

（6）大规模的科研合作成为物理学研究的必然趋势。物理学研究的最大领域以及新型实验技术都要求研究者的科研合作，就以诺贝尔物理学统计分析看"获奖的项目有三分之二以上是由合作研究而获奖的"[①]。"在1931年的一些物理学研究论文的作者只有一两位，而如今一些大实验工程的研究成果论文的署名者竟有数百位之多，这也说明物理研究是多方面、多领域，大量研究人员的协作产物。"[②]

（7）物理学研究成果在社会生产和人们日常生活中的应用性增强。以凝聚态物理学为例，半导体和超导体物理发展，支撑着晶体管集成电路、微电子技术、超导电机，受控热核反应等应用性研究，是新技术、新材料和新器件的源泉，在高新技术领域起着不可替代的作用。

---

① 郭振华等. 诺贝尔物理学奖统计分析与述评. 现代物理知识，1996：292.
② 沈箎译. 物理学：从过去的75年看未来的75年. 世界科学，2006.9：3.

（8）物理学研究与其他自然科学、应用科学的交叉研究成为趋势。一方面，物理学研究依靠抽象的数学观念和推理，如数学的矩阵论和微分方程、黎曼几何、希尔伯特空间被应用于物理学理论研究之中。另一方面，物理学与天文学、化学、生物学、地理学、医学、农学等学科之间都有紧密的联系，如产生一些交叉学科，如化学物理、生物物理、地球物理等学科。

（9）物理学中大规模的科研计划与社会发展紧密联系甚至干预了社会的发展。例如，20世纪大科学的典型，即原子弹的研制就是基于1942年实施的曼哈顿计划，研制出的原子弹爆炸结束了第二次世界大战，同时也引发了核军备竞赛与国际战略格局的改变。又如，20世纪60年代的阿波罗计划，人类登上了月球，是人类文明史上的壮举，也是人类争夺太空竞赛的开始，对人类未来的发展将有着深刻的影响。

20世纪物理学发展高潮迭起、硕果累累，极大地推动了科学技术的进步，也改变了人们的生存状态和思维方式，在人类社会发展中也起到了举足轻重的作用。对于物理学发展的回顾和发展态势的总结，更是为21世纪的物理学发展提供一种借鉴。那么，物理学未来发展可能的趋势预测如下：

（1）传统的物理学分支学科进展将更多地关注于应用性研究。譬如声学在文化艺术和传媒中的重要应用性研究成为前沿；光学中继激光带来的飞速发展之后，飞秒高功率激光、激光冷却、光量子通讯等光学应用性研究显示出了广阔的前景；无线电物理中的电磁和电子信息的获取、传输、处理及利用，都是高科技的应用性基础研究，在未来都将获得深入研究和广泛应用。

（2）粒子物理与核物理学、凝聚态物理、等离子物理将是物理学中活跃的研究领域。物理学发展无论是最微小的物质结构层次还是最大的宇宙演化都离不开粒子物理与原子核物理。而等离子体是宇宙中95%以上物质的存在状态，因此等离子物理学研究是认识宇宙的前提。凝聚态物理学传统固体物理和新的准晶物理学、半导体超导体物理学是物理研究最大的领域。21世纪期待能在基本粒子领域实现又一次重大突破，即能够全面揭露基本粒子的内部结构和它们之间的相互转化、相互作用的规律，则人类社会的生活和自然科学的各个领域必将产生又一次新的巨变。

（3）大规模国际合作和共同开发仍然是物理学研究的必然趋势。对于地球能源枯竭、现有还是燃料与核电站带来的环境污染、生态危机等威胁人类生存的全局性问题，需要物理学理论与应用技术研究作出更大的进展，而这些重大

问题的解决和研究都不是单个科研机构、单个地区与国家能够承担的，都需要
大规模的国际合作与共同开发。

（4）物理学的发展还需要深度抽象化的数学提供理论工具。物理学发展历
程表明，高度抽象和深奥的数学语言对于理论物理学的观念突破有着重大的影
响。未来的物理学研究也将在抽象化的数学理论研究中得到借鉴。

（5）物理学发展将带动新的技术革命。物理学发展是科学革命和技术革命
的先导学科，最新发生的电子和信息革命也将在物理学的推动下继续深入，未
来可能将诞生量子计算机，量子隐形传态的实现将深刻影响信息技术的重大变
革。还有尖端的是材料物理学，将为21世纪重点发展的材料，如纳米材料、超
导材料、高性能复合材料、精细陶瓷材料、光电子材料、工程塑料合金、分离
材料、磁性材料和半导体材料提供理论支撑。

　　20世纪突飞猛进的物理学开始于19世纪末出现在物理学明朗的天空中的
两朵乌云，一朵与黑体辐射有关，一朵与以太漂移有关。这两朵乌云中分别诞
生了量子论和相对论，带动了20世纪整个物理学的进展，甚至是整个自然科
学的基础。如今20世纪的两朵乌云早已烟消云散，我们信步走进21世纪时，
物理学的晴空中还是不免有诸多疑云，有人提出"物理学五大理论难题：①四
种作用力场的统一问题，相对论和量子力学的统一问题；②对称性破缺问题；
③占宇宙总质量90%的暗物质是什么的问题；④黑洞和类星体问题；⑤夸克
禁闭问题"①。还有学者指出"当前面临许多困惑，最为突出的是两大困惑，即
'对称性破缺'和'夸克禁闭'，21世纪人们将揭开这些困惑的奥秘，它有可
能使现有的物理理论得到进一步的完善和发展，也有可能证明现有物理理论存
在根本性困难，从而孕育出新世纪的新物理学"②。早在1981年当代著名物理
学家惠勒就提出，"物理学中最大问题是协调量子论和相对论。我现在更鲜明
地说：量子论和相对论根本不协调"。物理学理论逻辑决定着它的发展史逻辑
结构。当代物理学基础，相对论和量子论，是历史上物理学的逻辑延伸，又是
未来物理学的逻辑起点③。也有人比拟成20世纪初的乌云，指出21世纪初物
理学的晴空中又降临了两朵乌云，一朵是暗物质，一朵是暗能量，这两朵乌
云又会带给我们什么呢？面对现今物理学前沿理论探索中的若干疑团和神秘
莫测，没有人知道是否会有新的、重大的突破，以及新突破何时会来临。但

① 徐光宪.今日化学何去何从？大学化学，2003，18（1）：4.
② 李兴鳌.从世纪之交的物理学看未来科技革命的走向.自然辩证法研究，2000，16（11）：44.
③ 董光璧.20世纪物理学思想的历史透视.自然辩证法研究，1997，13（4）：9.

我们坚信危机中一定孕育着革命的种子，让我们一起期待 21 世纪物理学的伟大进程吧。

六、20 世纪天文学发展态势

为了纪念创刊 125 周年，在 *Nature* 中专门设置了"未知的领域"特刊，其中刊载的讨论，如"大爆炸论的不足之处""最佳宇宙论""未来实验室""未得到解答的问题"等，都涉及 20 世纪的天文学研究，使我们认识到 20 世纪的天文学尽管取得了很大的发展，有了更深入的理解，但面对天文学中遇到的大量问题和新的观测引发的更大的困惑，20 世纪的天文学研究成果也仅仅是处于对浩瀚宇宙认识的初级阶段。

天文学是研究天体和其他宇宙物质的位置、分布、运动、形态、结构、化学组成、物理性质，以及起源和演化的学科。从远古的目视观测，人类就开始了天文学研究，历经几个世纪的发展，进入 20 世纪的天文学在物理学理论研究的基础上，凭借先进的观测手段获得了巨大的进展。在天体性质与演化方面，丹麦天文学家赫茨普龙于 1905 ～ 1911 年发现恒星有巨星和矮星之分，经美国天文学家罗素证实这一发现之后，1913 年"赫罗图"被成功绘制，揭示的恒星序列特性是天文学认识的一次飞跃。进入 20 世纪 20 年代，哈勃发现了河外星系，罗素分析出太阳的主要组成元素是氢，尤里发现了氢的同位素氘，到 1938 年美国的贝特和德国魏扎克同时提出太阳演化的热核反应理论，以太阳演化学为突破口的天体演化学取得了很大的进展。在现代宇宙学方面，1917 年，爱因斯坦提出第一个宇宙模型，即"有限无边的静态宇宙模型"；同年，荷兰的德西特提出了不断膨胀的宇宙模型；1922 年，苏联弗里德曼提出动态宇宙模型；到 1929 年，哈勃定律发现，说明宇宙在膨胀；1932 年，比利时莱梅特提出了"原始原子"的大爆炸宇宙模型，使宇宙膨胀模型成为最有影响力的假说。由此说明，在 20 世纪初期，天文学发展处于一个高峰期，这与我们计量结果显示"20 世纪初期是天文学研究的最高水平阶段"是非常一致的。

天文学发展在 20 世纪中期经过一段时间的沉寂之后，随着射电天文学的实验观测技术的迅速发展，天文学于 60 年代迎来了全电磁波段研究的新时代，取得了四项重大的天文学发现：1963 年，施米特最先发现了类星体，至今发现了有 2000 多颗类星体，但对类星体的进一步解释还是个谜，还急待解决；1964 年，彭齐亚斯和威尔逊测出了 3K 微波背景辐射，成为大爆炸宇宙学的重要依据；1967年，休伊什和贝尔发现了脉冲星，并判定脉冲星是有极强磁场的快速自转的中子星，是恒星在演化末期出现的一种天体，至今已经发现了400多颗脉冲星；1968年，汤斯等在星际云发现了氨，次年又发现了星际有机分子甲醛，至今已经有50余种星际有机分子。这四大发现引发了20世纪60年代天文学研究的热潮，这与我们计量分析得出的"天文学在50年代中后期有突然的一个增长"是相一致的。

天文学研究在20世纪60年代的大发现之后，在恒星演化学、星际分子学、粒子天体物理学等方面都有了更深入的研究，特别是在现代宇宙学方面，一种是稳恒态宇宙论，另一种是伽莫夫提出的"原始火球"大爆炸宇宙模型，由于3K微波背景辐射和河外星系红移现象的发现，大爆炸宇宙论得到了有力的支持，成为当代宇宙学极为活跃的学派。1989年，美国发射的天文卫星的测量证实了3K微波背景辐射的黑体性质，使大爆炸宇宙模型被广泛接受。这一理论的实验证实在今天仍然主导着天文学的发展方向。因此，正如本书计量分析所说："20世纪天文学研究70年代初迅速回升，增至几乎与世纪初同等高度的水平之后略微降低，但态势仍然在高水平状态，到20世纪末保持增长的研究势头。"

在对20世纪的天文学发展进行回顾时，结合本书对天文学计量分析结果，对天文学在20世纪的发展的特点与态势归结为以下五点。

（1）天文学的发展更多地依赖观测技术的革新，反之也是推动高技术进步的动力。天文学的研究对象遥远、信号又很微弱，因而天文学是最积极吸收和采用高新技术来探测研究的学科。20世纪40年代，大型光学望远镜、射电望远镜和空间探测器的出现，使天文学进入了全电磁波波段研究的新时代，从而带来了60年代的天文学四大发现。反之，天文学对微弱信号探测、高分辨率观测、精密计时和定位等的要求，促进了高新技术方法的发展，而且发展天文观测手段本身也成为天文学的重要任务之一。

（2）天文学与物理学的交叉与融合日趋紧密。尽管天文学的研究与自然科学的各个领域如数学、化学、生物学、力学、计算机科学等都有一定的关联，但与物理学的联系最为紧密。当代天文学的核心学科天体物理学，与理论物理、高能物理、引力理论、等离子物理、原子和分子物理、核物理、凝聚态物理和空间物理学等分支学科有着更加紧密的联系。

（3）天文学成为自然科学中最富有魅力、挑战和机遇的学科之一。人类对宇宙的好奇是天文学发展的永恒动力，又因为天文学研究对象形态多样、过程复杂、变化剧烈、物理条件极端、时空广延、手段先进，都使得天文学成为最为有吸引力、极具挑战性的学科之一。

（4）天文学的应用性研究直接影响着国民经济和国防建设。天文学中对于空间环境的研究、太阳活动的预报、人造卫星测轨应用，以及时间和纬度服务、历书编纂、航海航空的天文导航等方面，都与国民经济和尖端技术的联系非常紧密，从而直接影响着国民经济和国防建设。

（5）天文学观测逐步迈入全波段、认识逐步走向全息化。随着射电和空间探测技术的进步，到 20 世纪 70、80 年代人类突破地球大气的阻隔，观测天体的 X 射线、γ 射线、红外线、紫外线等波段的辐射，将光学和射电两个波段扩展到了几乎整个电磁波段。因为不同波段揭示不同天体的层次、不同辐射的机理，使天文学认识逐渐走向全息化。

20 世纪的天文学随着现代物理学和现代技术的发展，无论在研究深度和探索广度上均获得了空前的进展，跨入 21 世纪的天文学可能出现的趋势预测如下。

（1）天文学的发展仍然期待着与物理学研究的相辅相成。今天物理学研究的前沿和天文学研究的难题在理论研究层面上相互融合，物理学穷追粒子之微和天文学探寻宇宙之际汇集起来。因此 21 世纪天体物理离不开物理学理论与方法，而天文学上各种极端的天体条件又反过来成为物理学研究的可能的生长点。

（2）新型材料、精密机械、自动控制和信息技术的发展将增强天文观测的能力，从而带动未来天文学的发展。天文学研究离不开技术的进步和发展，技术的进步又期待未来新型材料和自动控制和信息技术的提升。天文学家的技术改进所达到的精确度和灵敏度之高，是未来天文学发展的关键。

（3）天文学研究将积极开展国际合作，进行联合观测和各国大型设备和数据的共享。尽管各国都在进行各自的天文观测，但为了人类共同的课题，天文学研究必须走国际合作的道路，将探测结果数据化并实现全球共享，才能应对大科学时代的天文学研究。

（4）天文学观测进入了"全波段、巨信息量、大设施联合运作"的时代。天文学观测进入了全波段时代，利用航天技术的发展，人类已经可以将各类的遥感探测器，机器人送到月球、太阳系空间及几个行星上去，将地面研究的手段应用到地球以外的天体。可以获得珍贵的精测和细测的样本。提高观测设备能力是天文学研究的必然要求，因此地面设备向巨型化发展，天文观测基地有望建立在月球上。

正如在 *Nature* 中设置的"未知的领域"特刊中指出的，譬如暗物质、宇宙年龄、轻同位素、暴涨、类星体、黑洞等一系列天文学遇到的困惑和难题，都使我们认识到"相比于天文学研究的空间辽远和时间的久远，人类的生存空间有限和经历的时间又很短暂，因此，当代宇宙学也就不能不处在自然哲学式的思辨和盲人摸象式的猜测这一极其幼稚的发展阶段"[①]。宇宙浩渺无垠，对于天文学中若干未知的谜团，都是人类无穷想象力和创造力的智慧源泉。宇宙是神秘的，等待着未来的天文学家去识破、去猜度。

通过对自然科学六大学科在 20 世纪的内史发展的考察，值得欣慰的是，各个学科发展的内史特性表现出的波动态势和内容计量得出的动态曲线基本上是相吻合的，在此基础上，我们归结出 20 世纪这些学科的发展特定和态势，进而对 21 世纪的学科发展做一定的预测，对于自然科学的新进展，值得我们共同期待。

第二节　20 世纪人文社会科学发展态势研究

鉴于本书计量分析的两份国际期刊 *Nature* 和 *Science* 中所涉及的人文社会科学内容丰富，但我们的计量分类中包含人类学，是两份期刊都关注的学科，特别是 *Science* 中有列为单独的类别，更值得我们分析。科学与社会，其内容包含了所有可能的人文社会科学类，我们就一起做个讨论。当然，在 *Nature* 中有历史学和艺术与文学的分类讨论，我们也不妨做一个简单的陈述。进而总结出 20 世纪人文社会科学的发展态势。

一、20 世纪人类学发展态势

人类学是从人的生物性和文化性两个大方面对人类自身进行全面研究的学科。一方面，人类学从人的生物性角度研究人类的体质特征与类型及其变化与发展的规律，包括从猿到人的转变过程和人类的进化历程，人体的体质形态、形成过程、地理分布及其相互关系，现代人各种体质特征与类型在个体间的变异、性别上的差异与年龄上的变化，人体发育中的体质发展与增进，以及由于生活条件、劳动和体育运动的影响而引起的体质结构的变化等。另一方面，人类学从文化角度研究人类的行为，包括人类文化的起源、发展、变迁的过程，

---

① 童鹰.现代科学技术史.武汉：武汉大学出版社，2000：289.

世界上各民族、各地区文化的差异，探索人类文化的性质及其演变规律。人类学的研究注重社会的文化维度的变化规律，并为促进人类社会不同族群之间的相互了解，为人类社会共同体的秩序和稳定提供了知识准备。

人类学大体上就这样被分为两大部分，即体质人类学和文化人类学。体质人类学（也称生物人类学）主要有人体形态学、古人类学、人种学和分子人类学等分支学科。文化人类学通常含考古人类学、语言人类学和民族学（即狭义上的文化人类学或社会人类学）三大分支学科。人类学从人类的生物性、演化历程到文化的起源、过去文化的遗存以及现代人类的种种文化行为等大范围研究，构成了内容极其丰富的、广泛的研究领域，它所包含的分支学科都是丰富和发展人类学研究的重要维度。

人类学产生于 19 世纪后半期的欧洲，当时主要以研究非西方资本主义的后进民族及其社会文化为学科对象，"主旨是对'他人文化'的探索，西方社会的人类学者列举人文类型的目的是在于说明西方文明是全球文化的最高境界"①，带有浓厚的殖民主义和欧洲中心主义的色彩。进入 20 世纪，欧洲社会和民族矛盾积累到不可调和的地步，爆发了第一次世界大战，迫使人类学者反省"本文化"的内在困境。这是人类学理论发展第一个阶段，先后形成了最为流行的英美进化论和德国传播论，我们计量分析的结果表明"人类学研究在 20 世纪最初的 20 年是整个世纪人类学研究的一个小高潮"，也恰好说明这个阶段人类学研究兴盛的形势。

从第一次世界大战之后到第二次世界大战结束被视为人类学发展的第二个阶段，以法国的社会学年鉴学派、英国的功能主义和结构 - 功能主义、美国的历史具体主义和心理学派为主流。他们承认非西方文化的客观合理性，否定文化的高低比较，从社会和文化的内部分析构造理论，形成了一个合力冲击原有的文化学说，表现出了多姿多彩的研究状态。本书计量分析结果中人类学研究在"20 世纪 30 年代末一跃成为人类学研究的鼎盛期"确实就出现在人类学研究的这个繁盛的阶段。而且 1934 年组建了国际人类学与民族学联合会，成为国际人类学界最具影响的世界性组织之一，也进一步说明 20 世纪 30 年代是人类学研究的鼎盛期。

从第二次世界大战结束到 50 年代后期是第三个人类学发展阶段，出现了理论的重新思考，在我们计量研究中呈现为一段低迷的态势。20 世纪 60 年代之

① 王铭铭.西方人类学思潮十讲.桂林：广西师范大学出版社，2005.5：4.

后是人类学发展第四个阶段①，提出了象征主义人类学、结构主义、马克思主义、文本学派等多元化的范式，形成了富有时代气息的理论话语空间，人类学研究的新领域、新分支学科不断涌现，人类学研究呈现了百花齐放的状态。在本书计量分析态势中也呈现了"七八十年代人类学研究出现明显的反弹，未来的人类学研究也将保持在低态势上继续缓慢增长"。

从20世纪人类学的发展历程回顾中，结合本书计量分析的动态与趋势，归结出人类学在20世纪发展的学科态势为：

（1）人类学研究对"自然人"与"社会人"两方面齐头并进。人类学以人为研究对象，包括了作为生物的人、自然的人的体质人类学一方，研究人类的生物特征、体质结构，以及不同种族的起源、分布、演变、形成等自然过程，无论是古人类学还是今人类学研究在20世纪均获得了极大的进展；还有作为社会的人、文化的动物的文化人类学一方，研究人类不同历史时期的文化和不同民族或者区域的文化以及对人的心理的建构、性格的塑造、行为的影响等文化过程②，在20世纪文化人类学研究更加丰富多彩。

（2）众多的新兴学科兴起不断拓展着人类学的研究。人类学经过20世纪百年的发展，逐步向多领域渗透，滋生出许多新兴分支学科，譬如认知人类学研究人类社会文化实践与人类思想之间的互动和结构关系；历史人类学以人类学的文化透镜从书面的和口传的陈述中寻找人类是如何组织起来的信息；女性人类学纠正人类学研究中的男性意识偏见，考虑两性关系与社会性别的研究，使我们看到女性文化在男女双重视角下交错观察的学术前景；医学人类学研究人与疾病之间的关系；还有经济人类学、应用人类学、教育人类学、宗教人类学等，它们从不同的视角和维度为人类学发展提供了多重机会和多重成果③。

（3）人类学与其他学科之间的交叉融合成为一种趋势。从人类学自身研究特定上看，人类学必然和社会学、人口学、民族学、民俗学、政治学，甚至经济学、历史学的研究和发展是分不开的；再者从其他学科上看，随着科学技术的进步，人类学研究开始与生命科学、生态学、医学、考古学、行为科学都有相关的交叉合作，还有从研究方法上借鉴计算机、数学方法、核磁与放射线等物理方法等新型手段进行合作研究。

（4）人类学越来越关注实际应用性研究。几乎所有的人类学家都希望能把

---

① 这四个人类学理论研究阶段参见：王铭铭.西方人类学思潮十讲.桂林：广西师范大学出版社，2005:2.
② 哈登 A C.人类学史.廖泗友译.济南：山东人民出版社，1988：1.
③ 庄孔韶.人类学通论.太原：山西教育出版社，2002.

人类学对人、文化和社会研究的知识成果转化成解决人类问题的行动。他们希望能够参与社会规划和决策，处理与解决现实社会中出现的种种问题，改善当代经济、科学技术、教育卫生、政治与社会事务等活动之中，使人类学的理论付诸行动[①]。

（5）人类学的元理论研究仍然是一个讨论的重心。人类学以"人"为研究对象就使得研究本身既有自然科学的属性也有人文科学的属性，而且人类学发展的新兴科学的兴起，以及与其他学科分支的交叉融合都使得人类学的学科归属问题，即人类学的学科划界问题非常突出，这是人类学研究的元理论研究。由于人类学在不同国家有着不同的学科归属，对于国际合作和交流也是一种障碍。因此，人类学的元理论研究涉及未来的发展与走向，涉及人类学的学科范式的形成，是人类学理论研究的重要关注点。

人类学经过一个半世纪的发展已经取得了丰硕的成果，不论学科性质如何界定，跨学科合作已经成为人类学研究的一种常态，人类学者们愈加突破学科的边界，寻求与其他学科具有共同研究兴趣的学者合作，从而形成了各类极具特色的研究理论和方法。跨入21世纪的人类学研究将有怎样的态势，预测如下：

（1）人类学的"两栖"性质决定了其研究的复杂性。人类学研究从体质和文化两个大的方面探讨"人"，使人类学天然地兼具自然科学与人文科学的两栖性。从人类的起源到人类社会的发展，从人种的差异到族群的差异，从文化的功能到文化的差异与冲突等广泛的领域都是人类学探讨的对象。这种复杂性使得人类学家不得不在自然科学社会科学人文科学的总科学下艰难地探索。

（2）人类学走向综合性跨学科研究是仍然是一种取向。体质人类学研究的自然科学属性使人类学与其他学科，如生物学、医学、地理学等有着很大的交叉性；而文化人类学研究的社会科学属性又使人类学研究与其他人文学科，如历史学、哲学、社会学、心理学等有着深厚的渊源。这就要求人类学研究必然走向综合性的跨学科的道路。"在研究范式上，注重整体研究，不仅要把人类的体质和行为（包括体质、社会、文化，甚至心理）的所有方面联系起来研究，而且要把特定文化的各个方面与更大的生态环境和社会环境相互整合形成系统来研究。"[②]

（3）人类学研究视角将从宏大叙事转为微观（个案、小群体）深入研究。

① 庄孔韶.人类学通论.太原：山西教育出版社，2002：605-612.
② 周大鸣.关于人类学学科定位的思考.广西民族大学学报（哲学社会科学版），2012，34（1）79-83.

人类学研究虽然面对的是众多的宽广领域，但人类学研究的田野调查和实地考察的方法，要求研究必须是对具体世界、具体问题和具体生活，对熟悉文化环境做详尽的深入研究之后的跨文化比较研究，正如哈登早期就指出的："在一个特定地区或在同族人种进行比较，比对世界上各个地方进行比较要有价值得多。当今迫切需要的是对有限的区域进行精深的研究，已经这样开展的研究已被证明是最有收获的。"[①] 未来的人类学研究应该在特定区域通过田野调查，尤其是参与观察为基础，通过对研究区域的长期、经验上的深入了解，深度检视当地社会的发展脉络。

（4）人类学未来研究将重视全面的、彻底的反思性研究。一方面是传统的人类学研究已经使得人类学是在对异文化的研究基础上反观自己，跨文化和比较文化研究就使人类学研究具有了反思的特质。另一方面是人类学研究承认在田野调查、素材整理和意义解说上存在的主观性和相对性，形成的反思人类学就是要主张把知识获取过程中人类学者的角色作为描写对象，并给予被研究者自己解说的机会。甚至欧美人类学家将科学研究本身作为人类的文化实践，将其纳入人类学的研究范围，对现代高科技发展所带来的问题予以反思和评估。

面对高速发展的科学技术，以及全球化的文化竞争态势，21世纪的体质人类学将在新的科学技术的带动下开展现代人类学的研究；文化人类学也将在社会文化的巨大变迁与全球化的进程中，在不同文化碰撞和交融中，去考察、去研究，我们共同期待未来的人类学研究获得理论与实践的大发展。

二、20世纪历史学及艺术与文学发展态势

在针对人文社会科学的发展态势分析中，我们除了 *Nature* 和 *Science* 都专项刊载的人类学内容所反映出的20世纪的发展动态之外，还有只在 *Nature* 中刊载的"历史学"与"文学与艺术"，上文中也对这两者进行了细致的计量分析，现在我们对其计量结果做简单的理论分析。

有关历史知识地位的问题，即历史学的认识论一直是史学家、哲学家激烈争论的问题，始终影响着历史学的发展。从对原始资料的考证的基础上，历史学家对自身学科知识的局限性进行了深刻反思，逐步形成了以兰克学派及其后

---

① 哈登 A C. 人类学史．廖泗友译．济南：山东人民出版社，1988：148.

的实证主义史学为代表的传统史学，从19世纪至20世纪初期，一直在西方史学占据主导地位的兰克在近代西方史学史上的地位也被视为如同牛顿在近代西方科学史上的地位。①传统史学认为历史学不是虚构和臆测的，而是运用与其他自然科学同样的研究程序，所有的科学知识的基础都是客观公正的、被动的观察者做出的细致和精确的观察，在事实基础上不断积累知识最终可以发现规律，然后得出和自然科学一样的规律，史学家不带有任何成见和价值判断地从事史学研究。这样，历史学被确定为一门科学，其中史学家从过硬的证据中收集事实并做出有效结论。虽然传统史学有力地促进了历史学的科学化，但传统史学对象是狭窄的，就是政治事件和精英人物的活动的政治史；研究方法是单调的，就是史料考证、辨别真伪。写作手法也就是叙述。而且传统史学强调自身的自主性，忽视了与其他学科的结合。

在20世纪上半叶，冲破传统史学的垄断地位，以年鉴学派为代表的新史学逐步兴起，到第二次世界大战后50年代在西方史坛占据主导地位，70年代处于鼎盛时期。新史学认为，在历史学家笔下，纯粹客观的历史是不存在的，因为你在收集材料、整理及写作的过程中，已经自觉或不自觉地参与了历史的创造，历史著作渗入了历史学家个人主观的因素，这些主观因素可能有个人兴趣的影响，也可能有党派、民族、宗教感情等的影响；认为人类事件必须和自然现象区分开来，人类事件有着基本的内在因素，包括行动者的意图、情感和心态。过去事件的真实状况必须通过一种在想象中与过去人们的认同来加以解释，这种认同依赖直觉（想象力）和移情，即历史知识具有内在主观性，揭示的真理更接近于艺术家意义的真理。代表人物柯林武德在他死后出版的《历史的观念》中认为全部历史学本质上都是思想的历史，历史学家的任务就是在他的思想中重演过去个体的思想和意图，兰克也说"在艰苦的考证之后，需要的是想象"②。新史学在对象上突破了政治史的局限，研究方法也从单纯的史料考证，提倡理论的概括和解释，还主张跨学科的研究，写作手法反对单纯地描述，强调说明问题。因而新史学被认为是历史学中的"哥白尼式的革命"③。

随着历史学的发展，新史学内部开始出现争论，并不断进行调整和发展，逐渐沦为"旧的新史学"。"新的新史学"，即后现代主义史学在20世纪60、70年代应运而生。他们认为，历史描写采取陈述的形式，而陈述要通过语言来实

① 伊格尔斯.二十世纪的历史学——从科学的客观性到后现代的挑战.何兆武译.沈阳：辽宁教育出版社，2003:2.
② 托什J.史学导论——现代历史学的目标、方法和新方向.北京：北京大学出版社，2007.
③ 徐浩，候建新.当代西方史学流派.第二版.北京：中国人民大学出版社，2009:2.

现；我们所了解的历史事实只是通过语言中介构建的历史，历史的真相我们永远无法知道。不仅如此，后现代主义指出具有高度主观性的价值判断和假设不仅存在于历史资料中，也存在于史学家用于表达他们思想的语言中。后现代主义试图替代历史解释，认为历史学仅能提供文本互见，它研究的是文本间的论证关系，而不是事件间的因果关系；历史解释被作为一种幻想被摒弃；后现代主义拒斥历史学家的"宏大叙事"或"元叙事"，并提出历史编纂是一种形式的文学作品，是在某些修辞规则下操作的；历史编纂不可能价值中立，历史学家会打上意识形态的烙印。后现代主义向相对主义迈出了一大步，接受同时存在的多元解释，且所有解释都是有效的。

　　面对各种理论的异议，今天史学家们坚守学科信念，认为尽管资料的不可靠性、已确证的事实和赋予事实以意义的解释之间的不一致性、历史学家带有的个人色彩，长期威胁着历史学的发展，使其在理论上很容易受到攻击，但历史学既非实在论的一种样本，也不是相对主义的牺牲品。历史学研究程序的坚持，必然使研究更接近于"实在"，同时尽可能远离"相对主义"。历史研究不管多么具有专业化，也会有多元解释，但这应视为一种优势而不是一种缺陷，它恰是历史学走向成熟的基本标志。通过理论纷争，历史研究被大大拓宽，历史学家自身需要将叙事和分析技巧结合起来，既需要移情，也需要保持客观。它们的学科既是重建也是解释，既是艺术也是科学。历史研究包括整体社会结构、集体心态学、社会和自然环境间的演化等，已经扩展到全球每个角落，没有哪种文化被认为是"太原始"或"太渺小"而不值得关注。越来越多的研究是在各专业领域的边界上进行的。历史学研究变成了在最广泛的多层语境下的复合体。

　　图 2-12 是 Nature 20 世纪历史学发展曲线图，分析显示"历史学在整个世纪所占的平均值仅有 0.97%，并有明显的下降趋势，以 60 年代为界限，前期还有一定的研究成果受到关注，并且在 20 年代初期（最高 3.3%）和 50 年代后期分别出现大小两个研究高潮。60 年代之后历史学研究就非常少了，并将这种低迷的研究态势持续到了世纪末"。而艺术与文学计量分析显示的"从数值上看对艺术与文学的研究所占份额很小（平均仅占 0.91%），20 世纪 100 年间发展态势是递减的。前 60 年中在较高发展水平上还有一定的起伏，其中的研究波峰是在 20 年代前后（最高 3.2%），50 年代还有一个小高峰。20 世纪的后 40 年研究的水平就很低"，这两者态势非常相近。

　　艺术与文学反映了政治的演进、经济的发展和社会的变迁，反过来又影响和推动人类社会的进步。特别是诸多艺术形式反映了人类在科学技术方面的进步，又直接敏锐地回应、影响文明的发展和社会风尚的变化，满足人们各式各样的审美需要和精神追求，对社会生活的影响日益深刻和广泛。在此我们将不对其详细的内史做进一步的研究，历史学的态势就是一个典型例证。

此外，本书对科学与社会的发展态势也做了计量分析，*Nature* 与 *Science* 两条曲线所代表的研究水平基本上是持平的，都占据着较高的信息量。相比而言，二者的百年研究高峰期是一致的，都出现在 20 年代。在 40 年代与 90 年代的前期各有相同的一个研究小高峰，其余时间都基本上平稳发展。*Nature* 中的递减趋势明显，而 *Science* 在世纪末也出现衰减，因此，在未来科学与社会的关系仍然非常紧密，会极大地影响着科学的发展，但要在 *Nature* 与 *Science* 中出现高的承载量，则与社会的发展态势有绝对的关联。在平稳的社会发展下，科学与社会的关系也将在一个稳定的态势上。

从科学与社会的总曲线看，整个世纪的兴盛期明显处于 20 年代，最低谷在 40 年代中后期。即使是在科学与社会走出兴盛期时，也保持在一个相对较高的水平上发展。这说明科学与社会之间复杂而多重的关联，是科学发展重要的影响因素，也是未来科学发展不可忽视的重要因素。

第三节 20 世纪应用科学发展态势研究

一、20 世纪医学发展态势

医学进步与人类自身发展息息相关，每个人的生命至少有三分之一的部分被医学成就的广泛领域所涉及。20 世纪，我们不仅目睹了医学发展的巨大变革，也亲身体验了医疗发生的根本性转化，目睹了医学技术的巨大进步，见证了卫生服务系统和医疗保障制度的建立和发展。现代医学已经发展成为包括基础医学、临床医学、检验医学、预防医学、保健医学和康复医学等众多领域的庞大学科群，"已经成为包括探索生命奥秘、防治疾病、增进健康、缓解病痛以及社会保障的一个庞大综合体系"[①]。下面我们通过回顾20世纪非凡的医学进步，找寻医学发展的特征和趋向，共同期待 21 世纪即将来临的无法想象的医学成就。

20 世纪初期，医学继承了 19 世纪末由科赫和巴斯德创立的微生物理论，继

---

① 程之范 . 20 世纪医学：回顾与思考 . 医学与哲学，2001，（6）：60-62.

而带来的细菌学革命为医学开辟了道路；更小的微生物——病毒于1927年被发现，为不同的疾病找到特定的病原体，继而摧毁微生物的特定新的化学药品研制成功，抗击和预防疾病的疫苗被引入，20世纪初期盛行的一系列传染病得到控制。细菌革命还为外科学上实现了无菌手术，1902年发现的血液四种类解决了手术中的免疫问题，麻醉剂不断得到改良，X射线在20世纪20年代成功应用于日常医疗。这些新理论、新药品，新技术、新方法都使20世纪初期成为医学发展的一个兴盛期，这与本书计量研究的结果显示的"在20世纪前30年是持续增长的态势"是相一致的。

　　20世纪中期产生了一项最引人注目的单项发明——抗生素。1928年，弗莱明发现了青霉素，10年后青霉素被成功提取。1935年发现了磺胺药，其他抗生素也随之问世，并在40年代的第二次世界大战中得到了成功的应用。此外，20世纪50年代精神病的治疗药物出现、止痛药得到开发、脊髓灰质炎疫苗研制成功。1938年第一例心脏修复手术成功。1954年第一例肾脏移植手术成功。更加革命性的变化是1953年DNA的双螺旋结构的提出，分子生物学的建立使得基础医学研究深入到分子水平，为新的层面上阐明病因、发病机制、诊断治疗等方面带来广阔的前景。本书计量结果显示"医学发展在30年代初出现一个小的缓慢时期。此后迅速大幅度地猛增，持续到20世纪中期，即在1945～1950年达到研究的最高峰"。医学发展的内史分析与本书的计量研究相互印证，充分说明：20世纪中叶是医学发展的最巅峰时期。

　　20世纪中后期，医学的进展突出地表现在新技术的应用上：超声波诊断仪、CT扫描、正电子发射体层摄影（PET）、核磁共振成像（MRI）等技术接踵而至，实现了无需进入人体内部为体器官提供视图资料，是诊断学的革命性变化；1963年对肺、肝脏移植进行了尝试，到70年代身体排斥问题解决，使器官移植成为常规疗法；70年代末膜片钳位技术提升了我们对神经递质的合成、维持、释放及与受体的相互作用的研究。1978年，世界上首例体外授精婴儿路易斯·布朗在英国问世，标志着生殖技术临床应用的开始。1997年，英国科学家培育出克隆羊多利轰动了全世界。1986年，美国提出人类基因组计划，1990年正式启动，从整体上破译人类遗传信息将成为现代医学用之不竭的源泉。因而，正如我们计量研究的结果表明，医学"在60年代出现一个研究的新的低谷期，但是没跌落至世纪初期的低水平。在70年代后期还有一个明显的回升，以及世纪最后十年的迅速回升，都在预示着21世纪医学的更大的、更快的发展前景"。

　　然而出乎意料的是，1983年艾滋病的发现却是因无力防范的微生物病毒引起的，医学又转回到了对时疫的控制上。"在思考 20 世纪健康和疾病史时，我们必须记住，这个世纪的开始和结束，都是以直接由人类与他们所生活的环境相互关系而产生的传染病和职业病的重要性为特征的。"①医学在 20 世纪早期和末期都面临了共同的棘手问题，意味着医疗能力的提升也最大地产生了新的医疗问题。医学似乎进入了一种悖论之中，处于一种魔咒之内。这种态势要求我们理性地重新审视医学进步的同时引发的一系列困扰和问题，为 21 世纪的医学发展提供了借鉴。对 20 世纪的医学发展特征和态势归结为以下七点：

（1）医学内部新兴的分支学科不断产生，并相互交叉影响。基础医学方面的 60 年代独立的免疫学、放射医学；特殊领域的医学，如法医学、航空航天航海医学的新确立；临床医学方面新兴的老年医学、核医学、性病学、运动医学、麻醉学、急诊医学，以及发展最快的神经病学、眼科、耳鼻喉科、康复理疗学，还有备受关注的口腔医学、康复理疗学、中医药学等。基础医学与临床医学和预防医学等学科之间紧密联系、交叉发展、共同繁荣。

（2）自然科学的研究成果不断导入医学研究，极大地促进了医学的发展。物理学、化学、地球科学、天文学对医学的进展直接带动了医学分支，如放射医学、核医学、航天航空航海等特殊环境医学的进展；特别是生命科学，是导入医学的桥梁和媒介，是未来医学发展的理论基础；计算机科学、信息学理论也为医学发展提供了新的诊疗手段。

（3）20 世纪的医学模式从生物学模式转变到"生物—环境—心理—社会—工程"②模式。医学模式从经验医学、实验医学、机械论的医学模式，到 19 世纪末发展成为生物医学模式。进入 20 世纪，人类健康和疾病超出了单纯生物学范畴，社会、心理因素对人类健康的影响受到关注，70 年代提出了新的"生物—心理—社会"医学模式，随着医学工程技术水平以及环境对人类健康影响的加深，医学模式已经转变为"生物—环境—心理—社会—工程"。

（4）医学越来越多地依赖新技术和新材料的提升。应用于临床的新技术产物，如超声波诊断仪、计算机断层摄影、核磁共振成像等改变了传统的诊断方式；应用于外科学的内镜治疗、介入治疗等使治疗方式更加精细化；新材料、新技术产生的人工组织、人工脏器等为大大提升了治疗水平。新技术、新材料、新医药极大地提高了医学诊疗的水平。

（5）分子生物学的变革对医学的影响正在日趋深刻。20 世纪中期分子生物

① 理查德·W. 布利特等 .20 世纪史 . 陈祖洲等译 . 南京：江苏人民出版社，2001：560.
② 苏式兵，王汝宽等 . 医学发展趋势和前景分析 . 世界科学技术 - 中医药现代化，2007:115.

学的创立，已经正在将基础医学的研究层面深入到分子水平上去阐明疾病和疗效的机制，对基因的结构与表达及其功能的研究成为基础医学的前沿领域。分子生物学、细胞生物学、组织化学、基因工程等技术的发展在阐明病因，发病机理以及诊断和治疗方面显示了重要的前景。

（6）医学正在向既分化又综合的态势发展。医学的深入研究使得学科分化越来越细，但同时复杂的医疗卫生问题又要求综合学科不断涌现。譬如，随着人类生活、生产劳动、社会机制和自然环境对人类健康影响的加重，以预防疾病、促进健康、延长寿命和造福子孙的公共卫生和预防医学这一分支学科不断受到重视，这一庞大的医疗体系和人民自身对健康要求的提高促成了综合的全科医生、第一线的社区护理以及初级医疗保健体系悄然升温。

（7）医学进步的同时也越来越引发诸多的问题和挑战。医学本身的突飞猛进并没有阻碍新的更加棘手的疑难杂症的诞生，以及挑战人类自身极限的许多奥秘，如脑科学等问题依然存在。再者，医学不断走向专科化、技术化和社会化的同时，伦理问题、法律问题、过度医疗问题、医疗资源分配不均衡等问题已经初见端倪。

在20世纪的末期，从整体上破译人类遗传信息，使人类在分子水平上全面地认识自我的人类基因组计划开始实施，该计划的成果也将成为现代生物学、医学用之不竭的源泉。人类基因组计划的实施标志着未来医学的诞生。21世纪的医学发展将会有怎样的趋势，预测如下：

（1）医学的突破有赖于以生命科学为先导的基础科学的发展。20世纪医学的发展无疑告诉我们，医学的进步与自然科学与技术的发展程度密不可分。21世纪的医学将在更大程度上依赖于生命科学、物理学、化学、计算机科学、数学、信息科学、材料科学等的研究成果。

（2）医学模式的转变使医学更加走向综合化、复杂化、系统化。新的医学模式使现代医学已经成为一个庞大的综合体系，这就要求医学发展要树立一种整体医学观，把医学对象看成是一个整体的人和社会的人来对待[1]，要采取多维度、多变量、非线性的系统观来考察分析之。因而"系统生物学"也被认为是"21世纪医学和生物学的核心驱动力"，医学将朝着预测、预防及个体化的医学模式发展[2]。

（3）医学模式的转变也将引发医疗卫生工作发生系列转变。表现在医疗主

---

① 代涛.试论21世纪现代医学发展趋势与展望.医学研究通讯，2005，34（9）：6.

② Leroy H，Heath J R，Phelps M E, et al. Systems biology and new technologies enable predictive and preventative. Science，2004，306：640-643.

导从以疾病为主导转变为以健康为主导；医疗中心从单个患者变为各种群体以至全人群；医疗基础从以医院为基础转变为以社会为基础；医疗重点从诊断治疗转变为预防保健；医疗依托从主要依靠科技和医疗卫生部门自身转变为依靠众多学科和全社会的参与；医疗目标从疾病的防治与身心健康转变为身心健康及其与环境的和谐一致[①]；医疗范围从"出生到死亡"转变为"生前到死后"；医疗方式从原始病历档案等转变为以信息学为依托的数据信息库等。医疗服务体系的网络化将深入地改变医疗卫生工作。

（4）医学进展将促动医疗卫生事业发生新的革命。以天花的根绝和脊髓灰质炎的消灭为标志的人类第一次卫生革命取得了胜利，这场革命使人类的平均预期寿命延长了约 30 岁。第二次卫生革命以癌症、心血管病为代表的慢性非传染病的攻克为标志，正处于攻坚阶段。预计以全面提高生命质量、促进全人类健康长寿和实现人人健康为目标的第三次卫生革命也将在 21 世纪孕育发生，人类的平均预期寿命也将大大延长。

（5）医疗高新技术发展对于未来医学发展至关重要。医学新理论发展将带动高新技术的不断产生。基因工程、蛋白质工程、细胞工程、酶工程、发酵工程等生物技术将使医疗保健水平大幅度提升；无创伤诊断、治疗和监护的装置（如生物传感器、芯片等），以及人工器官、基因筛选等生物医学工程开发将得到快速发展。基于这些开发的个体化诊断、定制个体药物等均可能应用于临床诊治。

（6）医学中补充和替代医学将受到重视，也将增强医学的人文属性色彩。医学模式的拓展使医学不仅具备自然科学的属性，也兼有应用的、人文的学科属性。替代医学能够通过如催眠法、按摩、安慰剂、艺术化治疗、食疗，还有精神因素在内的激发人体自愈力等办法，包括我国的中医疗法等手段将不断受到人们的重视，作为现代常规医疗的一种补充和有限替代，不仅逐渐成为一种新的医疗方式，也能在一定程度上回归医学的人文属性。

（7）医学发展还将诱发新的、更大的问题与挑战。20 世纪末已经初露端倪的医学伦理问题、法律问题、过度医疗问题、医疗资源分配不均衡、人文关怀的缺失等人文社会问题，还有新的传染病、慢性病、基因技术可能带来的问题等都将是 21 世纪要面对和解决的。此外，新的医学发展和医疗技术的进步也将带来不可预测的新问题和更大的挑战。

（8）医学将真正迈入大科学时代。随着医学发展的综合化、系统化和复杂化

[①] 巴德年.医学科技的发展趋势和我们的发展战略.中国软科学，1997，2:10.

走向，以及医疗保健的全球化和社会程度的加深，医学进展已经急需国际化合作，20 世纪末期人类基因组计划的实施全球就有 6 个国家参与进行。关于生命本质，脑科学、基因工程等奥秘的揭示都促使医学成为一个跨学科、跨行业，人才密集、知识密集、技术密集的大科学。

非凡的 20 世纪医学的突飞猛进为 21 世纪的医学做出了巨大的铺陈，我们期待着今天无法想象的、更加不可思议的医学进步如期而至！

二、20 世纪工程技术发展态势

正如 19 世纪一样，20 世纪的重大科学理论研究成果很快就转变成相应的技术成就，这些技术成就在整个 20 世纪 100 年中的广泛应用，已经从根本上改变了世界的面貌与人类的生活方式。在众多的技术领域所获得的前所未有的成就中，尤以核技术、航空航天技术、信息技术、医药生物技术这四大尖端技术为代表。这些技术发明与创造是人类进步和发展的重要标记，今天的发现将形成明天的世界。

在众多的 20 世纪技术发明成果中，我们依据 1999 年 2 月 24 日由美国新闻博物馆主持评选出的 20 世纪世界 100 项重大新闻事件[1]，其中包含 33 项是技术发明创造为借鉴，简单做一呈现并做分析。

在核技术方面，1942 年开始秘密研制原子弹，到 1945 年首枚原子弹试爆成功，不久后就实现了原子弹的第一次投放。1986 年，苏联切尔诺贝利核电站发生爆炸。在航空航天技术方面，1903 年第一架引擎飞机试飞成功，1927 年飞机跨越大西洋飞行成功，1941 年第一架喷气式飞机起航，1957 年第一颗人造卫星成功发射，1961 年加加林首次进入太空，1962 年格伦首次环绕地球轨道航行，1969 年人类第一次登上了月球，1986 年"挑战者"号航天飞机爆炸，1997 年火星探索者抵达火星。在信息技术方面，1901 年发射无线电讯号横越大西洋，1909 年首次出现固定时间的电台节目，1939 年第一台电视机展出，1941 年首次出现固定时间的电视节目，1946 年第一台电脑（ENIAC）问世，1948 年发明了晶体管，1959 年电脑晶片专利被美国获得，1975 年微软公司创办，1977 年第一台个人电脑推向市场，1989 年万维网出现。在医药生物技术方面，1928 年发明了第一种抗生素盘尼西林，1953 年成功研制脊髓灰质炎疫苗，1960 年开始生产

① 吴国盛. 科学的历程. 北京：北京大学出版社，2002:483-485.

避孕药，1978 年第一名试管婴儿出生，1981 年发现第一宗艾滋病例，1997 年克隆出第一只克隆羊。

在这些技术成果中，发生在 20 世纪各个年代的成果依次大约占到：13%、0.3%、0.6%、0.3%、22%、13%、16%、9%、13%、0.3%。可见，技术成果最多的年代是 40 年代，其次是 60 年代，再次是最初 10 年代、50 年代和 80 年代，在 10 年代、30 年代、90 年代为最低。这个简单的统计分析结果，与本书计量结果显示的"整个 20 世纪技术发明创造的黄金期是世纪初期。此后是锐减的一个转折，近 30 年代回升，在 40 年代末和 50 年代初出现一个新的技术发明繁荣期，但没有超过 20 世纪初期的水平。显然在一个高涨期之后随着的是一个递减，在 60 年代中期到了研究最低谷，此后缓慢回升，80 年代有一个研究小高峰出现，到 20 世纪末期还是呈现了较高的研究水平上的递减态势"，二者反映出的 20 世纪技术研究兴盛期基本上是一致的，只是在 20 世纪初期的高水平态势我们的计量结果略显突出。

除了以上重点讨论的四大尖端技术之外，20 世纪在制造技术、纳米技术、化工与材料技术、海洋技术等领域也取得了突破性的进展[①]。20 世纪中后期，核能的受控释放使人类拥有了利用非常态能源的能力，特别是核聚变发电站的研制，将使人类满意地用上清洁、持久的能源。太阳能、风能、生物质能等可再生能源也将是未来可持续发展的重要动力来源。航空航天技术的进步，不仅改变了人们对"行"的理解和习惯，而且为人类提供了更为广阔、富饶的生存与发展的空间和资源。纳米技术这个新兴的综合性边缘学科为 21 世纪信息科学、生命科学、材料科学和生态科学的发展将提供一个全新的技术界面，将有可能为人类带来一场新的产业革命。信息技术不仅增强了人的智力，也更新了增强体力和感官能力的方式，使人类认识世界、改造世界、协调人类与世界的关系的能力上迈上一个新的台阶。21 世纪以基因工程、细胞工程、酶工程、蛋白质工程和发酵工程为代表的医药生物技术将纵深发展，不仅为经济、社会、人类发展起到极大的推动作用，还将警示我们如何合理、安全地发展，使其造福人类而非危害人类，是我们即将要面临的巨大挑战。

---

① 路甬祥.百年科技话创新.武汉：湖北教育出版社，2001：48-109.

第四节　20 世纪科学发展总态势分析

本书首先对现今存在的科学分类方式进行了维度分析和实证研究，从科学分类的视角揭示了科学学科发展的基本态势；继而我们针对选取的两份国际权威期刊内容的计量结果以及二者计量结果比较分析的基础上得到了 20 世纪科学各学科发展的动态和趋势；接下来本书将计量分析得到的态势与科学发展的内史做了理论分析，在回顾科学发展的历程中归结出 20 世纪科学各个学科发展的态势。但综合起来考察，自然会产生这样一些问题：究竟科学发展的整体态势是如何的？科学学科间的发展态势有怎样的逻辑关系？科学发展本身有哪些规律性的特征？科学发展和社会现象之间又有怎样的互动关系？这些特征又是被什么所决定和制约的？诸如此类的问题还有待我们做进一步的分析。

回眸 20 世纪的科学发展，人类经历了艰苦卓绝的探索和奋斗，以自己的理性和智慧创造出了前所未有的辉煌，所取得的科技成果和创造的物质财富是以往任何一个时代都无法与之比拟的。抚今追昔，巨大的进步的确实令人欣慰的："一台电脑"给我们带来了网络化、多媒体化、智能化的信息时代；"两大理论"——相对论和量子论带来了科学革命，奠定了现代物理学的基础，也成为 20 世纪整个科学研究的发展方向；曼哈顿工程、阿波罗工程和人类基因组工程为代表的"三大工程"，显示了科学对人类生活世界的重新改造和塑造的强大能力；粒子物理学的夸克模型、宇宙学中的大爆炸宇宙模型、分子生物学中的 DNA 双螺旋结构模型和地质学中的板块模型这"四大理论模型"，构成了 20 世纪自然科学理论的最高成就，使人类对宇宙和生命的认识更加深厚。生物技术、核科学和核武器技术、航天航空技术、信息技术、激光技术这"五大尖端技术"，深刻地改变了并将继续改变世界的面貌。20 世纪科学发展已经将人类文明推到了一个从未有过的崭新高度，人们的生产方式、生活方式和思维方式都发生了极大的改变。

正如 *Nature* 在创刊 125 周年纪念刊中指出："过去一个世纪来的科学发现，不论是个人的抑或集体的，已经改变了我们对客观世界的认识。"科学是构成人类对宇宙和人类自身诸态度的最强大的势力，而无论是我们身处的宇宙空间还是我们自身内在的精神世界，无不是运动的物质世界统一体中一个环节。科学在广度和深度的拓展，已经使我们认识到物质世界是不断演化发展的，它所构成的广袤的宇宙图景是逐步演化而成的。徐光宪院士曾绘制了宇宙进化的八个层次结构图，并指出："宇宙进化的八个层次开始的时间有先后，例如最初开始的是物理进化，其次是化学进化，然后依次是天体演化、地质演变、生物进化、社会进化、人工自然进化和大成智慧进化（由物质产生精神，又由精神反作用于物质）。以上八个层次的顺序就是按开始时间的先后排列的，但每一层次终了的时间为无穷尽。这就是说，到现在宇宙年龄 150 亿年，八个层次都还在进化发展，因此它们之间就互相穿插交叉，形成一个最复杂的超级巨系统。"①

对这一巨系统的探索与认识就是科学的基本任务，我们针对这个宇宙进化结构图，绘制出物质层次与所相应的学科结构关联图（图 5-1），对于每一个宇宙进化的层次，都有相对应的科学学科来研究，即各个层次可以相对应于以此为研究对象的学科，依次为物理学、化学、天文学、地质海洋等地球科学、生物学与医学及脑科学等生命科学、社会科学、技术与发明等应用科学，以及信息科学、人文科学等。从图 5-1 中可以明晰：正是这些学科构成的科学体系逐步深化和拓展着人类对宇宙进化的层次结构的认识。反之，这些层次构成的超级巨系统决定了以其为研究对象的科学学科结构的系统复杂性，决定了科学学科发展的永无休止并不断累积，决定了科学学科之间存在的固有内蕴性，决定了科学诸学科的天然界域的存在，决定了科学诸学科存在的历史先在性和逻辑先在性，决定了不同科学学科之间不可拆解的相互关联性，决定了自然科学与应用科学，乃至人文社会科学之间的共融和协作性，决定了科学学科体系在更高层面上的整体和统一性。只有将科学视为一个有机的整体，不断实现诸学科之间的相互渗透和协调发展，才能顺应宇宙层次不断从物质科学，到应用科学，再到社会科学领域以及人自身精神层面演化的整体趋势。

这样，科学发展不断地引领和深化着复杂的物质世界，人类对复杂世界的巨大好奇心和自身生存的需求将推动着科学的永恒发展。对于 20 世纪整个科学发展总的态势，归结为以下八点：

（1）从基础科学学科发展动态看，整个 20 世纪以物理学革命为先导，带动了地球科学、化学和天文学的重大理论的突破，进而推进了生物学和医学的进步，引发了在 60 年代的生物学革命，并彻底地影响和促动了整个基础科学的发展，"科学革命存在一种'蘑菇效应'，一个重大科学突破，往往引发一丛相关的科学突破，最后形成一次改变科学范式和人类观念的科学革命"。② 因而 20 世纪后半叶已经步入了生命科学的时代。

（2）从基础科学发展的逻辑规律看，科学发展和知识的累积并不完全是一种理性的、逻辑的连续过程，任何学科都是流动的，具有不断变动着的边界，使得某些研究在很长时间内保持兴盛期，也有某些研究会保持相对的静默期，

---

① 徐光宪. 宇宙进化的 8 个层次结构. 科技导报，2009，2: 9，10.
② 何传启. 第六次科技革命的战略机遇. 北京：科学出版社，2011.8: 17.

虽然科学在很长时间段上伴有缓慢增长、突然爆发或停滞，甚至消退阶段，但整体上态势一定是上升的。

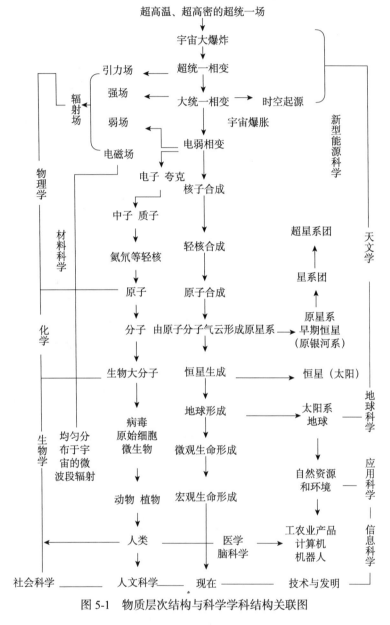

图 5-1 物质层次结构与科学学科结构关联图

（3）从科学发展的动力学上看，20世纪的科学发展首先是观测或实验事实与旧理论的矛盾导致新的、关键性的新概念的提出，依靠新概念而使具有重大影响的新工具和新方法得以产生，进而催生新理论的建立，逐步带动基础科学中研究领域的开拓，应用基础性学科以及应用科学相伴而兴，为人类生产和生活提供了技术支撑。

（4）从科学发展的逻辑实质看，科学的实质是人的心智活动，在深层次上认识人的心智过程的科学发展是20世纪科学发展的内在动力和外在表现。最为抽象和复杂的数学理论与方法的广泛应用推动了各门科学的发展；数学逻辑的技术成果是计算机的开发和使用，不仅诞生了海量的知识信息，而且引发了智能机器人的研制，带动脑科学、认知科学、人工智能，甚至连哲学思维，都创生出了科学实质上的关联与延展。

（5）从科学发展的学科结构上看，科学的各个学科沿着原有的结构进一步分化和深入，同时也向着更加综合和系统的方向发展。在20世纪前半叶，科学内部结构发展的主要方向是学科分化。根据研究对象的差别，科学分为很多不同的类别，不同的类别中又拓展出若干的小的分支学科，它们之间又呈现出错综复杂的交叉与综合。分析是综合的基础，综合也是在分子、原子水平上的系统的有机的综合，二者并不矛盾，是相辅相成的。这是一个由简单到复杂，由静态到动态，由局部到整体，由微观到宏观，由确定到不确定，由线性到非线性的新的科学思维模式和认知结构的升华。

（6）从科学发展的基底来看，蕴含在基础科学中的最原始的基础理论问题的突破，对于基础科学发展，以及应用科学和人文社会科学的发展都具有奠基性的意义。从原始科学问题出发，在已有的知识矛盾中寻找突破口，做基础性的创新研究，是科学发展的根本出发点。地球科学、天文学、生命科学、数学等领域都有大量的原始科学问题一直处于探究之中。

（7）从科学发展的价值内涵来看，科学发现、技术发明、改变人类生存模式、人文社会价值体系的转变，是科学技术发展的完整链条。科学技术的发展的内涵已经从经济价值扩大到包括认知价值和审美的价值。新的科学知识系统和技术成果，以及体现出的人文社会价值深刻影响了人类的生存方式，即引发观念和文化传统的转变。

（8）从大科学观的视角来看，如果全面审视人类的全部心智活动的成果，基础科学、应用科学和人文社会科学在20世纪受到了同等的关注，获得了同样有深度的理解和拓展。基础科学发展从研究内容和研究方式上影响了像人类学、心理学等"两栖类"学科的发展，其应用科学也带动着科学与社会的复杂关联，其产生的自然和社会问题又引发人类自身思维上的反思,人文社会科学也逐步成为显学,甚至成为科学。现代综合的思维模式在追求在高度综合和升华基础上的和谐共融。

　　正如德国著名物理学家、诺贝尔奖金获得者普朗克所指出的:"科学是内在的整体,它被分解为单独的整体不是取决于事物的本质,而是取决于人类认识事物的局限性。实际上存在物理学到化学,通过生物学和人类学到社会科学的连续链条,这是任何一处都不能被打断的链条。"①基础科学、应用科学及人文社会科学内部蕴含了许多的共性,研究客体具有一致性,基本科学概念有相同的,理论构架有类似的,逻辑上有同型性,研究方法相互渗透,因而跨门类科学的大整合已初见端倪。科学繁荣和感知丰富的结果是,人类认识不断地精确和深入化,但却永远也不能穷极。正因为此,未来的科学探索才有了无穷的延展空间。

---

① 路甬祥.学科交叉与交叉科学的意义.中国科学院院刊,2005,1:58.

21 世纪科学发展趋势

　　我们已经跻身于 21 世纪的初期，在 19 世纪和 20 世纪两个科学的世纪里，给人类社会带来根本性变革的科学技术，在 21 世纪里将会以怎样的面貌展现在我们面前，将会给我们创造出怎样的新生活？展望 21 世纪科学技术发展的可能进展，期待一个物质文明和精神文明高度发达的信息化社会，是非常让人振奋的事情。然而，科学发展总是有其不可预测的一面，一个真正的重大的科学进展也许瞬息而至，也许会不经意间失之交臂。尽管科学的发展前景并不会顾及它的历史，但回顾科学的历史是做出科学预测的根据。历史是现实的见证，历史中孕育着未来。本书在计量分析的基础上，通过对各大学科的内史给予回顾与反思，不仅归结出各大学科发展在 20 世纪的特征和趋势，而且也对 21 世纪的各大学科发展做出了一定的预测和分析。正像何传启研究员指出的："一般而言，准确预测科学技术的未来是不可能的。但是，科学猜想和科技预测是一种常用方法，可以提供有价值的信息，如未来科技的方向、特定和前景等。"

　　本书计量的两份国际权威期刊 *Nature* 和 *Science* 分别在 1995 年和 2010 年为纪念自身创刊 125 周年，特别对未来科学发展趋势做了预测。*Nature* 以"未知的领域"为主题刊登了一系列文章，涉及天文学、地球科学、脑科学、遗传学、生命起源、反射型隔热材料等专题。*Science* 公布了 125 个最具挑战性的科学问题，"其中，涉及生命和健康的问题大约有 67 个，信息科技 1 个，地球和环境 7 个，能源和资源 2 个，制造和工程 3 个，地质科学 28 个，社会科学和其他 17 个"[1]。通过科学一百多年的发展之后，科学界对未来科学的预测，普遍认为：生命科学、能源科学、材料科学和信息科学将成为 21 世纪的科学前沿。

---

[1]　何传启 . 第六次科技革命的战略机遇 . 北京：科学出版社，2011：89-91.

对于这四大可能的前沿科学，我们认为：其一，未来的信息科学将是研究最活跃、发展最迅速、影响最广泛、反响最深刻的主导科学。随着量子电子、光量子技术和纳米科技的进展，微电子与光电子器件及其集成结构、功能和规模将取得新的革命性的进展。计算机结构和功能将向着微型化、超强功能、智能化和网络化发展。[①] 信息科学就像科学中的"搅拌器"，将物质科学、信息科学和生命科学，乃至人文社会科学融合到一起。信息科学引发的革命性进展将实现知识和信息无障碍获取，为满足人类的生产和生活需求提供技术支持和根本保证。其二，未来的生命科学将是最具挑战性的研究领域，将是科学的带头学科，居于科学革命的中心。随着人类从分子水平上考察生命起源及演化谱系，发现生命遗传、生殖发育等基因密码的解读，以及对人脑和认知的研究，生命科学像科学中的"领头羊"，可以带动信息科学、物质科学等相关领域的突破发展，从而形成一次改变人类生活和观念的科学革命。生命科学引发的革命将为人类的健康长寿提供理论基础和技术支持，实现人体的"再生和永生"。其三，未来的材料科学将是发展高技术产业和现代文明的物质基础。随着材料科学向具有功能化、复合化、智能化、微型化及与环境协调化的方向发展，材料科学就像科学中的"奠基石"，将为信息科学、生命科学以及能源科学的新发展提供物质支持。材料科学发展将带来新材料的革命，具有自我复制、自我组装的各种"智慧"的材料将人类推向人造时代。其四，未来的能源科学将是经济、社会活动及人类生存和发展的动力和基础。随着太阳能、风能、生物质能等优质、可再生能源的利用效率的提升，人类最理想的、最经济的、取之不尽的清洁能源——受控核聚变能源将有望成为现实，能源科学就像科学中的"小宇宙"，为生命科学、材料科学及信息科学，乃至人文社会科学的发展提供永不枯竭的动力源。

生命科学、能源科学、材料科学和信息科学这四大可能的前沿学科的同期发展，将使 21 世纪成为科学内部重大变革和突破的新时代。许多科学家认为，21 世纪是生命科学的时代，不同于 20 世纪，生命科学的革命性突破将比新的物理学革命提前发生。也有科学家认为，人类对新能源、新材料和新时空观的探究，仍然会如同 20 世纪一样，先引发物理学上的革命性进展，或者与生物学革命同期发生。也有科学家认为，21 世纪将是信息革命的时代，也是生命科学的世纪，也是新材料新技术发展应用的时代，也是高效洁净的新能源时代，也

---

① 路甬祥 . 百年科技话创新 . 武汉：湖北教育出版社，2001:212.

是向空间、海洋和地球深部拓展的世纪。总之，21世纪自然科学将获得突破性的进展成为共识。同时，正如牛津大学和伦敦帝国学院联合教授罗伯特·梅（Robert May）指出："物理以及生命科学的应用已经在某种程度上使今天成了历史上最好的时代——我们的寿命延长了，生活质量提高了。但一系列的成就却带来了不可预知的严重后果，如气候变化、生物多样性的丧失、水资源的匮乏等使得地球很可能将面临黑暗的明天。我们现在真正需要的是更好地理解人类的社会关系，特别是那些阻碍集体合作行为的关系——集体合作行为能在每个成员付出较小的成本的前提下得到较大的收益。我希望2056年的科学家能把硬科学与人文科学有效地结合起来，从而解决这些问题。"[①]因此，21世纪将是人、自然、社会协调发展的世纪，将是一个自然科学和应用科学，以及人文社会科学大统一的时代，将是一个按照合乎人类道德伦理为其最高目标，高度融合各门类科学而生成的崭新的综合科学发展的世纪，将是一个人类智慧成果大丰收的世纪。

尽管本书的写作建立第一手权威资料作为支撑的计量分析基础上，也进行了粗略的内史追踪和分析，但显然得到的结论和预测还有有诸多的缺憾，理论分析的高度还有待提高。本书探讨20世纪科学发展趋势，这个跨时间很长的审视，给人留下最深刻的印象是人类在科学技术方面取得了超乎想象的成就。宇宙科学家卡尔·萨根说："当今的高科技已使人类摆脱了遭到灭绝的双重威胁：不停地环绕地球的小行星的爆炸和早已形成的新的冰河时代的袭击。小行星的轨道可以跟踪，我们可以使那些被发现将会和地球相撞的小行星偏离原来的轨道，或用核导弹将它们炸碎。同样，我们也可以用巨大的、像行星般运动的、利用太阳光的'镜子'集中太阳的热能来温暖冰冷的地球，利用太阳能防止或摧毁新的冰河时代的到来。"[②]科学技术带来巨大的能力，为人类提供极为称心的保险以防御未来灾难的本领。但与此形成鲜明对比的是一些令人沮丧的科学带来的负面影响，人类大规模地开发大自然，虽然掌握了强大的力量，但令人畏惧的各种自然的、生态的灾难可能动摇了人类生存的根基，甚至"世界末日"、"宇宙的终结"等词汇也高频出现。这种双重感知暗示了21世纪科学发展存在的极大潜力和巨大危险。

人类大踏步迈入21世纪，科学也正以崭新的姿态创造并改写着新的历史。21世纪是一个冷静地重新评价现有的科学结构的时代，是一个充满各种可能的

---

① 江泽淳.描绘50年后的科学图景——科学大师畅想未来（二）.世界科学，2007，3：11.
② 斯塔夫里阿诺斯.全球通史：从史前史到21世纪.吴象婴等译.北京：北京大学出版社，2006：655.

世纪。英国著名作家狄更斯说过适用于任何时代的一句话:"那是最好的时代,那是最坏的时代——我们面前应有尽有,我们面前一无所有。"21 世纪并不是预先注定的,它将是我们自己创造的样子。进入 21 世纪,我们要面对的其实只有我们自己。

参考文献

《中国大百科全书》总编委会. 2009. 中国大百科全书. 第二版. 北京：中国大百科全书出版社.

艾伦. 2002. 20 世纪的生命科学史. 上海：复旦大学出版社.

巴德年. 1996. 医学科技的发展趋势和我们的发展战略. 中国软科学. 5（5）：321-332.

巴里·巴恩斯. 2001. 科学知识与社会学理论. 鲁旭东译. 北京：东方出版社.

巴特菲耳德. 1988. 近代科学的起源. 张丽萍, 郭贵春等译. 北京：华夏出版社.

柏廷顿. 2003. 化学简史. 胡作玄译. 广西师范大学出版社.

鲍鸥. 2003. 凯德洛夫思想的当代价值. 自然辩证法通讯，（2）：23-29.

贝尔纳. 1981. 历史上的科学. 伍况甫等译. 北京：科学出版社.

布劳温. 1989. 科学计量学指标. 赵红州, 蒋国华译. 北京：科学出版社.

布劳温等. 1989. 科学计量学指标——32 国自然科学文献与引文影响的比较分析. 赵红州, 蒋国华译. 北京：科学出版社.

陈洪, 孙宝国, 李雨民. 2006. 诺贝尔奖析——科学研究趋势探讨之二. 北京工商大学学报（自然科学版），（1）.

陈洪, 孙宝国, 刘次全. 2005. 论科学研究的层次——科学研究趋势探讨之一. 北京工商大学学报（自然科学版），（4）.

陈其荣, 曹志平. 2004. 科学基础方法论——自然科学与人文、社会科学方法论比较研究. 上海：复旦大学出版社.

陈文化. 1991. 科学技术与发展计量研究. 长沙：中南工业大学出版社.

大卫·布鲁尔. 2002. 知识和社会意象. 艾彦译. 北京：东方出版社.

代涛. 2005. 试论 21 世纪现代医学发展趋势与展望. 医学研究通讯，34：4-8.

代涛. 2005. 试论 21 世纪现代医学发展趋势与展望. 医学研究通讯，34：4-8.

丹皮尔. 1995. 科学史. 李珩译. 北京：商务印书馆.

地球科学发展战略研究组．世纪之交的地球科学发展展望．世界科技研究与发展，23
　　（1）：11.

丁雅娴．1994．学科分类研究与应用．北京：中国标准出版社.

董尔丹，齐若梅，徐岩英，宋玉琴，申阿东．2004.自然科学领域著名期刊简介——*Science*
　　周刊．中国基础科学，（4）.

董光璧．1997．20世纪物理学思想的历史透视．自然辩证法研究，（4）：4-9.

杜严勇，吴红．2005．社会建构主义与科学史．科学技术与辩证法，（6）：84-87.

杜严勇．2004.SSK与科学史．南京社会科学，（12）：12-14.

方敏．1992.对两份有影响的科学史杂志的内容分析．科学技术与辩证法，9（4）：25-29.

冯杰等．2007．数学建模原理与案例．北京：科学出版社.

傅杰青．1987．生理学或医学诺贝尔奖八十年．北京：人民卫生出版社,

高柳滨、陈桦，江晓波．2003．从科研论文量看世界生命科学的发展．生命科学，4（4）：
　　251-254

谷利源．1999.《科学》之路．中国记者，（4）.

谷兴荣．1990．科学技术发展的计量研究．长沙：湖南科技出版社.

顾仁敖．1997．科技大词典．北京：商务印书馆.

郭奕玲，沈慧君．2005．物理学史．北京：清华大学出版社.

郭振华，王清君，强志军，等．1996．诺贝尔物理学奖统计分析与述评．现代物理知识，
　　（S1）.

哈登．1988．人类学史．廖泗友译．济南：山东人民出版社.

哈里·科林斯，特雷弗·平奇．2000．人人应知的科学．潘非，何永刚译．南京：江苏人民
　　出版社.

韩明．2007．概率论与数理统计．上海：同济大学出版社.

何传启．2011.第六次科技革命的战略机遇．北京：科学出版社.

何云峰．2003．关于建构知识科学的问题．上海师范大学学报（哲学社会科学版），32（1）：
　　8-12.

胡夏嵩．1997.从三十届国际地质大会看地球科学研究的现状与发展前景．地学工程进展，
　　（1）：64-67.

胡作玄．1991．科学分类试论．自然辩证法研究，7（5）.

胡作玄．1997．20世纪的纯粹数学：回顾与展望．自然辩证法研究，（5）：1-7.

江泽淳．2007．描绘50年后的科学图景——科学大师畅想未来（二）．世界科学，（3）：
　　11.

姜岩．1998.英国的两家世界著名科技杂志．中国记者，（10）.

姜振寰．1991．自然科学学科辞典．北京：中国经济出版社.

蒋洪池．2008.托尼·比彻的学科分类观及其价值探析．高等教育研究，29（5）：93-98.

卡尔·波普尔. 1987. 客观知识. 舒伟光等译. 上海：上海译文出版社.

凯德洛夫. 1981. 自然科学发展中的带头学科问题 // 中国社会科学院情报研究所. 社会
发展和科技预测译文集. 北京：科学出版社.

柯瓦雷. 2003. 从封闭的世界到无限宇宙. 邬波涛，张华译. 北京：北京大学出版社.

柯瓦雷. 2003. 牛顿研究. 张卜天译. 北京：北京大学出版社.

克莱因, 2002. 古今数学思想. 周理京等译. 上海：上海科学技术出版社.

库恩. 1980. 科学革命的结构. 李宝桓、纪树立等译. 上海：上海科学技术出版社.

库恩. 1987. 必要的张力. 纪树立，范岱年等译. 福州：福建人民出版社.

拉卡托斯. 1986. 科学研究纲领方法论. 兰征译, 上海：上海译文出版社.

劳丹. 1999. 进步及其问题. 刘新民译. 北京：华夏出版社.

李佩珊，许良英. 1999. 20 世纪科学技术简史. 北京：科学出版社.

李喜先. 1997. 迈向 21 世纪的科学技术. 北京：中国社会科学出版社.

李喜先. 2001. 论交叉科学. 科学学研究，19（1）：22-27.

李新洲. 2001. 诺贝尔奖百年鉴. 上海：上海科技教育出版社.

李兴鳌. 2000. 从世纪之交的物理学看未来科技革命的走向. 自然辩证法研究.

李醒民. 1985. 简论凯德洛夫的科学革命观. 自然辩证法通讯，（1）.

李醒民. 2008. 论科学的分类. 武汉理工大学学报（社会科学版），21（1）：149-157.

李彦. 2002.《科学》杂志评介及其启示. 科技导报，（9）：25-27.

理查德·布利特等著. 2001. 20 世纪史. 陈祖洲等译, 南京：江苏人民出版社.

梁立明. 1995. 科学计量学——指标、模型、应用. 北京：科学出版社.

梁宗巨. 1995. 世界数学通史. 沈阳：辽宁教育出版社.

林福长. 1983.科学发展趋势初探. 科学学和科学技术管理.

刘兵. 1996.科学史研究中的计量方法. 史学理论研究，（4）：96-103.

刘兵. 1996. 克丽奥眼中的科学. 济南：山东教育出版社.

刘兵. 2000. 触摸科学. 福建教育出版社.

刘大椿. 2003. 人文社会科学的学科定位与社会功能. 中国人民大学学报，（3）：28-35.

刘来福，曾文艺. 2002. 数学模型与数学建模. 北京：北京师范大学出版社.

刘启华，宋玉廷，孙团结. 2007.21 世纪上半叶技术科学发展预测——基于两种数学模型的
比较分析. 科学研究，（6）.

柳建乔. 2000.由美国《科学》所想到的. 中国科技期刊研究. 11（2）:131-132.

路甬祥. 2005. 学科交叉与交叉科学的意义. 中国科学院院刊，（1）：58-60.

路甬祥. 2001. 百年科技话创新. 武汉：湖北教育出版社.

路甬祥. 2005. 百年物理学的启示. 物理，（7）.

路甬祥. 2005. 世界科技的发展趋势. 中国科技信息，（11）.

栾早春. 1984. 凯德洛夫及其科学分类科技管理研究. 科技管理研究，（2）.

默顿著. 2000. 十七世纪英格兰的科学、技术与社会. 范岱年等译. 北京：商务印书馆.

聂华. 2009.《科学》杂志电子版的引进及使用. 大学图书馆学报，（1）：45-48.

庞景安. 1999. 科学计量研究方法论. 北京：科学技术文献出版社.

蒲慕明. 大科学与小科学. 世界科学，（1）.

普赖斯，1982. 小科学，大科学. 宋剑耕，戴振飞译. 新加坡：世界科学出版社.

普赖斯. 2002. 巴比伦以来的科学. 任元彪译. 石家庄：河北科学技术出版社.

潜伟. 2003. 关于"软科学"与"硬科学"界定的思考. 中国软科学，（3）：147-151.

邱均平. 1998. 文献计量学. 北京：科学技术文献出版社.

邱仁宗. 1986. 论科学发现的模式. 自然辩证法研究，（1）：1-11.

任胜利，王宝庆. 1999. 1997 年《Nature》载文和引文统计分析. 中国科学基金，10（2）：
    111-113.

萨顿. 1987. 科学的生命. 刘珺珺译. 商务印书馆.

萨顿. 1989. 科学史和新人文主义. 陈恒六等译. 北京：华夏出版社.

萨顿. 1990. 科学的历史研究. 刘兵等译. 北京：科学出版社.

沈篯. 2006. 物理学：从过去的 75 年看未来的 75 年. 世界科学，（9）.

石磊，崔晓天等. 1988. 哲学新概念词典. 哈尔滨：黑龙江人民出版社.

司马贺. 2004. 人工科学. 武夷山译. 上海：上海科技教育出版社.

斯蒂芬·梅森. 1980. 自然科学史. 上海外国自然科学哲学著作编译组译. 上海：上海译文
    出版社.

斯科特. 2002. 数学史. 侯德润，张兰译. 桂林：广西大学出版社.

斯塔夫里阿诺斯，2006. 全球通史：从史前史到 21 世纪. 吴象婴等译. 北京：北京大学出
    版社.

苏式兵、王汝宽、李梢，等. 2007. 医学发展趋势和前景分析. 世界科学技术—中医药现
    代化，（1）：112-118.

苏玉娟，魏屹东. 2006. 1979—2000 年中国科学史研究状况及趋向计量研究. 中国科学史
    杂志，（1），44-53.

谭树杰. 2001. 百年诺贝尔奖·物理卷. 上海：上海科学技术出版社.

特雷弗·威廉斯，2004. 技术史. 第六卷. 姜振寰，赵毓琴译. 上海：世纪出版集团，上海
    科技教育出版社.

特雷弗·威廉斯，2004. 技术史. 第七卷. 姜振寰，赵毓琴译. 上海：世纪出版集团，上海
    科技教育出版社.

田学文. 2001. 世界科技发展态势. 世界科技研究与发展，（4）

童鹰. 2000. 现代科学技术史. 武汉：武汉大学出版社.

托什. 2007. 史学导论：现代历史学的目标、方法和新方向. 吴英译. 北京：北京大学出
    版社.

王保红，魏屹东．2008．对抽象代数的哲学审视．自然辩证法研究，（9）：26-31．

王铭铭．2005．西方人类学思潮十讲．桂林：广西师范大学出版社．

王现．1999.美国百年老刊《科学》杂志探微．中国出版，（6）．

魏光，曾人杰，林银钟，等．1998．重审人类赖以生存的科学——化学的定义．科学学研究，（4）．

魏屹东，王保红．2007．英美科学史研究的新趋向——三份国际科学史权威综合期刊1993—2005年内容计量分析．自然科学史研究，（2）：202-221．

魏屹东，刑润川．1995．国际科学史刊物 ISIS（1913—1992年）内容计量分析.自然科学史研究，（2）：120-131．

魏屹东．1997．爱西斯与科学史．北京：中国科学技术出版社．

魏屹东．2004．广义语境中的科学．北京：科学出版社．

魏镛．1989．社会科学的性质及发展趋势．哈尔滨：黑龙江教育出版社．

吴国盛．2002．科学的历程．北京：北京大学出版社．

武夷山．2005．正视学科冲突，建设和谐社会．学习时报，6．

肖立志．1989．认知模型论——关于自然科学发展模式的一个论纲．学术界，（5）：13-19．

谢文兵．2010.《自然》《科学》停刊，共创新期刊?《科学新闻》，（7）：10．

熊启才．2005．数学模型方法与应用．重庆：重庆大学出版社．

徐光宪．2003.21世纪是信息科学、合成化学和生命科学共同繁荣的世纪．化学通报，1（1）：3-11．

徐光宪．2003．今日化学何去何从?大学化学，1（1）：1-6．

徐光宪．2009．宇宙进化的8个层次结构．科技导报，（9）：8-13．

徐浩，候建新．2009．当代西方史学流派．北京：中国人民大学出版社．

徐利治．2000.20世纪至21世纪数学发展趋势的回顾及展望（提纲）.数学教育学报，（1）：1-4．

许光明．2003．摘冠之谜——诺贝尔奖100年统计与分析．广州：广东教育出版．

宣焕灿．1992．天文学史．北京：高等教育出版社．

杨建邺．2001.20世纪诺贝尔获奖者词典．武汉：武汉出版社．

姚子鹏．2001．百年诺贝尔奖·化学卷．上海：上海科学技术出版社．

叶石丁．1989.介绍英国《自然》杂志．编辑学报，（2）．

叶文宪．2001．论学科的分类．西南交通大学学报（社会科学版），2（4）：90-93．

伊格尔斯．2006．二十世纪的历史学——从科学的客观性到后现代的挑战．何兆武译．济南：山东人民出版社．

袁曦临，刘宇，叶继元．2010．人文、社会科学学科分类体系框架初探．大学图书馆学报，（1）：35-40．

袁之勤．1995．科学的分化和分类.科学学研究，（2）：132-15．

张大庆. 2001. 20 世纪医学：回顾与思考. 医学与哲学，（6）：60-62.

张利军. 1997.《科学》（Science）主编谈《科学》（Science）. 编辑学报，（1）.

赵红州，1984. 科学能力学引论. 北京：科学出版社.

赵红州，2001. 科学史数理分析. 石家庄：河北教育出版社.

赵红州，蒋国华，李亚军. 1987. 科学发展的动力学模型. 科学学研究.

Adams F D. 1954. The birth and development of the geological sciences. Dover Publications, 63(4):429-430.

Allen G E. 1975. Life Science in the Twentieth Century. New York: Wiley.

Arkhipov D B. 1999. Scientometric analysis of nature, the journal. Scientometrics, 46(1).

Armitage A. 1958. Development of science . Nature,182: 142-143.

Becher T. 1994. The significance of disciplinary differences.Studies in Higher Education, 19(2): 151-161.

Beetham M. 2006. Science in the nineteenth-century periodical: reading the magazine of nature. Journal of the history of science, 21(2):420-421.

Bernal J D. 1957. Science in History. London: Watts & Co.Led.

Bernal J D. 1970. Science and Industry in the Nineteenth Century. Bloomington: Indiana University Press.

Boyack K W, Klavans R, Börner K, 2005. Mapping the backbone of science. scientometrics, 64(3):351-374.

Braun T, Glanzel W, Schubert A. 1989. National publication patterns and citation impact in the multidisciplinary journals Nature and Science. Scientometrics, 17(1-2): 11-14.

Brightman R. 1944. Science and the future the impact and value of science.Nature, 154: 589-590.

Broad W J. 2008. History of science losing its science. Science, 207: 389.

Buhs J B, 2002. The fire ant wars: Nature, Science, and Public Policy in twentie-thcentury America. Isis, 97(55):375-376.

Butterfield H. 1958. The origin of modern science 1300-1800, British Journal of Sociology, 2(1): 98-99.

Butterfield H. 1959. The history of science and the study of history. Harvard Library Bulletin, 13.

Duffin J. 2002. History of Medicine:A Scandalously Short Introduction. Basingstoke: Macmillan.

Farber E 1960. Critical problems in the history of science. Science 25.

Florey H. 1963. Development of modern science .Nature, 200: 397-402.

Gale G. 1984. Science and the philosophers .Nature, 312: 491-495.

Garwin L, Lincoln T. 2003. A Century of Nature: Twenty-one Discoveries that Change Science and the World.The University of Chicago Press.

George W H. 1936. (1) Anecdotal history of the science of sound to the beginning of the 20th century.

Nature, 137: 1013-1014.

George W H.1938. (1) The advancing front of science. (2) Frontiers of science (3) The universe surveyed: physics, chemistry, astronomy, geology . nature,141: 852-853.

Gillispie C C. 1962. The nature of science: normal science is succeeded by a creative phase of revolution out of which new concepts emerge. Science,138: 1251-1253.

Glänzel W, Schubert A. 2003. A new classification scheme of science fields and subfields designed for scientometric evaluation purposes. scientometrics, 56(3): 357-367.

Gohau G A.1990. History of Geology. New Brunswick.

Goldsmith M. 1936. The science of science foundation .Nature, 205: 10.

Gottfried K, Wilson K G. 1997. Science as a cultural construct. nature,386: 545-547.

Grabau A W. 1937. The Development of the natural sciences in China .Science, 85(2215): 551-553.

Hall A R. 1954. History of science .Nature, 173: 372-372.

Hall A R. 1994. The rise and fall of science .Nature,372: 51-52.

History of Science: Demise of a Department.Nature, 1969, 221: 995-995.

Hood Leroy. Heath J R, Phelps ME, et al. 2004. Systems Biology and New Technologies Enable Predictive and Preventative. Science, 306:640-643.

I. B. H. 1925. (1) A brief outline of the history of science. (2) A school history of science. (3) Paris: or, the future of war. (4) The future.Nature, 116: 669-670.

Isis: international review devoted to the history of science and civilisation; official organ of the history of science society. Nature, 1925, 116: 94-94.

Jones H C. 1901. The development of the exact natural sciences in the nineteenth century. Science,13(322): 338-342.

Jones M L. 2007. History of science: the productivity of prediction and explanation .Science, 317: 1327.

Kaneiwa K, Kaneiwa J et al. 1988. A comparison between the journals Nature and Science. Scientometrics, 13(3-4):125-133.

Kendall H. 2007. The 100 Greatest Science Discoveries of all Time. Westport, Libraries Unlimited.

Kennedy D. 2005. Editorial:a new year and anniversary. Science, 307 (5706):17.

Koyre. A, Studies G. 1978. Translated from the French by Jone Mepham. Harvester Press.

Koyre. A. 1955. A Documentary History of the Problem of Fall from Kepler to Newton. Philadephia: American Phiosophical Society.

Kuhn T S. 1968. The History of Science. New York: D.I.Sills.

Kuhn T S. 1971. The Relation Between History and History Science. Daedalus.

Lakatos I, Musgrave A. 1981. Criticism and the Growth of theKnowledge. Cambro dge:C.U.P.

Laubichler M D. 2008. History of science: the many sides of science. science, 319: 412-413.

Laudan L. 1977. Progress and its Problem: Towards a Theory of Scientific Growth.London: Routledge and K Paul.

Laufer B. 1919. Hindu Achievements in Exact Science: A Study in the History of Scientific Development . Nature, 102: 443-443.

Leverington D A. 1995. History of Astronomy from 1890 to the Present. London: Springer.

Maddox J, Campbell P, 路甬祥. 2009. 《自然》百年科学经典. 第二卷. 北京: 外语教学与研究出版社.

Maddox J, Campbell P, 路甬祥. 2009. 《自然》百年科学经典. 第一卷. 北京: 外语教学与研究出版社.

Maddox J, Campbell P, 路甬祥. 2010. 《自然》百年科学经典. 第三卷. 北京: 外语教学与研究出版社.

Maddox J, Campbell P, 路甬祥. 2011. 《自然》百年科学经典. 第四卷. 北京: 外语教学与研究出版社.

Merton R K. 1970. Science, Technology &Society in Seventeenth Century England. New York:Harper & Row.

Merton R K. 1973. The Sociology of Science: Theoretical and Empirical Investigations . Chicago: University of Chicago Press.

Minorities in science' 93. Trying to change the face of science. Science, 1993,12(262): 1089-1131.

Moore J A. 2006. Small science, big challenge. Nature, 442: 747-747.

Morris P J T. 2002. From Classical to Modern Chemistry: the Instrumental Revolution. Cambridge,.

Mosteller F. 1980. Taking science out of social science. Science,212:291.

News of science: variety of opinions on department of science.Science, 129: 1265-1270.

Picard E. 1904. On the development of mathematical analysis and its relations to some other sciences.Science ,20(521): 857-872.

Popper K. 1969. Conjectures and Refutations: the Growth of Scientific Knowledge. London: Routledge and K Paul.

Price D S. 1963. Little Science, Big Science. Columbia university press.

Price D S. 1980. Comments on "U. S. science in an international perspective". Scientometrics,2(5):423-428.

Rainger R. 1990. Knowledge, culture, and science in the metropolis. The New York Academy of Sciences, 1817-1970.Science, 250: 840-841.

Ravenel M P. 1933. Rutherford, great men of science: a history of scientific progress . Nature, 132: 367-369.

Robinson R. 1955. Science and the scientist nature,176: 433-439.

Rosenfeld L. 1954. Social conditions and the development of science. Nature, 173: 1102-1102.

Rothenberg M. 1976. American science-two hundred years of development .Science, 191(4223): 171-172.

Russell C A. 1982. Science in society, society in science.Nature, 296(5857): 500-501.

Sarton G. 1962. The History of Science and the New Humanism. Bloomington: Indiana University Press.

Sarton. G. 1948. The Life of Science: Essays in the History of Civilization .New York: H.Schuman.

Science and the 2008 campaign: a full serving of science awaits the next president. Science, (5901):520-521.

Sherman W R, Koontz T Y. 2004. Science and Society in the Twentieth century. London:Greenwood Press.

Simpson G G. 1963. Biology and the nature of science: unification of the sciences can be most meaningfully sought through study of the phenomena of life. science, 139: 81-88.

Smith P M. 1993. Life sciences' stewardship of science .Science, 286:2448.

Social Aspects of Science: Preliminary Report of AAAS Interim Committee . Science, 1957, 125: 143-147.

Sumner W L .1948. Science and its background. Nature, 162: 354-354.

T. L. H. 1936. (1) The study of the history of science(2) The study of the history of mathematics. Nature, 138: 700-701,

T. M. L. 1905. The recent development of physical science .Nature, 71: 291-292.

T. M. L. 1924. The Recent Development of physical science . Nature,114: 640-640.

Theocharis T, Psimopoulos M. 1988. Where Science has gone wrong.Nature, 333(6140): 389.

Velikhov Y P . 1987. Physics of the 20th Century: History and Outlook. Moscow.

附录1　*Nature* 20 世纪内容统计表 [①]

Nature 1901～1910 年学科分布

期号	人类学	艺术与文学	生物学	化学	地球科学	历史学	数学	医学	物理学	天文学	政治与社会事务	技术与发明	其他	合计
1627～1652	14	4	112	55	94	7	15	22	64	62	80	42	88	659
1653～1678	21	6	110	30	67	5	20	21	35	57	62	53	61	548
1901 年合计	35	10	222	85	161	12	35	43	99	119	142	95	149	1207
1679～1704	18	3	134	44	67	4	48	30	61	78	79	62	77	705
1705～1730	17	3	120	42	89	3	28	20	50	56	84	51	78	641
1902 年合计	35	6	254	86	156	7	76	50	111	134	163	113	155	1346
1731～1756	8	5	127	56	106	8	27	17	66	65	81	60	96	722
1757～1783	21	4	124	45	83	1	25	16	50	72	68	58	69	636
1903 年合计	29	9	251	101	189	9	52	33	116	137	149	118	165	1358
1784～1809	16	2	120	61	76	10	24	17	87	54	72	68	99	706
1810～1835	23	1	120	54	62	13	12	13	48	48	59	77	83	613
1904 年合计	39	3	240	115	138	23	36	30	135	102	131	145	182	1319
1836～1861	19	1	95	41	101	22	26	16	54	53	59	63	94	644
1862～1887	5	4	88	34	65	7	16	16	63	71	60	81	76	586
1905 年合计	24	5	183	75	166	29	42	32	117	124	119	144	170	1230
1888～1913	27	2	110	48	103	10	14	16	45	67	58	95	86	681
1914～1939	12	1	94	31	86	14	11	21	44	64	52	72	80	582
1906 年合计	39	3	204	79	189	24	25	37	89	131	110	167	166	1263
1940～1965	19	4	94	58	89	9	21	19	34	58	55	87	125	672
1966～1991	18	7	110	28	74	8	12	15	37	59	54	75	102	599
1907 年合计	37	11	204	86	163	17	33	34	71	117	109	162	227	1271
1992～2017	11	1	101	43	90	15	14	18	46	70	66	83	120	678
2018～2044	20	4	106	44	96	13	10	23	50	69	65	85	113	698
1908 年合计	31	5	207	87	186	28	24	41	96	139	131	168	233	1376
2045～2070	26	6	136	38	123	11	23	19	56	63	56	97	132	786
2071～2096	19	6	146	49	122	6	14	25	54	55	65	88	96	745
1909 年合计	45	12	282	87	245	17	37	44	110	118	121	185	228	1531
2097～2122	25	16	92	62	101	26	21	51	58	85	137	38	96	808
2122～2148	23	35	119	57	94	37	18	67	50	58	152	36	78	824
1910 年合计	48	51	211	119	195	63	39	118	108	143	289	74	174	1632

---

① 据 *Nature online* 中提供的目次，选取 1901～2000 年共 346 卷 5189 期，即 1627～6815 期作为统计资料，其中 1968 年资料本身缺少 18 期，期号为 5141～5142、5144、5146～5148、5162～5173；前 50 年因为数值较小，在此按照每年期刊号分两部分合计后的数据呈现，后 50 年按照每 5 期为单位（每年最后一个通常多于 5 期，因为每年周刊约 52 期）依期刊号次序呈现；所有数据最后都以年份为单位合计呈现．

Nature 1911 ～ 1920 年学科分布

期号	人类学	艺术与文学	生物学	化学	地球科学	历史学	数学	医学	物理学	天文学	政治与社会事务	技术与发明	其他	合计
2149～2174	41	34	139	81	89	27	41	46	59	81	180	35	93	946
2174～2200	18	24	127	78	121	33	20	55	69	67	174	28	93	907
1911年合计	59	58	266	159	210	60	61	101	128	148	354	63	186	1853
2201～2225	24	23	92	61	74	22	15	44	44	77	146	38	90	750
2226～2252	22	21	77	47	67	21	21	36	47	51	141	18	92	661
1912年合计	46	44	169	108	141	43	36	80	91	128	287	56	182	1411
2253～2278	17	22	77	74	81	21	15	36	70	46	121	21	99	700
2279～2304	12	22	59	68	66	22	10	49	73	51	127	12	81	652
1913年合计	29	44	136	142	147	43	25	85	143	97	248	33	180	1352
2305～2329	12	18	54	62	77	13	14	31	80	52	137	14	81	645
2330～2357	18	18	63	44	68	32	18	30	62	49	154	11	82	649
1914年合计	30	36	117	106	145	45	32	61	142	101	291	25	163	1294
2358～2383	7	23	62	81	47	18	27	38	70	41	131	11	99	655
2384～2409	12	27	53	64	48	23	15	34	80	51	129	12	85	633
1915年合计	19	50	115	145	95	41	42	72	150	92	260	23	184	1288
2410～2435	11	14	59	58	61	15	15	30	56	41	152	10	89	611
2435～2461	10	11	53	33	54	11	12	36	66	39	152	11	87	575
1916年合计	21	25	112	91	115	26	27	66	122	80	304	21	176	1186
2462～2486	8	15	44	55	40	15	15	31	55	39	122	10	90	539
2487～2513	9	14	50	55	47	16	14	32	74	52	119	11	74	567
1917年合计	17	29	94	110	87	31	29	63	129	91	241	21	164	1106
2514～2538	9	17	44	47	41	13	12	28	71	54	119	17	81	553
2539～2565	8	13	52	58	40	18	8	48	70	42	127	15	77	576
1918年合计	17	30	96	105	81	31	20	76	141	96	246	32	158	1129
2566～2590	4	13	47	51	41	18	8	30	61	42	119	7	88	531
2591～2617	11	17	62	46	36	26	11	33	77	46	126	6	87	584
1919年合计	15	30	109	97	77	44	19	63	138	88	245	15	175	1115
2618～2643	6	12	107	76	87	14	32	60	91	77	233	10	159	964
2644～2670	9	8	115	89	107	4	14	62	85	46	252	6	155	952
1920年合计	15	20	222	165	194	18	46	122	176	123	485	16	314	1916

Nature 1921 ～ 1930 年学科分布

期号	人类学	艺术与文学	生物学	化学	地球科学	历史学	数学	医学	物理学	天文学	政治与社会事务	技术与发明	其他	合计
2671～2696	6	7	108	63	101	2	17	44	112	54	228	5	172	919
2697～2722	6	12	107	71	92	9	18	64	94	62	248	4	159	946
1921年合计	12	19	215	134	193	11	35	108	206	116	476	9	331	1865
2723～2747	8	5	84	94	75	15	28	77	107	56	282	6	156	993
2748～2774	7	6	112	109	100	21	18	92	127	57	317	4	119	1089
1922年合计	15	11	196	203	175	36	46	169	234	113	599	10	275	2082
2775～2799	3	11	99	109	98	11	20	78	115	55	287	6	133	1025
2800～2826	9	7	99	104	104	12	31	83	117	56	317	5	110	1054
1923年合计	12	18	198	213	202	23	51	161	232	111	604	11	243	2079
2827～2851	3	11	97	102	93	10	23	65	100	53	285	3	129	974
2852～2878	5	11	121	107	91	19	25	66	139	49	307	4	128	1072
1924年合计	8	22	218	209	184	29	48	131	239	102	592	7	257	2046
2879～2903	6	18	133	95	75	19	21	67	111	50	247	3	139	984
2904～2930	11	16	128	120	94	13	14	58	125	49	309	6	113	1056
1925年合计	17	34	261	215	169	32	35	125	236	99	556	9	252	2040
2931～2956	2	11	125	109	93	6	11	45	121	50	278	2	115	968
2957～2982	4	7	114	103	92	8	13	61	109	35	316	2	98	962
1926年合计	6	18	239	212	185	14	24	106	230	85	594	4	213	1930
2983～3008	5	12	105	116	69	12	12	41	113	46	309	7	124	971
3009～3035	1	9	92	110	91	10	13	50	126	45	329	6	103	985
1927年合计	6	21	197	226	160	22	25	91	239	91	638	13	227	1956
3036～3060	6	10	94	85	69	4	13	61	117	44	284	2	112	901
3061～3089	4	16	101	126	90	10	8	57	148	55	393	4	116	1128
1928年合计	10	26	195	211	159	14	21	118	265	99	677	6	228	2029
3088～3113	2	4	70	118	88	15	9	37	152	44	342	8	113	1002
3114～3139	9	4	136	110	95	11	17	69	106	46	316	7	115	1041
1929年合计	11	8	206	228	183	26	26	106	258	90	658	15	228	2043
3140～3165	30	7	194	133	104	7	18	30	140	50	156	15	175	1059
3166～3191	30	12	179	111	133	9	11	31	134	46	168	13	150	1027
1930年合计	60	19	373	244	237	16	29	61	274	96	324	28	325	2086

Nature 1931 ～ 1940 年学科分布

期号	人类学	艺术与文学	生物学	化学	地球科学	历史学	数学	医学	物理学	天文学	政治与社会事务	技术与发明	其他	合计
3192～3217	29	11	177	108	123	9	17	19	121	54	178	6	217	1069
3218～3243	37	4	162	134	87	3	28	21	169	60	176	12	139	1032
1931年合计	66	15	339	242	210	12	45	40	290	114	354	18	356	2101
3244～3268	66	15	264	134	200	5	14	39	205	53	256	28	154	1433
3269～3296	70	16	318	130	226	14	21	68	225	72	291	15	209	1675
1932年合计	136	31	582	264	426	19	35	107	430	125	547	43	363	3108
3297～3322	51	16	300	156	203	8	16	57	208	57	247	16	213	1548
3323～3348	59	15	281	157	193	6	25	57	227	59	278	16	202	1575
1933年合计	110	31	581	313	396	14	41	114	435	116	525	32	415	3123
3349～3374	43	13	277	182	191	8	23	64	244	43	287	13	230	1618
3375～3400	44	10	291	195	216	7	23	58	229	32	299	31	187	1622
1934年合计	87	23	568	377	407	15	46	122	473	75	586	44	417	3240
3401～3425	53	17	290	210	184	9	15	52	247	50	252	39	233	1651
3426～3452	73	26	303	186	216	5	23	77	213	51	301	29	230	1733
1935年合计	126	43	593	396	400	14	38	129	460	101	553	68	463	3384
3453～3478	58	20	308	190	201	8	18	45	247	43	280	17	238	1673
3479～3504	76	9	361	156	168	13	15	71	220	47	270	7	233	1646
1936年合计	134	29	669	346	369	21	33	116	467	90	550	24	471	3319
3505～3530	66	16	310	155	198	8	13	65	227	55	277	9	279	1678
3531～3556	76	11	319	153	198	8	11	69	210	62	271	4	276	1668
1937年合计	142	27	629	308	396	16	24	134	437	117	548	13	555	3346
3557～3582	73	13	326	148	196	3	17	63	204	62	308		291	1704
3583～3609	85	7	341	169	239	6	19	77	221	41	332	6	251	1794
1938年合计	158	20	667	317	435	9	36	140	425	103	640	6	542	3498
3610～3635	69	10	323	148	204	7	15	67	212	44	290	8	273	1670
3636～3661	63	5	363	115	191	3	28	68	190	52	321	6	204	1609
1939年合计	132	15	686	263	395	10	43	135	402	96	611	14	477	3279
3662～3687	141	82	298	166	186	70	58	149	167	58	126	59	76	1636
3688～3713	131	66	268	136	145	37	43	90	136	46	92	17	45	1252
1940年合计	272	148	566	302	331	107	101	239	303	104	218	76	121	2888

Nature 1941 ～ 1950 年学科分布

期号	人类学	艺术与文学	生物学	化学	地球科学	历史学	数学	医学	物理学	天文学	政治与社会事务	技术与发明	其他	合计
3714～3739	23	8	244	101	130	1	8	88	120	34	195	30	232	1214
3740～3765	13	2	172	77	82		16	101	122	27	195	22	226	1055
1941年合计	36	10	416	178	212	1	24	189	242	61	390	52	458	2269
3766～3790	10	9	147	73	123	2	21	84	20	109	184	27	225	1034
3791～3817	6	8	200	80	101	4	17	98	78	101	174	34	229	1130
1942年合计	16	17	347	153	224	6	38	182	98	210	358	61	454	2164
3818～3843	14	5	158	65	93	3	11	86	134	35	158	35	203	1000
3844～3869	25	9	208	75	87	1	13	114	102	35	160	36	217	1082
1943年合计	39	14	366	140	180	4	24	200	236	70	318	71	420	2082
3870～3895	24	4	217	97	108	4	18	126	115	31	142	32	209	1127
3896～3922	11	4	232	124	104	4	12	103	138	34	180	15	225	1186
1944年合计	35	8	449	221	212	8	30	229	253	65	322	47	434	2313
3923～3948	5	10	224	131	88	3	25	97	134	21	178	15	208	1139
3949～3974	4	5	190	147	85	4	19	87	137	17	183	20	200	1098
1945年合计	9	15	414	278	173	7	44	184	271	38	361	35	408	2237
3975～4000	8	3	288	211	116	7	13	98	195	26	177	36	215	1393
4001～4026	10	4	290	196	88	11	21	92	224	37	254	36	221	1484
1946年合计	18	7	578	407	204	18	34	190	419	63	431	72	436	2877
4027～4052	9	4	249	196	86	1	15	61	227	21	178	27	201	1275
4053～4078	4	8	276	208	84	5	18	73	246	17	189	41	164	1333
1947年合计	13	12	525	404	170	6	33	134	473	38	367	68	365	2608
4079～4104	32	20	292	214	91	16	24	111	48	273	180	18	202	1521
4105～4130	47	28	286	180	103	13	20	79	42	271	222	9	134	1434
1948年合计	79	48	578	394	194	29	44	190	90	544	402	27	336	2955
4131～4156	65	34	291	209	118	19	28	135	42	213	150	43	154	1501
4157～4183	54	30	254	238	154	28	29	145	36	262	108	25	167	1530
1949年合计	119	64	545	447	272	47	57	280	78	475	258	68	321	3031
4184～4208	36	26	246	231	53	18	32	199	178	59	135	43	224	1480
4209～4235	29	18	268	244	58	9	36	231	164	61	125	61	207	1511
1950年合计	65	44	514	475	111	27	68	430	342	120	260	104	431	2991

Nature 1951 ～ 1960 年学科分布

期号	人类学	艺术与文学	生物学	化学	地球科学	历史学	数学	医学	物理学	天文学	政治与社会事务	技术与发明	其他	合计
4236 ～ 4240	4	5	42	35	14	4	5	40	33	14	20	5	47	268
4241 ～ 4245	3	2	40	36	17	2	11	38	38	19	27	13	39	285
4246 ～ 4250	4	2	49	41	15		5	44	38	11	35	14	36	294
4251 ～ 4255	5	3	53	41	13	3	9	33	46	14	35	9	42	306
4256 ～ 4260	3	5	52	48	6	6	5	44	31	18	42	7	36	303
4261 ～ 4265	2	2	43	40	14	4	12	53	36	7	29	11	39	292
4266 ～ 4270	5	7	47	45	10	2	13	39	34	13	33	9	30	287
4271 ～ 4275	7	5	43	33	11	4	4	48	40	15	42	13	40	305
4276 ～ 4280	3	4	43	34	9	5	8	45	37	9	31	13	34	275
4281 ～ 8287	7	3	63	51	19	13	6	44	41	15	53	11	58	384
1951 年合计	43	38	475	404	128	43	78	428	374	135	347	105	401	2999
4288 ～ 4292	5	6	52	36	10	1	7	29	27	7	40	7	39	266
4293 ～ 4297	8	8	48	40	12	6	7	36	43	12	29	9	34	292
4298 ～ 4302	4	3	46	42	17	5	11	31	36	10	25	8	40	278
4303 ～ 4307	2	3	50	37	13	5	7	40	29	12	42	16	55	311
4308 ～ 4312	10	7	46	34	9	7	7	31	34	6	37	12	41	281
4313 ～ 4317	3	2	59	45	14	6	4	41	27	13	35	13	38	300
4318 ～ 4322	8	1	54	40	20	11	4	37	25	17	31	9	31	288
4323 ～ 4327	6	4	46	42	22	8	5	29	32	10	36	8	39	287
4328 ～ 4332	7	6	56	64	14	4	6	31	30	5	30	6	40	299
4333 ～ 4339	10	7	65	58	23	7	6	48	47	16	40	13	47	387
1952 年合计	52	38	576	395	164	48	83	378	390	125	361	86	403	3099
4340 ～ 4344	6	5	56	36	9	3	2	34	48	10	30	7	47	293
4345 ～ 4349	6	2	56	38	9	7	11	48	32	15	28	12	47	311
4350 ～ 4354	4	4	61	35	17	6	6	32	33	8	33	6	33	278
4355 ～ 4359	7	3	45	33	17	4	9	35	41	12	28	9	36	279
4360 ～ 4364	4	5	53	41	16	2	5	28	41	10	40	9	36	290
4365 ～ 4369	5	5	57	41	16	4	15	35	41	13	36	10	32	310
4370 ～ 4374	3	1	70	36	30	1	13	45	35	12	40	14	31	334
4375 ～ 4379	8	4	48	44	21	4	6	34	34	15	34	4	40	296
4380 ～ 4384	4	3	62	38	13	5	7	42	30	15	38	2	41	300
4385 ～ 4391	5	6	68	53	16	9	9	45	55	15	54	13	60	408
1953 年合计	43	46	473	417	173	48	61	410	346	112	353	99	412	2993
4392 ～ 4396	6	5	49	44	20	7	10	28	39	9	36	7	51	311
4397 ～ 4401	4	5	65	45	19	9	8	22	46	8	37	10	40	318
4402 ～ 4406	3	9	55	35	23	9	11	44	34	10	37	8	40	318
4407 ～ 4411	3	12	57	36	24	13	9	31	39	15	48	8	44	339

续表

期号	人类学	艺术与文学	生物学	化学	地球科学	历史学	数学	医学	物理学	天文学	政治与社会事务	技术与发明	其他	合计
4412～4416	4	4	54	52	18	2	9	30	34	5	45	9	37	303
4417～4421	4	6	52	47	23	4	7	36	31	6	41	9	37	303
4422～4426	5	3	55	39	17	9	11	41	37	10	32	10	41	310
4427～4431	6	6	61	51	18	7	7	45	37	10	42	6	40	336
4432～4436	4	2	45	41	12	6	5	44	32	7	29	7	40	274
4437～4443	7	6	64	66	18	7	8	43	42	4	52	12	53	382
1954 年合计	63	56	588	538	213	69	68	515	436	99	382	131	429	3587
4444～4448	6	5	41	37	14	5	2	36	31	14	27	13	35	266
4449～4453	5	7	35	42	21	3	6	33	23	12	26	9	45	267
4454～4458	9	4	42	31	19	3	7	38	25	15	38	9	44	284
4459～4463	5	3	47	43	15	5	10	46	31	9	36	10	41	301
4464～4468	3	5	54	41	17	3	6	41	37	7	46	19	32	311
4469～4473	3	3	51	39	15	9	5	46	32	12	38	4	41	298
4474～4478	3	2	52	48	13	5	6	34	33	10	22	10	39	277
4479～4483	5	3	57	38	21	3	4	47	39	9	42	6	43	317
4484～4488		8	47	35	13	4	5	31	37	10	31	8	40	269
4489～4495	4	6	47	63	25	8	10	58	58	14	47	11	52	403
1955 年合计	43	46	473	417	173	48	61	410	346	112	353	99	412	2993
4496～4500	7	5	45	43	18	6	4	40	42	10	27	10	36	293
4501～4505	5	7	56	43	21	3	8	47	37	6	30	22	48	333
4506～4510	3	4	47	39	21	5	7	40	36	13	37	19	46	317
4511～4515	4	8	53	55	13	4	8	41	36	6	32	15	47	322
4516～4520	5	4	38	47	21	6	9	47	34	6	52	10	40	319
4521～4525	10	3	54	55	24	9	7	49	48	13	45	9	37	363
4526～4530	3	5	68	67	21	9	8	54	56	9	27	10	37	374
4531～4535	9	5	52	45	15	8	4	45	47	13	34	10	39	326
4536～4540	7	5	66	54	26	7	4	59	31	9	37	6	38	349
4541～4548	10	10	109	90	33	12	9	93	69	14	61	20	61	591
1956 年合计	63	56	588	538	213	69	68	515	436	99	382	131	429	3587
4549～4553	3	6	59	50	19	12	6	51	45	12	35	6	41	345
4554～4558	6	4	65	51	22	8	6	51	44	15	41	19	35	367
4559～4563	3	5	75	50	14	10	15	37	36	9	42	11	40	347
4564～4568	4	4	54	50	25	14	6	49	39	14	35	15	38	347
4569～4573	5	2	68	43	15	13	13	51	48	9	38	14	46	365
4574～4578	7	3	62	51	20	10	8	34	40	9	30	9	48	331
4579～4583	6	3	47	47	15	9	6	37	35	15	33	11	42	306
4584～4588	5	3	60	42	21	6	5	41	38	17	36	8	36	318

续表

期号	人类学	艺术与文学	生物学	化学	地球科学	历史学	数学	医学	物理学	天文学	政治与社会事务	技术与发明	其他	合计
4589～4593	4	9	47	51	13	3	6	53	36	27	32	6	33	320
4594～4600	13	16	100	91	27	12	12	109	63	25	59	12	56	595
1957 年合计	56	55	637	526	191	97	83	513	424	152	381	111	415	3641
4601～4605	9	6	84	69	29	12	17	74	39	16	25	15	40	435
4606～4610	8	3	86	73	20	9	4	78	54	12	33	16	39	435
4611～4615	6	8	93	83	32	10	14	85	47	18	39	10	40	485
4616～4620	11	5	87	74	24	13	12	56	47	15	49	15	54	462
4621～4625	7	8	78	61	29	8	13	58	43	11	37	9	38	400
4626～4630	12	5	86	66	21	3	11	78	55	11	36	9	33	426
4631～4635	3	7	88	69	33	8	9	67	42	17	47	8	30	428
4636～4640	4	9	90	67	15	11	6	85	41	13	31	7	31	410
4641～4645	5	3	71	71	17	11	15	78	49	13	33	12	43	421
4646～4652	6	3	118	93	31	17	20	104	61	26	55	13	59	606
1958 年合计	71	57	881	726	251	102	121	763	478	152	385	114	407	4508
4653～4657	14	5	67	63	27	6	7	74	49	15	28	15	43	413
4658～4662	1	12	77	92	23	7	6	68	39	19	33	8	40	425
4663～4667	13	8	103	81	29	11	8	82	51	15	27	11	37	476
4668～4772	4	2	79	52	26	8	8	79	49	9	46	12	30	404
4673～4677	7	5	87	54	31	7	13	76	43	13	34	9	32	411
4678～4682	1	5	87	63	33	6	9	85	33	12	61	11	37	443
4683～4687	5	5	90	93	28	11	9	99	54	14	56	16	51	531
4688～4692	6	1	89	72	27	13	13	77	60	19	60	20	36	493
4693～4697	5	8	101	57	33	15	11	72	75	17	47	21	47	509
4698～4704	10	8	143	96	29	9	9	112	71	17	54	15	48	621
1959 年合计	66	59	923	723	286	93	93	824	524	150	446	138	401	4726
4705～4709			175	47	20	2	4	26	32	9	43	1	33	392
4710～4714			165	55	14	12		27	40	9	63		36	421
4715～4719		1	214	66	33	7	6	42	39	17	101		33	559
4720～4724			183	66	28	9	2	30	44	6	89	2	44	503
4725～4729			175	58	26	5	3	46	51	23	79	4	46	516
4730～4734	1		177	50	21	7	6	46	47	12	96	1	38	502
4735～4739	1		159	67	33	1		58	47	18	74	2	35	497
4740～4744	1		176	54	18	8	8	51	49	9	90	2	38	504
4745～4749			172	41	30	3	1	46	50	16	89	1	29	478
4750～4756		2	251	78	31	4	9	65	89	16	114	4	49	712
1960 年合计	3	3	1847	582	254	58	41	437	488	135	838	17	381	5084

Nature 1961～1970 年学科分布

期号	人类学	艺术与文学	生物学	化学	地球科学	历史学	数学	医学	物理学	天文学	政治与社会事务	技术与发明	其他	合计
4757～4761		2	118	44	17	4	6	52	38	12	53	7	26	379
4762～4766		2	204	45	29	1	9	51	44	12	66		36	499
4767～4771	1		174	56	35	5	4	49	60	11	78	2	30	505
4772～4776		1	195	70	24	8	5	44	55	21	63	1	40	527
4777～4781	2	1	227	51	32	3	2	47	53	11	77	6	41	553
4782～4786	1	2	231	64	32	7	14	50	48	10	69	2	38	568
4787～4791	1		215	57	20	7	6	53	61	8	69	4	33	534
4792～4796	1	2	190	55	19	5	3	57	61	8	54	4	36	495
4797～4801	2		213	52	26	6	6	56	50	15	67	2	31	526
4802～4809		2	346	87	32	5	13	82	91	13	149	8	69	897
1961年合计	8	12	2113	581	266	51	68	541	561	121	745	36	380	5483
4810～4814	1	4	221	49	17	4	8	50	58	9	88	3	34	546
4815～4819			194	59	19	4	11	48	57	12	73	2	42	521
4820～4824		1	227	75	26	7	5	48	76	18	86	1	38	608
4825～4829	1	1	209	49	25	4	4	55	64	15	87		36	550
4830～4834		2	197	54	21	3	2	57	41	9	86		34	506
4835～4839		1	224	59	23	1	6	50	70	8	63	2	36	543
4840～4844	1	1	204	66	25	5	3	49	57	12	72		27	522
4845～4849	1		198	62	19	1	1	56	55	12	59	1	36	501
4850～4854		1	190	67	18	7	4	39	57	12	55	2	37	489
4855～4861	1	2	290	86	30	7	16	47	92	20	98	3	51	743
1962年合计	5	13	2154	626	223	43	60	499	627	127	767	14	371	5529
4862～4866	1	1	279	77	27	5	2	46	49	17	64	3	36	607
4867～4871			222	67	26	2	1	36	60	12	55	3	36	520
4872～4876			264	59	22	7	7	49	64	12	66	4	42	596
4877～4881			246	55	22	7	6	29	54	8	59	1	36	523
4882～4886		1	239	74	23	4	4	28	63	11	65	2	40	554
4887～4891			234	69	16	5	2	33	61	7	54	2	37	520
4892～4896		2	236	73	19	3	5	29	76	10	67		30	550
4897～4901			197	51	20	6	2	32	56	13	59	1	33	470
4902～4906		2	229	57	21	5	2	51	63	8	58	4	39	539
4907～4913	2	1	357	99	30	6	9	60	94	20	104	3	46	831
1963年合计	3	7	2503	681	226	50	40	393	640	118	651	23	375	5710
4914～4918	1	1	240	76	26	2	6	38	60	13	60	8	28	559

续表

期号	人类学	艺术与文学	生物学	化学	地球科学	历史学	数学	医学	物理学	天文学	政治与社会事务	技术与发明	其他	合计
4949~4923	3	1	239	77	17	5	3	26	72	11	61	4	31	550
4924~4928	3	3	224	72	28	3	6	27	63	10	76	5	33	553
4929~4933	2	5	252	60	22	1	6	22	54	8	65	1	31	529
4934~4938	1		264	52	21	4	4	15	60	14	71	2	34	542
4939~4943	3		250	65	28	1	5	17	64	11	68	2	34	548
4944~4948	4		260	56	26	3	5	20	57	12	97	3	30	573
4949~4953		2	245	47	18	3	5	27	66	7	66	1	31	518
4954~4958	2		233	70	28	1	2	24	43	6	75		36	520
4959~4965	1		342	97	43	1	3	37	73	26	100	1	47	771
1964年合计	20	12	2549	672	257	24	45	253	612	118	739	27	335	5663
4966~4970	3		205	39	36		3	22	32	7	44	1	32	424
4971~4975	3		234	48	42		3	25	47	15	79	1	35	532
4976~4980	1		237	53	34		7	35	48	12	71	1	53	552
4981~4985			239	59	33		6	24	44	8	61	1	40	515
4986~4990	1		216	48	39		5	24	57	12	57	2	37	498
4991~4995	1		264	59	37		6	28	43	11	63	4	28	544
4996~5000	1	1	257	60	53		2	33	53	14	66		36	576
5001~5005	3		221	51	37		3	26	51	13	71	5	40	521
5006~5010	2	2	219	41	35		2	28	41	12	74	3	37	496
5011~5017	5	1	320	76	50	1	5	47	58	16	82	1	68	730
1965年合计	20	4	2412	534	396	1	42	292	474	120	668	19	406	5388
5018~5022	3		243	51	47		4	31	57	14	46	4	32	532
5023~5027	4	1	230	38	31		4	31	46	5	69	4	42	505
5028~5032	3		271	43	42		4	27	53	7	69	2	50	571
5033~5037	3		246	44	40	1	4	20	54	5	54	2	43	516
5038~5042			239	56	46			27	33	13	30		36	480
5043~5047	3		245	60	33		3	26	50	16	39	4	46	525
5048~5052	5		255	63	36		3	16	62	21	39	1	41	542
5053~5057	3		210	64	35		3	18	52	15	56	1	41	498
5058~5062	2		273	51	37		3	15	44	8	59	4	46	542
5063~5070	4		422	105	59	1	5	38	107	24	96	3	70	934
1966年合计	30	1	2634	575	406	2	33	249	558	128	557	25	447	5645
5071~5075	4		261	41	28		7	15	50	17	56	6	59	544
5076~5080	1		277	30	27			19	37	11	45	4	54	505

续表

期号	人类学	艺术与文学	生物学	化学	地球科学	历史学	数学	医学	物理学	天文学	政治与社会事务	技术与发明	其他	合计
5081～5085		1	244	41	44		5	20	50	20	60	1	53	539
5086～5090			291	34	16		3	23	34	13	29	1	38	482
5091～5095	1	1	269	37	26			13	40	12	39	5	47	490
5096～5100	3	1	288	30	31		3	19	41	17	58	4	43	538
5101～5105	2		269	33	25		1	20	44	25	53	3	41	516
5106～5110			235	38	29		4	18	33	21	72	4	39	493
5111～5115	2		245	42	28	1	7	21	56	17	66	3	43	531
5116～5122	4	1	327	55	47		5	28	75	23	89	11	75	740
1967年合计	17	4	2706	381	301	1	35	196	460	176	567	42	492	5378
5123～5127	1		199	26	37		5	19	41	19	66	2	52	467
5128～5132	1	1	221	40	25		6	21	43	13	65	5	49	490
5133～5137		2	196	41	48		3	25	64	13	65	8	53	518
5138～5142			146	18	20		1	15	23	9	31	2	27	292
5143～5148			71	14	10		2	9	22	5	27	3	19	182
5149～5153	3		222	31	36		6	31	39	19	67	6	41	501
5154～5158	7		222	28	29	1	1	15	41	25	51	5	44	469
5159～5174	6		164	30	27		3	17	41	14	54	6	31	393
1968年合计	18	3	1441	228	232	1	27	152	314	117	426	37	316	3312
5175～5179	6		190	30	27		5	20	44	38	42	9	45	456
5180～5184	5	1	190	27	37		2	22	35	36	52	4	37	448
5185～5189	6	2	185	40	50	3	9	25	49	29	57	9	40	504
5190～5194	4		199	34	36	1	5	26	51	33	65	10	27	491
5195～5199	9	1	189	30	41		4	26	48	37	61	7	45	498
5200～5204	5		194	31	44		6	34	41	40	57	4	55	512
5205～5209	4		200	31	38		4	25	49	39	50	6	35	481
5210～5214	2	1	178	25	40		5	12	51	39	48	3	36	440
5215～5219	5		149	35	47		2	25	65	42	62	4	43	479
5220～5226	2		261	47	58		5	39	80	60	83	4	60	699
1969年合计	48	6	1935	330	418	4	47	254	513	393	577	60	423	5008
5227～5231	4		134	22	46	1	1	41	63	55	54	4	51	476
5232～5236	2		160	29	42	1	2	37	64	29	50	20	57	493
5237～5241	10	3	162	40	39	3	6	39	50	43	64	10	60	529
5242～5246	6	1	161	28	51	2	3	29	43	34	56	11	58	483
5247～5251	3		162	27	50	1	4	20	33	77	62	6	51	496

续表

期号	人类学	艺术与文学	生物学	化学	地球科学	历史学	数学	医学	物理学	天文学	政治与社会事务	技术与发明	其他	合计
5252～5256	4	2	221	25	47	1	10	47	32	39	42	4	47	521
5257～5261	4	2	194	30	53	2	6	30	53	38	42	9	55	518
5262～5266		3	203	19	43	1	1	15	38	32	48	12	55	470
5267～5271	3		195	21	43	2	2	16	35	40	54	6	48	465
5272～5278	7	2	283	31	70	1	6	17	63	52	93	6	83	714
1970年合计	43	13	1875	272	484	15	41	291	474	439	565	88	565	5165

Nature 1971 ～ 1980 年学科分布

期号	人类学	艺术与文学	生物学	化学	地球科学	历史学	数学	医学	物理学	天文学	政治与社会事务	技术与发明	其他	合计
5279～5283	3	1	144	19	35	1	3	13	34	30	43	4	47	377
5284～5288	3		125	25	36			12	29	21	44	9	49	353
5289～5293	5	1	133	22	49	1	4	7	24	23	46	6	48	369
5294～5298	4		129	13	29		1	11	27	35	46	3	42	340
5299～5303	4		131	18	34		3	16	30	28	42	4	39	349
5304～5308	2		129	19	37	3	1	24	25	23	43	2	39	347
5309～5313	11		136	36	51		4	16	24	25	38	1	31	373
5314～5318	3		126	26	39	1	2	14	17	31	43	5	34	341
5319～5323	4		108	25	26	1	5	14	28	16	51	1	37	316
5324～5330	3		177	40	46	1	2	18	27	39	79	8	53	493
1971 年合计	42	2	1338	243	382	8	25	145	265	271	475	43	419	3658
5331～5335	1	1	69	18	28			15	14	18	34	3	27	228
5336～5340	3		95	18	34	2	3	16	18	24	40	1	31	285
5341～5345	3		85	30	43	2	4	16	32	17	25	5	36	298
5346～5350	5		99	19	35		1	16	19	24	31	1	44	294
5351～5355	6		96	24	36		1	15	24	12	47	3	41	305
5356～5360	3	1	112	21	27		2	12	21	33	44	1	41	318
5361～5365	3		136	16	35		1	10	18	19	35		31	304
5366～5370	1	1	99	21	36		3	15	28	24	38		35	301
5371～5375	8		100	22	46		4	12	25	22	37	5	36	317
5376～5383	7	2	174	51	76		4	23	36	46	80	11	57	567
1972 年合计	40	5	1065	240	396	4	23	150	235	239	411	30	379	3217

续表

期号	人类学	艺术与文学	生物学	化学	地球科学	历史学	数学	医学	物理学	天文学	政治与社会事务	技术与发明	其他	合计
5384～5388	1		128	32	45		5	17	33	36	45	2	34	378
5389～5393	2		147	31	42	2	1	17	36	29	38	4	35	384
5394～5398	7		125	22	55		7	21	27	26	53	6	42	391
5399～5403	7	1	107	25	35	2	2	16	28	23	47	2	36	331
5404～5408	1		106	27	48		2	22	26	22	26	2	29	311
5409～5413	4		126	18	46		2	13	21	19	39	1	32	321
5414～5418	10		110	17	43		1	18	31	22	31	1	32	316
5419～5423	1	1	104	14	41		3	9	28	20	37	1	29	288
5424～5428	6	2	111	25	43		4	16	28	21	25	4	38	323
5429～5434	3	5	141	23	45		1	27	24	32	34	3	46	384
1973 年合计	42	9	1205	234	443	4	28	176	282	250	375	26	353	3427
5435～5439	5		119	17	32		2	25	21	16	19	1	20	277
5440～5444	5		171	19	50		1	17	15	37	31	1	40	387
5445～5449	3	1	169	16	59		4	18	33	27	44	3	34	411
5450～5454	4	1	182	27	33			18	30	25	42	1	37	400
5455～5459	4	1	181	21	59		2	18	30	23	24		34	397
5460～5464	3		154	18	48	1	1	29	24	25	33	2	35	373
5465～5469	3		149	30	50	1	2	14	24	26	50	1	39	389
5470～5474	5		139	20	41	1	2	26	26	32	43		41	376
5475～5479	3		175	21	40		2	24	22	25	40		49	401
5480～5485	1	1	181	31	63		4	46	32	37	50		46	492
1974 年合计	36	4	1620	220	475	3	20	235	257	273	376	9	375	3903
5486～5490	3	2	115	31	30			32	20	24	33		44	334
5491～5495	1		159	17	44		3	27	22	28	49	1	46	397
5496～5500	1		157	25	37	1	3	29	25	30	45	1	51	405
5501～5505	4		154	25	26		1	31	21	27	32	2	38	361
5506～5510	2	1	116	21	25		1	24	13	32	43		35	313
5511～5515	1		143	18	27		4	35	17	24	31		49	349
5516～5520	1		134	20	27		1	30	19	19	35		40	326
5521～5525			128	22	34		3	21	39	32	40	1	54	374
5526～5530	1		156	13	38			23	21	27	64	10	52	405
5531～5537	3		233	33	44	1	2	41	30	41	62		84	574
1975 年合计	17	3	1495	225	332	2	18	293	227	284	434	15	493	3838

续表

期号	人类学	艺术与文学	生物学	化学	地球科学	历史学	数学	医学	物理学	天文学	政治与社会事务	技术与发明	其他	合计
5538～5542			150	14	33		1	23	20	36	35		48	360
5543～5547	1		142	23	29		1	27	24	20	38		51	356
5548～5552	5	1	155	20	38		5	37	20	28	46	1	53	409
5553～5557			132	21	26		2	23	22	29	42		44	341
5558～5562	3		129	21	33		2	25	21	28	41		36	339
5563～5567	1		138	18	26			16	17	26	37		48	327
5568～5572	5		146	14	25			19	21	35	31		39	335
5573～5577			134	26	35		1	23	24	22	25		36	326
5578～5582	1		130	17	41		2	20	15	14	49	2	46	337
5583～5588	3	1	195	23	43		2	32	29	27	48		42	445
1976 年合计	19	2	1451	197	329		16	245	213	265	392	3	443	3575
5589～5593	1		136	11	41			34	19	22	35		43	342
5594～5598			142	16	35		1	29	28	27	51		43	372
5599～5603	1		121	29	31			30	22	33	49	1	38	355
5604～5608	2		140	18	38	2		24	26	40	54		41	385
5609～5613	1	1	139	23	32		1	23	24	21	45		35	345
5614～5618		1	137	19	42	1		23	25	17	54	3	36	358
5619～5623	1		141	16	32		1	23	21	34	45		46	360
5624～5628	3		121	15	26			32	30	29	40	1	37	334
5629～5633	1	1	124	17	42		1	20	24	25	63	1	42	361
5634～5639	3		140	21	41	2	1	30	26	36	65	1	47	413
1977 年合计	13	3	1341	185	360	5	5	268	245	284	501	7	408	3625
5640～5644	6		144	19	40	1	2	26	28	23	45	3	31	368
5645～5649	6		151	17	40		2	22	33	22	63	2	20	378
5650～5654	1		138	14	37	1		26	15	20	55	1	44	352
5655～5659	4		99	17	41		1	25	27	26	54	3	32	329
5660～5664		1	99	17	32			22	26	24	55	2	23	301
5665～5669	1		137	15	37			30	25	29	52	1	37	364
5670～5674	3		151	14	37			24	26	30	37	1	30	353
5675～5679	4	1	127	17	26		2	15	16	37	30		31	306
5680～5684	2		122	19	40		1	11	27	27	56		39	344
5685～5690	2		172	28	43			19	37	31	63	2	38	435
1978 年合计	29	2	1340	177	373	2	8	220	260	269	510	15	325	3530

续表

期号	人类学	艺术与文学	生物学	化学	地球科学	历史学	数学	医学	物理学	天文学	政治与社会事务	技术与发明	其他	合计
5691～5695	1		107	21	33		1	25	25	25	45	2	34	319
5696～5700	1		124	29	49		1	13	28	22	45	1	37	350
5701～5705	2		130	16	40	1		16	31	17	46	1	34	334
5706～5710	4		102	23	37		1	11	31	26	63	2	37	337
5711～5715	1	1	113	15	25		1	21	35	29	47	1	36	325
5716～5720			109	20	31		1	16	27	23	50	1	24	302
5721～5725			122	20	26			16	19	48	68		38	357
5726～5730	3		105	20	24	1		20	17	22	48		34	294
5731～5735	4		132	15	34			16	22	25	76	1	41	366
5736～5741	3		170	32	40			21	27	30	76	1	48	448
1979 年合计	19	1	1214	211	339	2	5	175	262	267	564	10	363	3432
5742～5746			138	26	29	2	1	37	48	18	56	2	18	375
5747～5751	3		160	46	37	1		22	73	23	62	4	12	443
5752～5756	1		143	31	41		1	18	37	22	52	2	20	368
5757～5761		1	81	23	30	1	1	19	31	14	74	6	14	295
5762～5766		1	118	19	40	1		17	32	15	36	3	14	296
5767～5771			146	16	36		2	9	44	15	49	2	17	336
5772～5776	1	1	145	14	45		3	11	37	11	30	1	16	315
5777～5781	1		131	18	40			9	31	17	47	2	16	312
5782～5786		1	115	20	50	1	1	22	42	23	47	3	16	341
5787～5792	1		179	15	40	8	2	26	41	21	56	1	20	410
1980 年合计	7	4	1356	228	388	14	11	190	416	179	509	26	163	3491

Nature 1981～1990 年学科分布

期号	人类学	艺术与文学	生物学	化学	地球科学	历史学	数学	医学	物理学	天文学	政治与社会事务	技术与发明	其他	合计
5793～5797			140	16	38	5		16	31	18	60	2	17	343
5798～5802	5		141	24	39	3	2	22	49	24	43		19	371
5803～5807	1		117	12	33	2	3	12	28	27	52	4	18	309
5808～5812	1		114	16	40	3	2	9	27	15	82	1	15	325
5813～5817	1	1	119	14	21			15	35	18	66		19	309

续表

期号	人类学	艺术与文学	生物学	化学	地球科学	历史学	数学	医学	物理学	天文学	政治与社会事务	技术与发明	其他	合计
5818 ～ 5822	2		137	21	35	1	1	22	34	14	65	2	18	352
5823 ～ 5827	1		113	25	26	1	1	9	42	30	56	2	20	326
5828 ～ 5832	1		110	21	36		3	25	36	16	63	5	23	339
5833 ～ 5837	4		125	26	41	1	2	14	35	16	82	2	16	364
5838 ～ 5843	3	1	148	23	56			24	40	24	75	1	23	418
1981 年合计	19	2	1264	198	365	16	14	168	357	202	644	19	188	3456
5844 ～ 5848	1		123	16	32		3	10	29	13	65	1	20	313
5849 ～ 5853	1		129	23	38		1	14	31	20	74	2	31	364
5854 ～ 5858		1	124	22	41	1	3	24	17	21	67	1	22	344
5859 ～ 5863	2		99	24	40		2	20	14	19	61	3	14	298
5864 ～ 5868	2		113	14	37	1	3	21	15	17	55	3	19	300
5869 ～ 5873	3		140	23	34		4	26	22	21	53		23	352
5874 ～ 5878	1		121	16	41			15	16	30	54	2	20	316
5879 ～ 5883	2	1	126	14	43		2	23	28	17	74	3	18	351
5884 ～ 5888			101	27	38		2	18	29	17	67		20	319
5889 ～ 5894			158	20	40		2	18	38	26	103	3	24	432
1982 年合计	12	2	1234	199	384	2	22	189	239	201	673	21	211	3389
5895 ～ 5899	1		114	11	50		2	18	30	22	54	1	18	321
5900 ～ 5904	2		142	15	45	1	1	21	43	23	87	2	16	398
5905 ～ 5909	2		121	12	37			19	26	29	62	3	20	331
5910 ～ 5914	3	1	108	11	37		4	15	39	30	77	3	22	350
5915 ～ 5919	1		111	15	37		2	23	35	26	63	2	29	344
5920 ～ 5924	4		117	23	41			25	36	19	69	1	26	361
5925 ～ 5929	2		127	17	42		3	15	32	28	55	2	22	345
5930 ～ 5934	2		108	19	41		3	10	36	19	58	1	21	318
5935 ～ 5939	5	1	119	12	38		5	17	34	31	73	6	25	366
5940 ～ 5945	2		159	25	45		2	17	38	20	83	4	25	420
1983 年合计	24	2	1226	160	413	1	22	180	349	247	681	25	224	3554
5946 ～ 5950	3		119	10	45		2	8	33	26	68	5	28	347
5951 ～ 5955			134	29	38		3	12	37	18	81	3	28	383
5956 ～ 5960	6		107	10	37		3	10	34	22	86	1	20	336
5961 ～ 5965	5		125	12	39		3	9	40	20	100	2	21	376
5966 ～ 5970	3		115	12	33		5	19	31	20	73	3	22	336
5971 ～ 5975			106	11	38		2	21	22	26	79	1	21	327

续表

期号	人类学	艺术与文学	生物学	化学	地球科学	历史学	数学	医学	物理学	天文学	政治与社会事务	技术与发明	其他	合计
5976～5980	1	1	98	12	39		7	14	42	25	69	4	19	331
5981～5985	3	1	135	23	46		3	26	34	16	70	4	23	384
5986～5990	3		99	14	43	1	1	19	40	20	64	4	27	335
5991～5996	2	3	168	18	52		5	25	46	29	86	6	21	461
1984 年合计	26	5	1206	151	410	1	34	163	359	222	776	33	230	3616
5997～6001	3		108	13	51	1		12	33	22	63	4	32	342
6002～6006	3		153	22	49	2	1	19	33	23	72	3	35	415
6007～6011	4		119	19	32		2	13	32	28	46		32	327
6012～6016	8		117	15	42		2	19	19	17	68	3	32	342
6017～6021	1		122	20	35		3	14	25	15	63	1	27	326
6022～6026	6		99	20	41		2	19	37	25	55	1	27	332
6027～6031	4		101	22	42			21	28	18	56	6	27	325
6032～6036	3		112	16	37		2	8	37	21	76	2	25	339
6037～6041	4		117	22	39			19	29	28	60		40	358
6042～6047	4		130	27	44		2	29	35	30	91	4	36	432
1985 年合计	40		1178	196	412	3	14	173	308	227	650	24	313	3538
6048～6052	2		110	22	39		1	12	24	26	57		32	325
6053～6057	4		123	23	58		1	23	31	34	76	2	35	410
6058～6062	1		114	25	43		2	18	21	31	53	3	31	342
6063～6067	3		114	19	24		1	20	38	32	54	3	34	342
6068～6072	6		115	18	31		1	18	34	61	53	2	27	366
6073～6077	5		107	15	56		2	20	24	26	67	2	28	352
6078～6082	8		113	18	41			9	18	27	64	5	24	327
6083～6087	5		142	22	50		2	20	34	26	56	1	28	386
6088～6092	4		120	25	24		1	22	32	29	60	2	25	344
6093～6098	4	1	153	25	45		3	24	41	31	88	7	35	457
1986 年合计	42	1	1211	212	411		14	186	297	323	628	27	299	3651
6099～6103	2		133	21	37		4	16	29	18	67	3	28	358
6104～6108	1	3	112	14	49		1	23	32	21	59	6	32	353
6109～6113	4	1	121	24	48		1	28	35	27	85	4	26	404
6114～6118	1		114	17	38		1	28	43	32	82	7	28	391
6119～6123	4		108	25	38			25	35	23	68	5	26	357
6124～6128	3		106	16	43	1	1	18	34	21	73	3	35	354
6129～6133	3		116	27	33			20	39	32	71	4	32	377

续表

期号	人类学	艺术与文学	生物学	化学	地球科学	历史学	数学	医学	物理学	天文学	政治与社会事务	技术与发明	其他	合计
6134～6138	5		127	28	50		2	24	32	18	90	4	25	405
6139～6143	4		125	27	35		1	25	37	18	92	4	22	390
6144～6150	4		160	33	57		1	32	50	35	165	4	45	586
1987 年合计	31	4	1222	232	428	1	12	239	366	245	852	44	299	3975
6151～6155	2		124	24	43			25	40	23	67	4	25	377
6156～6160	6	4	122	22	46		1	26	37	26	64	5	29	388
6161～6165	6		117	34	52			29	34	18	52		30	372
6166～6170	3		122	29	41		4	30	43	28	68	3	35	406
6171～6175	3	1	112	28	37			35	40	22	66	4	34	382
6176～6180	1	1	120	21	35			25	31	24	54	5	23	340
6181～6185	1		125	28	43		1	16	32	21	57	4	23	351
6186～6190	5	1	116	23	37			27	29	23	79	4	33	377
6191～6195	3		125	13	30			30	27	20	60	5	34	347
6196～6201	2		162	23	43			29	34	32	109	4	35	473
1988 年合计	32	7	1245	245	407		6	272	347	237	676	38	301	3813
6202～6206	1		143	25	42		3	18	29	17	82	5	26	391
6207～6211	2	1	118	27	40	1	1	22	35	21	68	7	30	373
6212～6216	1	2	113	20	43		1	15	32	23	69	3	19	341
6217～6221	4	1	111	18	34			14	42	16	108	3	25	376
6222～6226	3	3	119	21	31		1	16	31	15	69	2	18	329
6227～6231	2		113	21	43			12	29	19	83	2	23	347
6232～6236	2	2	108	16	34			13	39	25	75	3	18	335
6237～6241	1	2	135	19	42		2	17	26	18	91	2	27	382
6242～6246			135	14	39		2	11	31	31	79	7	20	369
6247～6252	6	1	174	23	62	1	1	15	32	14	145	2	22	498
1989 年合计	22	12	1269	204	410	2	11	153	326	199	869	36	228	3741
6253～6257		1	94	16	41	1	5	20	20	25	75	7	26	356
6258～6262	2	3	94	20	41	1	2	30	25	19	99	9	24	369
6263～6267	1		107	19	37		4	33	26	24	103	10	17	381
6268～6272	1		95	16	49	1	5	28	32	27	83	13	21	371
6273～6277	1		92	21	41	7	2	34	34	19	78	9	29	367
6278～6282	1	2	90	16	54		3	25	29	22	111	8	31	392
6283～6287		1	104	14	43		3	23	24	25	87	8	25	357
6288～6292	2		96	25	44		3	23	28	22	89	10	23	365

续表

期号	人类学	艺术与文学	生物学	化学	地球科学	历史学	数学	医学	物理学	天文学	政治与社会事务	技术与发明	其他	合计
6293～6297	1		96	16	50	2	6	33	19	17	93	8	21	363
6298～6303	1	8	111	20	53	1	3	34	33	33	112	13	30	452
1990 年合计	10	17	979	183	453	13	36	288	277	238	938	95	247	3773

Nature 1991 ～ 2000 年学科分布

期号	人类学	艺术与文学	生物学	化学	地球科学	历史学	数学	医学	物理学	天文学	政治与社会事务	技术与发明	其他	合计
6304～6308		3	82	18	39	1		30	21	19	67	4	32	316
6309～6313		3	74	17	51		1	27	27	19	82	9	36	346
6314～6318	3		93	19	67		1	30	25	29	67	4	31	369
6319～6323		3	85	17	33			27	27	23	61	14	31	321
6324～6328		2	94	16	34	3	1	31	26	18	66	10	36	337
6329～6333	3	1	96	19	54		2	36	25	20	81	14	28	379
6334～6338		2	88	21	34	1	4	23	26	30	81	13	30	353
6339～6343	1	4	93	21	47	2	3	25	26	21	102	4	34	383
6344～6348		3	95	21	42		2	25	31	27	89	7	33	375
6349～6354	1	4	92	19	41	3	1	26	21	20	73	4	29	334
1991 年合计	8	25	892	188	442	10	15	280	255	226	769	83	320	3513
6355～6359			86	25	36	1	2	36	21	19	93	6	32	357
6360～6364	2	1	91	14	38	2	3	34	23	23	72	9	22	334
6365～6369	4	1	94	23	33	1		28	26	15	85	12	27	349
6370～6374		1	90	16	43	1	1	25	25	17	74	8	32	333
6375～6379	3		88	16	41	1	1	32	27	20	47	8	37	321
6380～6384	3		89	19	40		2	34	21	17	64	5	31	325
6385～6389			80	9	38	1	1	42	16	17	69	7	37	317
6390～6394		1	95	12	51	2	4	42	32	22	73	9	43	386
6395～6399	1	2	108	18	32	1	1	36	19	26	53	5	32	334
6400～6406	3		136	18	60	1	4	45	26	35	118	7	49	502
1992 年合计	16	6	957	170	412	11	19	354	236	211	748	76	342	3558
6407～6411		2	109	12	40	1	2	37	16	14	65	8	32	338
6412～6416		1	100	12	44	2	1	37	27	20	86	9	35	374
6417～6421	2	4	104	17	40	2	2	41	23	22	81	13	23	374

续表

期号	人类学	艺术与文学	生物学	化学	地球科学	历史学	数学	医学	物理学	天文学	政治与社会事务	技术与发明	其他	合计
6422～6426	2	5	85	21	37	1	2	27	28	16	62	9	29	324
6427～6431	1	7	95	14	36		1	31	14	23	62	8	23	315
6432～6436		1	88	9	50	1	4	31	25	15	74	7	23	328
6437～6441		4	99	18	34			27	15	23	66	8	38	332
6442～6446		5	98	33	37	6	3	30	31	19	53	10	39	364
6447～6451	4		81	10	41	1	1	23	30	30	69	8	26	324
6452～6457	4	7	92	18	54	1	3	41	39	21	87	11	30	408
1993 年合计	13	36	951	164	413	15	19	325	248	203	705	91	298	3481
6458～6462	1		92	17	40		3	58	22	18	55	8	27	341
6463～6467	1	7	85	17	31		2	40	17	20	73	7	33	333
6468～6472	6	2	96	20	24			50	25	22	65	8	29	347
6473～6477		8	90	16	30	2	1	36	20	22	64	6	21	316
6478～6482	4		103	16	23	1	1	36	20	29	59	8	28	328
6483～6487	1	1	79	17	39		2	36	17	24	67	6	34	323
6488～6492	2	1	92	15	36		3	33	16	27	44	7	37	313
6493～6497	1		101	17	40	1	1	43	20	19	60	11	35	349
6498～6502		1	106	10	35	1	1	44	23	25	58	7	33	344
6503～6508	2	2	117	13	41	1	2	55	24	25	103	8	37	430
1994 年合计	18	22	961	158	339	6	16	431	204	231	648	76	314	3424
6509～6513	2	3	88	13	37	2	1	35	31	10	73	4	27	326
6514～6518	1		94	14	33		2	25	25	20	81	4	30	329
9519～6523	2		91	20	31		2	29	23	18	70	12	25	323
6524～6528			87	9	28			40	40	18	70	6	26	324
6529～6533	2		85	13	34		2	43	22	20	53	4	23	301
6534～6538			91	12	26	2	6	30	20	19	67	9	24	306
6539～6543	4	2	91	7	27		1	23	23	15	54	8	16	271
6544～6548	2		104	11	30		2	29	23	20	67	10	23	321
6549～6553	4		104	10	44			42	20	25	56	9	20	334
6554～6559	2	1	108	17	41			50	31	18	73	7	34	382
1995 年合计	19	6	943	126	331	4	16	346	258	183	664	73	248	3217
6560～6564	3	3	91	10	30		1	26	20	18	74	8	17	301
6565～6569	1	3	85	9	45	1		44	21	20	62	3	35	330
6570～6574	2	2	99	11	35		1	35	14	17	51	8	34	309
6575～6579	3		94	7	28	1	1	38	30	22	43	8	23	298

续表

期号	人类学	艺术与文学	生物学	化学	地球科学	历史学	数学	医学	物理学	天文学	政治与社会事务	技术与发明	其他	合计
6580～6584	3	1	81	19	35	3		31	16	27	50	8	33	307
6585～6589	2	1	97	11	32			30	18	19	71	9	28	318
6590～6594	2		97	21	34	3	1	31	12	16	49	10	26	302
6595～6599	2	1	105	18	30		5	44	19	17	68	5	31	345
6600～6604	1		102	13	29	2	1	46	19	16	61	1	38	329
6605～6610	2		122	14	29	1	2	41	28	29	61	6	38	373
1996 年合计	21	11	973	133	327	11	13	366	197	201	590	66	303	3212
6611～6615	3	2	100	17	24	3	2	23	20	20	55	3	32	304
6616～6620	1	3	97	14	31	1		43	27	16	41	7	24	305
6621～6625	4	5	107	19	32	2	2	38	24	15	59	5	26	338
6626～6630	4	5	114	15	40	1		35	33	21	42	7	33	350
6631～6635	2	2	98	9	33		6	29	22	16	63	6	32	318
6636～6640	2	2	83	17	40	1	2	33	25	22	41	7	39	314
6641～6645	1	3	91	19	28			35	16	20	37	6	39	295
6646～6650	2	1	104	17	38	1	2	42	19	18	53	8	35	340
6651～6655	1	7	110	22	37	2	5	43	21	16	47	6	28	345
6656～6661	2	13	117	15	45	2		49	28	21	62	5	43	402
1997 年合计	22	43	1021	164	348	13	19	370	235	185	500	60	331	3311
6662～6666		10	101	14	29	2		27	12	30	54	3	28	310
6667～6671		10	89	17	38		1	38	16	15	56	7	36	323
6672～6676	1	6	77	16	31	1	5	44	17	30	60	2	42	332
6677～6681	1	7	94	15	29		2	34	18	24	51	5	39	319
6682～6686	1	2	84	17	33		3	42	16	21	61	7	34	321
6687～6691	1	1	95	16	35	3	3	23	20	20	51	4	31	303
6692～6696	1		77	18	34	2	2	36	17	21	41	5	28	282
6697～6701	2	1	86	15	40	3	4	46	17	21	49	2	34	320
6702～6706	1	6	88	16	22	5	1	35	14	22	57	6	29	302
6707～6713	7	9	110	28	47	2	1	35	31	16	74	5	45	410
1998 年合计	15	52	901	172	338	18	22	360	178	220	554	46	346	3222
6714～6718	6	1	88	20	27		1	19	26	11	52	6	29	286
6719～6723	3		75	21	33	1	3	18	14	18	68	5	30	289
6724～6728	4	3	71	15	32	2	1	28	29	10	66	7	34	302
6729～6733	4	3	90	28	23	2	1	36	19	13	77	2	30	328
6734～6738	1	7	98	20	36	1	1	24	14	16	73	5	34	330

续表

期号	人类学	艺术与文学	生物学	化学	地球科学	历史学	数学	医学	物理学	天文学	政治与社会事务	技术与发明	其他	合计
6739～6743	1	3	83	18	28	2	5	42	24	17	43	7	34	307
6744～6748	3	4	94	26	46	2	2	29	16	17	38	2	36	315
6749～6753	2	4	102	16	28	1	1	17	19	22	52	12	39	315
6754～6758	1	2	117	12	36		2	27	26	16	41	8	27	315
6759～6764	2	5	142	18	32		4	25	31	23	55	13	41	391
1999 年合计	28	32	982	194	322	12	21	282	222	166	588	68	334	3251
6765～6769	2	4	99	17	25	1	7	40	32	11	37	14	28	317
6770～6774	14	3	109	12	29	1	3	32	23	14	29	3	44	316
6775～6779	7	4	125	20	20		2	23	36	15	29	4	53	338
6780～6784	5	4	107	18	20			33	26	23	38	7	45	326
6785～6789	4	2	103	14	38	1	5	29	27	20	33	2	46	324
6790～6794	3	3	106	19	24		2	32	28	16	28	6	34	301
6795～6799	2	3	101	21	37		1	33	17	11	28	7	41	302
6800～6804	5	1	108	20	31	1	2	35	28	18	53	6	39	347
6805～6809	3	2	97	22	39		2	31	13	13	47	5	33	307
6810～6815	5	2	116	17	52			36	43	18	45	4	35	373
2000 年合计	50	28	1071	180	315	4	24	324	273	159	367	58	398	3251

附录 2   *Science* 20 世纪内容统计表 [①]

Science 1901 ～ 1910 年学科分布

期号	人类学	生物学	医学	物理学	天文学	化学	数学	地球科学	科学与社会	工程与技术	其他	合计
314 ～ 339	26	110	21	33	37	46	14	81	158	20	38	584
340 ～ 365	16	83	23	32	17	28	8	52	130	14	50	453
1901 年合计	42	193	44	65	54	74	22	133	288	34	88	1037
366 ～ 391	24	129	12	27	11	34	16	73	120	25	69	540
392 ～ 417	19	111	10	20	14	23	6	38	89	16	71	417
1902 年合计	43	240	22	47	25	57	22	111	209	41	140	957
418 ～ 443	19	124	19	21	20	29	10	68	107	12	63	492
444 ～ 469	16	85	23	33	3	15	6	47	74	11	65	378
1903 年合计	35	209	42	54	23	44	16	115	181	23	128	870
470 ～ 495	17	107	17	15	9	33	15	60	124	7	64	468
496 ～ 522	14	111	25	15	8	21	12	45	95	8	67	421
1904 年合计	31	218	42	30	17	54	27	105	219	15	131	889
523 ～ 548	8	110	15	19	8	28	18	59	119	13	56	453
549 ～ 574	10	117	13	22	7	27	23	38	98	16	60	431
1905 年合计	18	227	28	41	15	55	41	97	217	29	116	884
575 ～ 600	11	126	19	17	12	39	18	76	123	4	67	512
601 ～ 626	9	94	11	13	8	27	14	62	84	12	65	399
1906 年合计	20	220	30	30	20	66	32	138	207	16	132	911
627 ～ 652	15	128	7	11	10	40	9	81	85	6	70	462
653 ～ 678	6	138	22	17	8	32	21	50	81	9	64	448
1907 年合计	21	266	29	28	18	72	30	131	166	15	134	910
679 ～ 704	12	106	22	21	10	35	9	53	99	7	60	434
705 ～ 730	8	91	25	20	12	31	8	53	101	16	65	430
1908 年合计	20	197	47	41	22	66	17	106	200	23	125	864
731 ～ 756	19	140	12	17	14	37	13	39	123	13	68	495
757 ～ 783	21	138	16	22	15	43	16	32	102	8	63	476
1909 年合计	40	278	28	39	29	80	29	71	225	21	131	971
784 ～ 808	18	96	29	24	18	44	16	43	100	7	72	467
809 ～ 835	23	83	28	19	7	26	11	41	86	13	69	406
1910 年合计	41	179	57	43	25	70	27	84	186	20	141	873

---

① 据 *Science online* 中提供的目次，选取 1901 ～ 2000 年共 278 卷 5189 期，即 314 ～ 5500 期为统计资料，前 50 年因为数值太小，在此按照每年期刊号分两部分合计后的数据呈现，后 50 年按照每 5 期为单位（每年最后一个通常多于 5 期，因为每年周刊约 52 期）依期刊号次序呈现；所有数据最后都以年份为单位合计呈现.

Science 1911 ～ 1920 年学科分布

期号	人类学	生物学	医学	物理学	天文学	化学	数学	地球科学	科学与社会	工程与技术	其他	合计
836 ～ 861	13	109	24	23	5	32	18	30	97	22	72	445
862 ～ 887	23	84	36	26	5	30	13	40	82	19	60	418
1911 年合计	36	193	60	49	10	62	31	70	179	41	132	863
888 ～ 913	24	106	24	18	4	27	13	41	86	14	64	421
914 ～ 939	17	98	30	18	10	20	13	36	84	20	65	411
1912 年合计	41	204	54	36	14	47	26	77	170	34	129	832
940 ～ 965	29	113	22	18	4	22	11	49	113	10	60	451
966 ～ 991	15	106	24	31	2	19	19	39	74	5	69	403
1913 年合计	44	219	46	49	6	41	30	88	187	15	129	854
992 ～ 1017	27	89	23	23	6	21	11	39	108	15	58	420
1018 ～ 1043	17	91	29	23	5	25	20	49	100	18	58	435
1914 年合计	44	180	52	46	11	46	31	88	208	33	116	855
1044 ～ 1069	11	96	38	15	8	20	8	34	93	34	65	422
1070 ～ 1096	13	88	29	20	4	23	12	35	95	21	63	403
1915 年合计	24	184	67	35	12	43	20	69	188	55	128	825
1097 ～ 1122	13	87	37	27	6	21	12	38	73	21	65	400
1123 ～ 1148	14	83	43	17	4	26	14	36	96	17	64	414
1916 年合计	27	170	80	44	10	47	26	74	169	38	129	814
1149 ～ 1174	13	65	40	18	4	17	11	28	106	23	62	387
1175 ～ 1200	14	68	45	17	9	51	6	35	81	22	57	405
1917 年合计	27	133	85	35	13	68	17	63	187	45	119	792
1201 ～ 1226	11	75	40	8	8	22	12	37	68	26	68	375
1227 ～ 1252	8	66	55	20	6	25	10	38	96	21	67	412
1918 年合计	19	141	95	28	14	47	22	75	164	47	135	787
1253 ～ 1278	14	77	44	15	9	27	7	35	80	14	68	390
1279 ～ 1304	2	59	40	22	5	34	5	44	98	15	67	391
1919 年合计	16	136	84	37	14	61	12	79	178	29	135	781
1305 ～ 1330	19	70	19	27	17	34	14	35	119	14	41	409
1331 ～ 1357	8	70	26	26	10	47	7	51	133	15	35	428
1920 年合计	27	140	45	53	27	81	21	86	252	29	76	837

Science 1921～1930 年学科分布

期号	人类学	生物学	医学	物理学	天文学	化学	数学	地球科学	科学与社会	工程与技术	其他	合计
1358～1382	8	63	39	15	10	24	6	37	143	19	41	405
1383～1409	7	76	43	27	6	54	12	31	124	23	42	445
1921 年合计	15	139	82	42	16	78	18	68	267	42	83	850
1410～1435	9	83	42	30	8	41	8	38	153	19	36	467
1436～1461	10	63	42	17	10	61	9	43	142	18	43	458
1922 年合计	19	146	84	47	18	102	17	81	295	37	79	925
1462～1487	14	78	44	27	9	60	11	35	124	12	41	455
1488～1513	2	72	41	28	7	45	6	26	153	13	41	434
1923 年合计	16	150	85	55	16	105	17	61	277	25	82	889
1514～1539	14	74	46	29	6	53	14	32	153	14	60	495
1540～1565	8	82	56	29	5	45	5	35	149	13	54	481
1924 年合计	22	156	102	58	11	98	19	67	302	27	114	976
1566～1591	18	132	78	38	21	63	11	43	159	29	63	655
1592～1617	15	88	94	43	8	54	6	52	161	40	57	618
1925 年合计	33	220	172	81	29	117	17	95	320	69	120	1273
1618～1643	11	81	54	28	10	34	8	42	161	23	60	512
1644～1670	11	91	64	26	9	52	11	33	153	18	58	526
1926 年合计	22	172	118	54	19	86	19	75	314	41	118	1038
1671～1695	11	131	74	48	14	47	3	50	138	22	85	623
1696～1722	13	147	90	44	19	61	3	62	133	22	73	667
1927 年合计	24	278	164	92	33	108	6	112	271	44	158	1290
1723～1748	15	99	68	28	11	36	12	37	127	26	77	536
1749～1774	7	109	65	31	16	47	5	43	116	28	89	556
1928 年合计	22	208	133	59	27	83	17	80	243	54	166	1092
1775～1800	11	141	103	46	19	51	8	57	148	35	89	708
1801～1826	15	116	83	22	18	39	7	75	129	36	123	663
1929 年合计	26	257	186	68	37	90	15	132	277	71	212	1371
1827～1852	17	90	43	32	17	34	13	44	69	25	104	488
1853～1878	16	91	42	31	15	32	16	53	44	33	117	490
1930 年合计	33	181	85	63	32	66	29	97	113	58	221	978

Science 1931 ～ 1940 年学科分布

期号	人类学	生物学	医学	物理学	天文学	化学	数学	地球科学	科学与社会	工程与技术	其他	合计
1879 ～ 1904	20	124	33	34	12	30	16	62	55	28	118	532
1905 ～ 1930	14	109	46	26	11	32	14	34	42	35	117	480
1931 年合计	34	233	79	60	23	62	30	96	97	63	235	1012
1931 ～ 1956	15	116	37	26	13	29	12	32	36	36	116	468
1957 ～ 1983	12	128	33	25	13	38	20	33	41	42	122	507
1932 年合计	27	244	70	51	26	67	32	65	77	78	238	975
1984 ～ 2009	19	118	31	26	13	39	18	48	38	38	112	500
2010 ～ 2035	12	116	27	21	12	36	13	38	48	33	112	468
1933 年合计	31	234	58	47	25	75	31	86	86	71	224	968
2036 ～ 2061	16	83	46	24	9	51	9	43	54	33	124	492
2062 ～ 2087	13	96	49	31	9	38	15	40	56	34	92	473
1934 年合计	29	179	95	55	18	89	24	83	110	67	216	965
2088 ～ 2113	19	89	45	25	17	36	13	47	76	33	88	488
2114 ～ 2139	13	94	58	32	7	32	8	56	66	27	63	456
1935 年合计	32	183	103	57	24	68	21	103	142	60	151	944
2140 ～ 2165	23	70	54	47	19	57	16	58	69	41	76	530
2166 ～ 2191	21	63	53	45	18	49	13	53	62	38	62	477
1936 年合计	44	133	107	92	37	106	29	111	131	79	138	1007
2192 ～ 2217	22	75	43	38	16	52	15	48	55	38	62	464
2218 ～ 2244	24	79	56	51	18	49	17	59	67	47	67	534
1937 年合计	46	154	99	89	34	101	32	107	122	85	129	998
2245 ～ 2269	27	52	62	43	15	38	18	52	57	37	44	445
2270 ～ 2296	22	51	57	42	18	39	12	57	53	43	54	448
1938 年合计	49	103	119	85	33	77	30	109	110	80	98	893
2297 ～ 2322	17	67	63	47	13	42	19	48	84	38	50	488
2323 ～ 2348	23	57	90	42	17	48	19	47	74	39	58	514
1939 年合计	40	124	153	89	30	90	38	95	158	77	108	1002
2349 ～ 2374	7	113	75	18	6	35	12	44	125	39	94	568
2375 ～ 2400	5	119	77	15	11	36	11	29	111	41	87	542
1940 年合计	12	232	152	33	17	71	23	73	236	80	181	1110

Science 1941 ～ 1950 年学科分布

期号	人类学	生物学	医学	物理学	天文学	化学	数学	地球科学	科学与社会	工程与技术	其他	合计
2401 ～ 2426	3	115	81	18	11	25	6	22	160	41	79	561
2427 ～ 2452	8	121	87	13	15	34	10	37	134	29	86	574
1941 年合计	11	236	168	31	26	59	16	59	294	70	165	1135
2453 ～ 2478	16	133	99	9	9	25	8	36	164	27	89	615
2479 ～ 2504	4	122	91	7	5	29	5	32	145	31	94	565
1942 年合计	20	255	190	16	14	54	13	68	309	58	183	1180
2505 ～ 2530	9	91	77	14	9	30	8	22	154	25	87	526
2531 ～ 2557	11	103	85	15	14	29	11	37	123	24	90	542
1943 年合计	20	194	162	29	23	59	19	59	277	49	177	1068
2558 ～ 2583	15	85	89	9	8	25	6	19	130	27	93	506
2584 ～ 2609	6	95	98	15	3	26	11	17	121	20	104	516
1944 年合计	21	180	187	24	11	51	17	36	251	47	197	1022
2610 ～ 2635	7	125	117	17	7	22	6	28	136	26	84	575
2636 ～ 2661	5	119	113	19	5	34	8	12	112	25	102	554
1945 年合计	12	244	230	36	12	56	14	40	248	51	186	1129
2662 ～ 2687	9	90	116	16	3	29	4	20	92	28	87	494
2688 ～ 2713	4	74	94	14	9	30	10	13	64	22	68	402
1946 年合计	13	164	210	30	12	59	14	33	156	50	155	896
2714 ～ 2739	3	87	124	7	3	32	7	6	27	29	78	403
2740 ～ 2765	5	69	108	8	9	36	1	8	26	20	81	371
1947 年合计	8	156	232	15	12	68	8	14	53	49	159	774
2766 ～ 2791	2	98	67	15	2	46	4	11	38	21	72	376
2792 ～ 2818	2	118	80	14	3	53	1	24	40	23	75	433
1948 年合计	4	216	147	29	5	99	5	35	78	44	147	809
2819 ～ 2843	2	96	85	14	7	39	2	13	23	16	69	366
2844 ～ 2870	5	85	78	21	5	54	3	11	39	35	80	416
1949 年合计	7	181	163	35	12	93	5	24	62	51	149	782
2871 ～ 2895	6	101	77	10	1	42	2	16	34	17	67	373
2896 ～ 2922	2	131	102	14	3	35	6	13	43	23	89	461
1950 年合计	8	232	179	24	4	77	8	29	77	40	156	834

Science 1951 ～ 1960 年学科分布

期号	人类学	生物学	医学	物理学	天文学	化学	数学	地球科学	科学与社会	工程与技术	其他	合计
2923 ～ 2927		19	15	14	1	13	2	2	5	1	11	83
2928 ～ 2932	1	24	13	4		8	1	2	19	6	16	94
2933 ～ 2937		22	20	5		17	2	3	13	6	23	111
2938 ～ 2942		31	26	12	2	19	3	6	15	4	18	136
2943 ～ 2947	1	30	26	5		8	1	8	10		18	107
2948 ～ 2952	1	31	24	5		11		5	12	3	20	112
2953 ～ 2957	2	30	23	5		9	1	5	10	2	24	111
2958 ～ 2962	2	16	15	5		10	2	2	6	8	17	83
2963 ～ 2967	3	26	16	5	1	13	1	3	14	5	18	105
2968 ～ 2974	1	29	19	3	2	20	2	2	18	2	24	122
1951 年合计	11	258	197	63	6	128	15	38	122	37	189	1064
2975 ～ 2979		22	29	3		7		5	9	2	21	98
2980 ～ 2984	1	23	23	4	1	9		6	11	3	20	101
2985 ～ 2989		22	15	4		6		5	8	3	17	80
2990 ～ 2994	2	17	33	6	2	15	3	8	13	6	21	126
2995 ～ 2999	1	35	13	1	3	11	2	4	7	10	21	108
3000 ～ 3004	1	22	14	2		11	1	3	10	3	17	84
3005 ～ 3009		32	20	5	3	14	2	4	7	5	18	110
3010 ～ 3014	1	20	19	3		9	2	5	8	6	18	91
3015 ～ 3019		16	24	2		15	4	3	13	1	21	99
3020 ～ 3026	1	27	22	8	4	19		7	16	1	27	132
1952 年合计	7	236	212	38	13	116	14	50	102	40	201	1029
3027 ～ 3031		27	21	9	1	9		5	8	5	20	105
3032 ～ 3036	2	19	8	5		10		2	13	6	22	87
3037 ～ 3041		21	10	5	3	10	4	1	14	3	18	89
3042 ～ 3046	2	25	21	8	1	14	1	4	16	4	21	117
3047 ～ 3051	1	35	13	6	1	7		2	15	4	21	105
3052 ～ 3056	1	32	22	5		12		3	6	4	14	99
3057 ～ 3061	1	22	27	5	4	11		1	8	2	18	99
3062 ～ 3066	1	24	25	7		17	2	7	11	3	18	115
3067 ～ 3071		22	19	13	1	10		1	11	5	20	102
3072 ～ 3078	2	38	23	5	2	17	1	3	15	6	25	137
1953 年合计	10	265	189	68	13	117	8	29	117	42	197	1055
3079 ～ 3083	1	24	10	9		14	2	4	7	5	18	94
3084 ～ 3088		16	16	7		10	1	9	23	2	17	101

续表

期号	人类学	生物学	医学	物理学	天文学	化学	数学	地球科学	科学与社会	工程与技术	其他	合计
3089～3093		26	16	10	2	16		12	13		21	116
3094～3098	5	32	17	7	1	20	1	24	20	7	20	154
3099～3103		25	18	6	1	9	4	9	15	1	24	112
3104～3108		27	21	10		22	2	1	13	6	23	125
3109～3113	1	41	33	14	1	23	2	4	14	10	21	164
3114～3118	6	31	17	7	2	22	1	6	15	9	25	141
3119～3123		25	23	18		20	5	9	15	16	23	154
3124～3131	5	37	52	14		33	3	4	25	9	32	214
1954 年合计	18	284	223	102	7	189	21	82	160	65	224	1375
3132～3136	1	21	11	4	1	13	1	8	12		25	97
3137～3141	1	16	12	7		13	1	2	16	1	22	91
3142～3146		18	8	7		11	1	2	19	1	28	95
3147～3151		13	13	3		9	1	2	18	3	26	88
3152～3156		21	7	6		8		4	14	3	25	88
3157～3161		15	8	6		7	2	3	11	4	29	85
3162～3166	1	13	14	1	1	13	1	1	11		25	81
3167～3171		12	13	3		8		2	13	2	22	75
3172～3176		14	5	6		10	1	8	10	5	25	84
3177～3183	2	23	13	3		13	2	4	16	1	37	114
1955 年合计	5	166	104	46	2	105	10	36	140	20	264	898
3184～3188	1	14	9	2		9	1	3	14		23	76
3189～3193	2	16	7	5		12	1	3	15	2	27	90
3194～3198	1	18	18	1	1	9	4	4	12		25	93
3199～3203	2	23	18	6	2	6		2	17	2	29	107
3204～3208	3	30	25	6		14	2	4	10	2	29	125
3209～3213		23	21	8	1	13	2	3	8		24	103
3214～3218	1	15	30	2	2	4	2	2	17	4	32	111
3219～3223	1	14	16	3	2	6	1	4	14	1	29	91
3224～3228		11	11	7	1	6	4	1	15	3	25	84
3229～3235	4	19	19	5		8	2	5	23	1	42	128
1956 年合计	15	183	174	45	9	87	19	31	145	15	285	1008
3236～3240		14	12	2		9		1	11	1	19	69
3241～3245	1	17	13	10		6		2	10	1	20	80
3246～3250	2	26	24	2	1	10	1	3	4	1	25	99
3251～3255	3	29	16	4		9	1		16	1	21	100
3256～3260		21	25	7	1	11		1	14	3	21	104

续表

期号	人类学	生物学	医学	物理学	天文学	化学	数学	地球科学	科学与社会	工程与技术	其他	合计
3261～3265		28	13	4		9	2	3	11	3	21	94
3266～3270		22	23	5	1	5	1	5	8		20	90
3271～3275	2	20	23	4	2	4		3	10	2	21	91
3276～3280	1	22	19	5	1	5	1	3	9	3	19	88
3281～3287	1	34	22	5	1	4		4	17	2	31	121
1957 年合计	10	233	190	48	7	72	6	25	110	17	218	936
3288～3292	3	20	21	7		5		2	5		19	82
3293～3297	1	19	24	3	3	11	2	3	34	2	21	123
3298～3302		26	17	8	2	5		3	17	3	21	102
3303～3307	3	21	16	5	2	4		4	24	4	17	100
3308～3312	3	16	21	2	1	11	2	4	10	3	19	92
3313～3317	5	28	20	4	4	11	1	4	8	6	14	105
3318～3322	3	28	16	4	4	12	1	2	12	6	15	103
3323～3327	3	21	24	4	3	8	1	1	10	8	15	98
3328～3332	1	21	12	6	1	12	2	4	12	9	13	93
3333～3339		26	25	11	2	11	4		29	10	23	141
1958 年合计	22	226	196	54	22	90	13	27	161	51	177	1039
3340～3344	6	20	12	7	1	9	4	2	23	7	17	108
3345～3349	3	19	23	5	3	5	5	11	36	7	15	132
3350～3354	3	21	25	4	1	12	1	2	26	5	12	112
3355～3359		20	14	4	1	4	2	6	26	1	15	93
3360～3364	2	30	17	2	1	11		5	15	1	16	100
3365～3369		18	22	2		9	1	5	25	3	19	104
3370～3374	3	25	13	3		4	1	5	16	3	20	93
3375～3379	2	27	12	7	3	8		3	13	5	22	102
3380～3384	1	20	13	2	4	6	3	5	8	3	22	87
3385～3391	2	28	17	2	4	5		7	28	3	29	125
1959 年合计	22	228	168	38	18	73	17	51	216	38	187	1056
3392～3396	2	41	6	9	2	6	2	11	40	1	23	143
3397～3401		45	9	12	2	2	1	8	63	2	18	162
3402～3406		53	6	8	4	4	2	7	61	3	21	169
3407～3411	3	46	6	14		8	5	14	72	5	17	190
3412～3416	6	52	5	5	1	6	2	18	50	4	25	174
3417～3421		44	8	8		4	7	9	52	5	24	161
3422～3426		44	8	12	2	4	2	5	57	1	28	163
3427～3431	3	41	2	7	1	4	1	3	51	3	24	140

续表

期号	人类学	生物学	医学	物理学	天文学	化学	数学	地球科学	科学与社会	工程与技术	其他	合计
3432～3436		27	4	8	1	2	3	8	48	5	16	122
3437～3444	5	73	9	15	1	7	1	11	71	2	34	229
1960 年合计	19	466	63	98	14	47	26	94	565	31	230	1653

Science 1961 ～ 1970 年学科分布

期号	人类学	生物学	医学	物理学	天文学	化学	数学	地球科学	科学与社会	工程与技术	其他	合计
3445～3449	4	47	4	4		2	1	2	46	2	11	123
3450～3454		32	7	7	1	2	1	10	45	2	9	116
3455～3459	4	56	4	7	4	2		5	45	3	10	140
3460～3464	4	55	1	14	4	6	3	10	67	6	9	179
3465～3469	5	48	9	4	1	7	1	7	33	5	7	127
3470～3474	1	50	5	8	3	3	1	7	41	2	7	128
3475～3479		52	7	6	4	6	4	10	41	1	12	143
3480～3484	2	56	3	11	2	3		6	51		8	143
3485～3489		47	6	6	3	3	2	7	48	2	10	134
3490～3496	2	76	6	6	1	4	3	9	64	1	10	182
1961年合计	22	519	52	73	23	38	16	73	481	25	93	1415
3497～3501	1	42	5	8	2	8	2	12	49	3	5	137
3502～3506	5	64	7	6	1	2	4	12	65	4	16	186
3507～3511	4	58	5	9	1	9	1	10	58	3	24	182
3512～3516	3	74	11	15	4	15	4	16	48	3	7	200
3517～3521	2	47	9	6	3	4	1	5	35	4	12	128
3522～3526	2	42	4	4	2	3	5	8	35	2	10	117
3527～3531	2	75	10	5		10	4	13	36	2	11	168
3532～3536	2	85	3	13	4	8	7	10	39	1	11	183
3537～3541	2	75	5	13	3	18	4	12	47	10	10	199
3542～3548	1	74	7	17	7	13	7	15	56	4	14	215
1962年合计	24	636	66	96	27	90	39	113	468	36	120	1715
3549～3553	2	63	8	12	9	15	6	15	38	3	11	182
3554～3558	1	89	9	17	6	16	7	18	56	7	10	236
3559～3563	1	86	10	25	1	20	2	17	40	2	31	235
3564～3568	1	126	4	21	12	21	2	21	55	5	8	276
3569～3573		73	5	8	1	11	6	18	34	6	1	163
3574～3578	6	77	7	14	3	20		6	41	3	14	192

续表

期号	人类学	生物学	医学	物理学	天文学	化学	数学	地球科学	科学与社会	工程与技术	其他	合计
3579～3583	3	83	11	18	3	8	4	11	44	1	22	208
3584～3588	6	87	9	9	5	15	2	15	43	1	26	218
3589～3593	2	82	10	21	4	20	5	15	54	11	20	244
3594～3600	2	140	9	20	3	23	5	15	74	5	46	342
1963年合计	24	906	82	165	47	169	40	151	479	44	189	2296
3601～3605	5	84	9	15	3	14	6	15	49	7	38	245
3606～3610	4	98	11	16	2	17	8	25	63	14	28	286
3611～3615	2	99	11	16	3	21	3	10	55	3	19	242
3616～3620	5	123	17	24	9	29	13	24	48	8	16	316
3621～3625	2	102	7	9	3	6	3	15	33	3	12	195
3626～3630	1	116	14	10	3	9	5	20	44	3	11	236
3631～3635	2	104	13	12	4	19	6	12	48	4	10	234
3636～3640	1	105	16	20	7	17	2	16	43	4	8	239
3641～3645	5	104	11	23	6	17	1	16	43	5	8	239
3646～3652	3	137	15	20	10	22	6	23	69	6	16	327
1964年合计	30	1072	124	165	50	171	53	176	495	57	166	2559
3653～3657	1	81	7	25	6	19	7	23	42	2	9	222
3658～3662		88	16	24	7	21	7	30	62	8	19	282
3663～3667	3	85	8	28	4	18	4	21	50	4	7	232
3668～3672	4	123	13	29	14	17	11	27	64	6	16	324
3673～3677	4	91	9	17	8	16	10	26	51	4	9	245
3678～3682	4	101	12	17	6	13	2	19	44	4	17	239
3683～3687	1	98	11	16	8	10	4	24	45	5	33	255
3688～3692	3	71	11	17	11	8	7	13	45	2	25	213
3693～3697	3	98	11	22	3	9	1	22	40	1	24	234
3698～3705	10	186	13	31	8	25	4	27	88	7	48	447
1965年合计	33	1022	111	226	75	156	57	232	531	43	207	2693
3706～3710	2	111	12	9	7	15	1	20	54	1	26	258
3711～3715	9	86	11	16	10	11	7	16	69	3	23	261
3716～3720	5	109	8	9	11	17	3	13	51	3	29	258
3721～3725	7	136	16	23	6	20	7	31	65	3	20	334
3726～3730	3	112	10	9	7	10	4	15	48		26	244
3731～3735	3	96	11	10	11	10	6	21	53	1	11	233
3736～3740	3	103	11	20	9	10	3	25	43	2	13	242
3741～3745	2	98	9	20	6	14	4	9	53	3	12	230
3746～3750	2	98	10	13	7	14	3	22	47	4	18	238

期号	人类学	生物学	医学	物理学	天文学	化学	数学	地球科学	科学与社会	工程与技术	其他	合计
3751~3757	5	135	15	21	9	25	5	34	75	4	20	348
1966年合计	41	1084	113	150	83	146	43	206	558	24	198	2646
3758~3762	1	92	7	6	12	16	2	11	42	1	29	219
3763~3767	1	85	10	7	9	8	1	13	51	5	32	222
3768~3772	3	99	7	7	8	8		12	38	5	34	221
3773~3777	2	82	6	12	2	7		14	43	1	34	203
3778~3782	1	103	9	9	10	12	1	20	46	1	29	241
3783~3787	1	105	8	22	9	15	3	19	45	3	18	248
3788~3792	1	108	9	22	11	14		33	49	2	14	263
3793~3797	3	102	10	13	7	10	2	26	55	10	16	254
3798~3802	3	131	12	25	13	19	1	20	55	5	19	303
3803~3809	1	138	12	21	16	17		25	82	3	37	352
1967年合计	17	1045	90	144	97	126	10	193	506	36	262	2526
3810~3814		84	8	22	9	13	1	18	47	3	20	225
3815~3819		79	8	14	8	18	5	17	54	2	11	216
3820~3824	2	108	11	14	7	11	2	27	48		16	246
3825~3829	4	110	12	34	6	14	4	13	64	4	13	278
3830~3834	7	101	6	21	15	15	3	21	52	2	12	255
3835~3839	5	100	14	16	8	21	1	20	35	3	16	239
3840~3844	2	100	9	9	11	6	1	17	50	3	20	228
3845~3849	6	71	7	17	10	8		23	42	2	19	205
3850~3854	1	100	6	11	9	7	2	18	49	3	19	225
3855~3861	6	135	18	13	14	15	6	29	80	3	30	349
1968年合计	33	988	99	171	97	128	25	203	521	25	176	2466
3862~3866	2	99	9	13	3	15	3	16	30	4	20	214
3867~3871	3	97	10	17	10	15	4	17	40	5	26	244
3872~3876	3	114	9	12	9	11	3	12	36	5	31	245
3877~3881	9	139	7	20	9	15	1	9	58	5	15	287
3882~3886	2	108	7	13	9	16		13	38	1	19	226
3887~3891	3	88	10	10	8	11	3	13	49	5	28	228
3892~3896	2	99	9	10	11	11	2	14	42	3	22	225
3897~3910	5	71	10	8	14	10	1	16	44	3	17	199
3902~3906	4	98	9	15	16	13	4	25	69	6	24	283
3907~3913	3	169	14	16	15	21	2	28	69	4	33	374
1969年合计	36	1082	94	134	104	138	23	163	475	41	235	2525
3914~3918	8	46	28	10	104	21	3	13	29	6	24	292

续表

期号	人类学	生物学	医学	物理学	天文学	化学	数学	地球科学	科学与社会	工程与技术	其他	合计
3919～3923	7	55	46	14	12	10	4	17	53	4	26	248
3924～3928	9	71	41	21	15	11	3	18	45	4	36	274
3929～3933	16	65	38	15	12	24	4	24	53	7	30	288
3934～3938	3	71	49	9	11	12	4	24	47	6	32	268
3939～3943	6	58	46	14	4	12	6	20	46	4	28	244
3944～3948	9	57	30	11	11	17	2	22	34	7	24	224
3949～3953	12	58	47	13	11	10		15	43	5	24	238
3954～3958	10	60	36	15	9	11	2	20	38	4	34	239
3959～3965	20	77	65	14	16	29	5	21	47	5	45	344
1970年合计	100	618	426	136	205	157	33	194	435	52	303	2659

Science 1971 ～ 1980 年学科分布

期号	人类学	生物学	医学	物理学	天文学	化学	数学	地球科学	科学与社会	工程与技术	其他	合计
3966 ～ 3970	2	39	37	8	8	17	2	12	29	3	35	192
3971 ～ 3975	4	50	32	7	11	8	1	9	34	4	33	193
3976 ～ 3980	3	38	45	11	14	13		12	23	2	30	191
3981 ～ 3985	6	43	42	7	8	5	2	17	25	3	26	184
3986 ～ 3990	5	55	43	4	11	6	3	10	25	2	19	183
3991 ～ 3995	4	52	38	11	8	6	2	16	26	1	34	198
3996 ～ 4000	5	39	41	4	8	12	4	11	25	5	26	180
4001 ～ 4005	9	30	45	11	5	8	2	9	32	2	37	190
4006 ～ 4010	5	38	34	11	8	10	4	15	29	1	29	184
4011 ～ 4016	14	48	31	12	9	15	4	18	37	4	28	220
1971 年合计	57	432	388	86	90	100	24	129	285	27	297	1915
4017 ～ 4021	9	33	42	8	33	9	1	11	30	4	23	203
4022 ～ 4026	3	50	42	3	13	8	3	15	43	6	30	216
4027 ～ 4031	11	62	40	8	6	7		15	37	2	25	213
4032 ～ 4036	24	66	44	19	8	12	3	17	41	3	30	267
4037 ～ 4041	7	53	44	11	9	16	5	14	33	8	17	217
4042 ～ 4046	6	53	31	18	6	12	3	8	25	4	19	185
4047 ～ 4051	5	54	49	16	5	14		6	40	5	29	223
4052 ～ 4056	11	45	37	15	6	11	5	11	37	4	23	205
4057 ～ 4061	5	33	43	23	8	10	2	17	37	3	31	212
4062 ～ 4067	9	64	42	26	14	10	2	6	45	3	13	234

期号	人类学	生物学	医学	物理学	天文学	化学	数学	地球科学	科学与社会	工程与技术	其他	合计
1972 年合计	90	513	414	147	108	109	24	120	368	42	240	2175
4068～4072	11	45	41	9	11	13		9	31	6	14	190
4073～4077	8	37	51	9	16	15	1	16	43	4	19	219
4078～4082	8	49	48	10	11	9	1	14	35	9	12	206
4083～4087	4	35	32	9	8	13	3	11	40	8	19	182
4088～4092	9	33	44	7	11	14	3	20	39	11	14	205
4093～4097	3	33	43	4	9	14	3	18	41	14	22	204
4098～4102	2	48	44	6	7	12	4	17	36	15	17	208
4103～4107	3	32	38	7	6	11	5	13	29	15	12	171
4103～4112	6	32	26	12	8	9	6	19	45	18	23	204
4113～4119	11	71	47	7	24	15		22	36	6	42	281
1973 年合计	65	415	414	80	111	125	26	159	375	106	194	2070
4120～4124	6	37	46	4	23	12	4	21	41	14	23	231
4125～4129	4	39	39	6	6	10		20	37	14	24	199
4130～4134	3	41	27	11	14	14	2	9	49	6	17	193
4135～4139	12	38	46	11	10	11	3	16	47	7	22	223
4140～4144	6	48	25	19	6	5	1	24	40	5	22	201
4145～4149	8	32	35	5	12	15	4	6	31	3	28	179
4150～4154	10	30	23	12	5	6	3	11	42	8	22	172
4155～4159	5	32	38	5	4	5	3	16	34	4	24	170
4160～4164	8	26	23	8	6	7	2	22	35	3	35	175
4165～4170	10	36	41	16	9	7	2	19	42	5	30	217
1974 年合计	72	359	343	97	95	92	24	164	398	69	247	1960
4171～4175	17	36	13	12	6	9	2	10	27	2	41	175
4176～4180	17	48	11	5	2	9	4	9	30		33	172
4181～4185	15	49	14	8		7	1	14	43	2	40	193
4186～4190	15	18	9	7	10	3	1	9	53	2	38	165
4191～4195	2	43	15	15	3	8	3	18	30	1	37	175
4196～4200	6	43	8	12	2	10	3	11	39	3	41	178
4201～4205	8	46	13	20	5	11	4	19	36	6	45	213
4206～4210	11	49	10	18	2	8	1	6	26	3	22	156
4211～4215	11	37	16	1		6			4		1	76
4216～4221	5	36	21	2		7			10		2	83
1975 年合计	107	405	130	100	30	78	19	96	298	23	300	1586
4222～4226	11	51	19	11	4	17		9	54	2	31	209
4227～4231	5	36	16	6	1	21	1	10	42	6	25	169

续表

期号	人类学	生物学	医学	物理学	天文学	化学	数学	地球科学	科学与社会	工程与技术	其他	合计
4232～4236	14	37	24	14	5	15		15	36	2	31	193
4237～4241	11	60	21	8		7	3	15	50	4	32	211
4242～4246	9	58	19	13	3	12	1	12	33	4	37	201
4247～4251	7	62	13	10	1	11	2	35	1	11	28	181
4252～4256	10	52	13	14	15	14	3	22	5	16	32	196
4257～4261	19	54	16	20	3	15	1	38	7	20	29	222
4262～4266	12	70	15	9	5	12		28	7	11	41	210
4267～4272	15	61	26	24	19	6		17	29	10	32	239
1976 年合计	113	541	182	129	56	130	11	201	264	86	318	2031
4273～4277	14	47	37	6	7	10		17	51	4	28	221
4278～4282	10	60	24	7	2	11	1	8	45		25	193
4283～4287	18	42	26	10	1	6	11	18	45	16	18	211
4288～4292	27	47	25	12	4	9		16	51	4	28	223
4293～4297	5	57	23	18	3	10		15	50	4	24	209
4298～4302	15	64	31	10	5	10		14	42	1	21	213
4303～4307	19	60	15	4	7	13	2	20	48		28	216
4308～4312	10	46	31	3	7	12	1	12	37	2	28	189
4313～4317	4	52	33	13	8	15	2	10	47		29	213
4318～4323	12	58	39	15	8	11	1	14	67	1	31	257
1977 年合计	134	533	284	98	52	107	18	144	483	32	260	2145
4324～4328	9	64	30	6	4	6	3	19	51	6	26	224
4329～4333	16	53	21	9	3	17	2	18	50	1	17	207
4334～4338	14	58	21	8	4	13	2	10	52	1	25	208
4339～4343	19	58	22	2	2	14	4	21	63		43	248
4344～4348	14	58	39	8	5	7		13	44	2	26	216
4349～4353	16	51	23	12	4	6	3	22	39		14	190
4354～4358	23	41	32	4	7	4	2	12	41	2	25	193
4359～4363	2	59	25	8	5	11	4	37	14	25	4	194
4364～4368	20	39	22	10	4	13	15	45	3	24	2	197
4369～4374	12	60	39	14	4	15	23	58	2	34	6	267
1978 年合计	145	541	274	81	42	106	58	255	359	95	188	2144
4375～4379	10	48	22	6	3	9	30	44		22	2	196
4380～4384	6	41	22	3	31	6	29	54	1	14	21	228
4385～4389	6	53	28	21	5	18	14	40	1		30	216
4390～4394	9	61	17	20	3	5	12	52	2	1	51	233
4395～4399	8	54	22	9	25	10	19	52	3		37	239

期号	人类学	生物学	医学	物理学	天文学	化学	数学	地球科学	科学与社会	工程与技术	其他	合计
4400～4404	16	39	17	7	40	10	13	44	1	3	21	211
4405～4409	7	64	24	5	6	12	21	44		1	28	212
4410～4414	27	63	30	11	6	15	18	46		1	20	237
4415～4419	15	55	19	14	2	15	14	37		1	30	202
4420～4425	17	64	23	11	16	15	22	46		4	25	243
1979 年合计	121	542	224	107	137	115	192	459	8	47	265	2217
4426～4430	7	55	25	14	23	17	3	12	15	6	31	208
4431～4435	1	79	31	17	5	18		9	15	2	49	226
4436～4440	4	59	25	12	4	19	2	14	11	8	29	187
4441～4445	3	70	27	26	7	22	2	21	29	1	24	232
4446～4450		71	7	14	1	24	7	12	26	8	19	189
4451～4455	4	59	26	15	5	11	6	13	23	10	28	200
4456～4460	3	75	35	15	2	3	2	32	19	5	29	220
4461～4465	4	86	19	6	6	4	3	19	24	7	24	202
4466～4470	2	72	33	9	3	8	11	10	21	10	26	205
4471～4476	5	85	33	15	12	6	7	21	36	7	25	252
1980 年合计	33	711	261	143	68	132	43	163	219	64	284	2121

Science 1981 ～ 1990 年学科分布

期号	人类学	生物学	医学	物理学	天文学	化学	数学	地球科学	科学与社会	工程与技术	其他	合计
4477～4481	8	67	18	13	6	18	1	16	35	12	7	201
4482～4486	6	79	14	16	5	20	2	14	64	15	9	244
4487～4491	8	82	14	23	8	6	10	4	54	13	8	230
4492～4496	9	96	20	16	5	7	3	22	62	10	8	258
4497～4501	6	106	23	13	3	21	1	13	49	10	10	255
4502～4506	9	87	19	18	5	5	3	26	52	10	16	250
4507～4511	11	107	17	18	5	15		13	42	9	9	246
4512～4516	11	116	12	16	9	8	2	13	56	5	8	256
4517～4521	6	85	17	20	4	9	2	13	65	14	10	245
4522～4527		134	17	12	3	15	4	7	70	11	10	283
1981 年合计	74	959	171	165	53	124	28	141	549	109	95	2468
4528～4532	2	67	31	17	20	9	2	16	44	9	9	226
4533～4537	13	63	37	22	6	15	26	16	49	6	11	264
4538～4542	3	86	27	19	8	3	4	31	42	6	6	235

续表

期号	人类学	生物学	医学	物理学	天文学	化学	数学	地球科学	科学与社会	工程与技术	其他	合计
4543 ～ 4547	6	83	28	29	9	5	2	23	41	8	11	245
4548 ～ 4552	8	87	25	27	8	15	3	27	45	7	11	263
4553 ～ 4557	12	65	27	11	8	15	2	16	38	4	6	204
4558 ～ 4562	1	81	31	15	12	19	3	12	32	5	11	222
4563 ～ 4567	10	65	29	21	9	10	3	19	36	1	9	212
4568 ～ 4572	4	66	31	35	8	8	5	18	30	11	12	228
4573 ～ 4579	7	99	38	30	10	20	7	19	40	6	11	287
1982 年合计	66	762	304	226	98	119	57	197	397	63	97	2386
4580 ～ 4584	1	82	31	13	10	10	3	22	40	2	9	223
4585 ～ 4589	3	87	29	16	12	14	3	13	42	10	11	240
4590 ～ 4594	9	84	27	21	3	7	4	16	46	11	12	240
4595 ～ 4599	9	78	31	25	8	4	5	16	46	11	10	243
4600 ～ 4604	6	100	19	12	7	17	1	15	43	7	5	232
4605 ～ 4609	3	88	34	14	12	13	6	12	34	3	9	228
4610 ～ 4614	1	91	27	14	2	8	1	10	40	5	12	211
4615 ～ 4619	3	85	24	17	5	7	7	17	35	7	6	213
4620 ～ 4624		61	27	16	6	10	2	19	42	9	10	202
4625 ～ 4630	5	91	30	15	4	20	9	11	36	5	7	233
1983 年合计	40	847	279	163	69	110	41	151	404	70	91	2265
4631 ～ 4635	4	70	26	12	6	19	6	13	38	11	9	214
4636 ～ 4640	7	67	23	12	3	17	4	9	42	10	8	202
4641 ～ 4645	2	70	31	20	5	9	9	12	39	7	10	214
4646 ～ 4650	7	67	44	17	11	12	3	16	51	15	8	251
4651 ～ 4655	3	80	22	9	3	17	8	15	50	9	8	224
4656 ～ 4660	3	63	27	39	4	19	2	23	49	6	7	242
4661 ～ 4665	2	79	25	12	6	15	3	9	48	6	8	213
4666 ～ 4670	2	76	24	24	4	11	5	8	38	5	8	205
4671 ～ 4675	4	58	25	23	3	14	1	14	56	11	13	222
4676 ～ 4681	4	92	29	14	7	13	3	13	67	9	10	261
1984 年合计	38	722	276	182	52	146	44	132	478	89	89	2248
4682 ～ 4686	4	69	21	17	7	5		7	22	51	7	210
4687 ～ 4691	6	75	18	21	14	6	1	4	11	58	12	226
4692 ～ 4696	13	69	22	11	10	7	1	15	9	38	8	203
4697 ～ 4701	8	86	21	21	7	4	15	13	4	55	12	246
4702 ～ 4706	5	67	27	21	3	7	4	13	8	45	8	208

期号	人类学	生物学	医学	物理学	天文学	化学	数学	地球科学	科学与社会	工程与技术	其他	合计
4707～4711	6	86	9	16	13	3	3	11	8	34	10	199
4712～4716	3	62	17	18	17	2	1	14	5	45	10	194
4717～4721	6	76	21	19	10	6	1	11	10	43	7	210
4722～4726	3	72	21	17	8	5	3	8	11	43	10	201
4727～4732	4	104	20	13	9	11	2	11	8	74	9	265
1985 年合计	58	766	197	174	98	56	31	107	96	486	93	2162
4733～4737	7	54	15	16	7	15	3	11	46	18	11	203
4738～4742	1	77	12	23	8	14	9	8	72	12	12	248
4743～4747	6	90	20	16	16	12	4	8	56	18	7	253
4748～4752	2	84	21	20	12	14	4	10	51	10	13	241
4753～4757	10	85	15	16	10	6	5	14	69	24	11	265
4758～4762	3	77	20	20	17	11	6	12	53	19	9	247
4763～4767	5	82	17	19	4	15	5	13	44	9	12	225
4768～4772	7	77	17	11	3	11	3	19	53	13	7	221
4773～4777	1	79	26	11	7	9	2	14	54	14	10	227
4778～4783	2	117	28	15	11	8	2	12	64	20	12	291
1986 年合计	44	822	191	167	95	115	43	121	562	157	104	2420
4784～4788	1	87	19	16	1	9	1	14	64	12	7	231
4789～4793	4	71	25	20	6	11	2	8	51	22	6	226
4794～4798	2	90	32	12	5	12	1	9	58	12	10	243
4799～4803	4	81	27	12	6	9	3	11	57	7	10	227
4804～4808	7	73	14	12	1	12	5	20	77	11	3	235
4809～4813	4	69	23	11	7	7	5	8	42	12	4	192
4814～4818	6	73	26	23	11	7	1	4	42	19	8	220
4819～4823	6	62	19	15	6	6	3	12	75	9	8	221
4824～4828	5	89	21	22	4	5	5	6	59	13	5	234
4829～4834	2	115	35	26	13	10	3	19	64	15	8	310
1987 年合计	41	810	241	169	60	88	29	111	589	132	69	2339
4835～4839	2	72	17	16	3	5	5	16	52	8	6	202
4840～4844	3	80	28	14	4	9	3	8	69	15	9	242
4845～4849	6	89	17	11	6	5	6	9	64	10	5	228
4850～4854	2	76	26	15	3	12	7	15	54	7	6	223
4855～4859	2	104	29	15	3	5	2	11	84	9	1	265
4860～4864	4	106	23	11	11	3	6	21	56	8	4	253
4865～4869	4	83	25	21	8	10	1	25	57	9	5	248
4870～4874	6	85	18	15	10	9	4	18	69	11	3	248

期号	人类学	生物学	医学	物理学	天文学	化学	数学	地球科学	科学与社会	工程与技术	其他	合计
4875 ～ 4879		97	24	21		10	2	19	66	12	2	253
4880 ～ 4886		125	30	18	14	8	4	14	67	14	9	303
1988 年合计	29	917	237	157	62	76	40	156	638	103	50	2465
4887 ～ 4891	3	114	17	11	4	4	5	16	61	11	7	253
4892 ～ 4896	5	74	20	10	7	8	7	26	49	16	6	228
4897 ～ 4901	1	89	14	13	10	9	6	14	47	20	1	224
4902 ～ 4906	3	81	22	22	11	7	3	18	55	21	2	245
4907 ～ 4911	4	71	18	13	4	2	3	13	35	9	11	183
4912 ～ 4916	2	76	23	15	9	1	2	14	54	10	8	214
4917 ～ 4921	5	70	20	24	10	4	4	19	54	21	8	239
4922 ～ 4926	2	85	22	12	10	7	4	16	55	17	11	241
4927 ～ 4931	5	80	20	26	9	7	5	15	63	19	7	256
4932 ～ 4937	8	93	44	18	26	10	5	24	83	16	8	335
1989 年合计	38	833	220	164	100	59	44	175	556	160	69	2418
4938 ～ 4942	2	33	60	17	10	29	8	33	44	7	12	255
4943 ～ 4947	3	44	43	32	14	42	8	25	35	13	10	269
4948 ～ 4952	6	34	39	18	9	34	6	26	24	20	15	231
4953 ～ 4957	7	47	50	39	9	26	7	34	54	11	12	296
4948 ～ 4962	4	48	40	23	6	23	9	31	41	16	8	249
4963 ～ 4967	8	46	50	24	16	26	9	18	36	9	7	249
4968 ～ 4972	9	43	45	33	14	32	10	22	39	16	7	270
4973 ～ 4977	13	38	47	23	14	37	8	29	33	6	5	253
4978 ～ 4982	6	48	49	20	16	34	3	33	35	8	11	263
4983 ～ 4988	8	73	77	29	13	43	10	40	33	17	12	355
1990 年合计	66	454	500	258	121	326	78	291	374	123	99	2690

Science 1991 ～ 2000 年学科分布

期号	人类学	生物学	医学	物理学	天文学	化学	数学	地球科学	科学与社会	工程与技术	其他	合计
4989 ～ 4993	4	29	45	18	15	30	5	24	38	11	29	248
4994 ～ 4998	3	48	47	28	5	41	13	20	37	9	17	268
4999 ～ 5003	6	26	52	26	18	41	8	30	34	9	27	277
5004 ～ 5008	8	40	47	31	16	43	16	28	50	8	20	307
5009 ～ 5013	7	46	32	25	16	34	6	24	17	8	7	222
5014 ～ 5018	4	38	44	14	12	34	12	32	37	10	25	262

续表

期号	人类学	生物学	医学	物理学	天文学	化学	数学	地球科学	科学与社会	工程与技术	其他	合计
5019～5023	7	39	52	18	8	30	13	38	22	12	28	267
5024～5028	9	39	41	10	24	42	10	25	26	8	17	251
5029～5033	10	56	49	20	15	43	7	28	32	8	18	286
5034～5039	10	62	71	31	16	48	9	28	49	14	30	368
1991年合计	68	423	480	221	145	386	99	277	342	97	218	2756
5040～5044	6	45	46	20	13	26	6	32	38	9	20	261
5045～5049	7	43	53	21	8	37	6	26	32	6	19	258
5050～5054	10	56	45	25	15	41	14	26	25	12	15	284
5055～5059	8	54	36	37	15	46	13	35	33	10	17	304
5060～5064	3	47	55	15	7	22	5	30	40	12	16	252
5065～5069	6	55	64	24	14	26	4	26	28	10	22	279
5070～5074	5	43	56	18	24	34	6	26	33	9	16	270
5075～5079	5	56	40	22	21	38	5	29	25	12	17	270
5080～5084	6	54	69	24	16	43	7	28	34	10	17	308
5085～5090	11	49	58	27	13	56	9	39	47	17	24	350
1992年合计	67	502	522	233	146	369	75	297	335	107	183	2836
5091～5095	6	32	59	14	19	35	6	25	23	7	15	241
5096～5100	16	47	43	15	9	32	4	23	22	9	19	239
5101～5105	7	64	46	16	15	50	6	24	21	10	17	276
5106～5110	11	54	45	20	18	40	12	29	31	13	20	293
5111～5115	3	57	62	21	16	37	6	37	34	15	17	305
5116～5120	6	54	57	20	14	31	8	36	28	11	26	291
5121～5125	1	37	35	26	18	38	11	43	23	17	20	269
5126～5130	8	33	37	24	12	48	7	33	28	6	19	255
5131～5135	2	44	55	35	15	41	7	32	44	17	25	317
5136～5142	10	76	77	44	12	65	9	34	48	7	37	419
1993年合计	70	498	516	235	148	417	76	316	302	112	215	2905
5143～5147	4	55	39	29	16	44	3	31	30	11	18	280
5148～5152	5	49	41	19	17	57	5	31	29	14	22	289
5153～5157	8	46	50	22	22	58	9	33	21	6	13	288
5158～5162	3	59	66	16	10	37	5	38	28	12	24	298
5163～5167	7	69	56	17	15	40	8	24	29	10	20	295
5168～5172	5	44	55	21	11	47	5	30	28	13	15	274
5173～5177	8	55	57	20	19	46	9	25	27	10	18	294
5178～5182	10	46	41	29	8	43	5	32	31	13	21	279
5183～5187	3	68	56	25	13	49	4	36	40	16	11	321

续表

期号	人类学	生物学	医学	物理学	天文学	化学	数学	地球科学	科学与社会	工程与技术	其他	合计
5188～5193	4	67	59	25	19	53	4	36	39	21	29	356
1994 年合计	57	558	520	223	150	474	57	316	302	126	191	2974
5194～5198	3	59	39	13	16	48	13	44	26	12	14	287
5199～5203	5	41	54	25	21	48	9	34	35	16	18	306
5204～5208	7	52	58	30	13	52	9	41	40	15	30	347
5209～5213	8	49	61	23	21	53	7	33	30	3	19	307
5214～5218	4	47	43	32	18	42	8	41	35	11	19	300
5219～5223	2	54	56	25	11	48	4	39	36	8	14	297
5224～5228	9	47	57	23	16	38	2	37	24	9	24	286
5229～5233	6	66	41	33	7	44	10	23	25	13	22	290
5234～5238	2	43	39	18	15	26	6	23	23	8	5	208
5239～5244	5	51	47	29	18	51	4	30	16	15	7	273
1995 年合计	51	509	495	251	156	450	72	345	290	110	172	2901
5245～5249	6	51	46	30	17	51	14	23	24	7	19	288
5250～5254	5	48	57	20	24	41	4	29	29	5	22	284
5255～5259	7	42	50	34	11	37	9	31	30	10	23	284
5260～5264	18	57	44	24	33	28	10	25	47	15	29	330
5265～5269	11	50	60	32	21	38	3	25	38	8	24	310
5270～5274	15	44	61	30	13	21	6	22	34	7	25	278
5275～5279	12	50	48	23	21	19	16	16	41	7	25	278
5280～5284	12	65	47	20	9	28	13	31	34	6	22	287
5285～5289	24	52	54	32	25	30	15	24	47	16	17	336
5290～5295	30	66	87	37	29	35	17	38	51	22	20	432
1996 年合计	140	525	554	282	203	328	107	264	375	103	226	3107
5296～5300	3	38	44	30	16	31	11	25	27	8	11	244
5301～5305	5	47	41	21	15	43	7	23	33	8	13	256
5306～5310	5	44	44	17	26	27	8	26	29	8	15	249
5311～5315	12	56	44	25	8	25	3	28	33	7	10	251
5316～5320	9	65	43	17	26	27	5	19	24	8	12	255
5321～5325	6	59	51	26	15	15	6	28	34	9	13	262
5326～5330	8	51	33	19	14	29	10	30	32	11	12	249
5331～5335	3	62	43	27	24	24	8	26	27	13	11	268
5336～5340	10	57	42	15	18	29	2	36	30	9	9	257
5341～5346	6	68	41	32	31	25	5	39	43	14	11	315
1997 年合计	67	547	426	229	193	275	65	280	312	95	117	2606
5347～5351	2	51	50	26	20	36	5	26	24	8	9	257

期号	人类学	生物学	医学	物理学	天文学	化学	数学	地球科学	科学与社会	工程与技术	其他	合计
5352～5356	6	52	40	26	19	31	7	35	40	9	9	274
5357～5361	8	47	28	24	19	25	10	23	29	8	7	228
5362～5366	11	51	44	19	16	34	1	45	39	16	9	285
5367～5371	13	50	42	19	23	19	1	33	29	18	12	259
5372～5376	7	54	41	18	20	24	5	38	33	7	16	263
5377～5381	4	45	39	26	9	24	8	42	33	14	16	260
5382～5386	6	51	30	19	27	26	6	36	40	19	9	269
5387～5391	7	51	50	28	20	30	4	34	33	11	16	284
5392～5397	8	85	54	34	17	40	8	26	44	16	18	350
1998 年合计	72	537	418	239	190	289	55	338	344	126	121	2729
5398～5402	10	54	52	17	19	27	6	31	26	6	15	263
5403～5407	12	52	38	25	15	35	8	26	33	13	18	275
5408～5412	12	62	34	33	11	29	4	36	31	14	13	279
5413～5417	8	47	51	24	21	22	9	28	25	15	12	262
5418～5422	5	49	32	26	18	35	9	28	28	15	10	255
5423～5427	4	56	45	28	12	27	7	22	29	17	6	253
5428～5432	7	57	30	27	18	37	7	32	27	12	12	266
5433～5437	4	56	42	26	21	29	8	22	28	10	16	262
1999 年合计	80	582	437	256	170	311	78	309	311	139	143	2816
5450～5454	6	57	40	23	13	33	3	30	39	14	17	275
5455～5459	2	55	47	24	25	26	7	28	38	12	20	284
5460～5464	5	61	35	21	20	34	9	28	33	14	15	275
5465～5469	10	47	43	22	19	30	2	29	34	14	16	266
5470～5474	4	51	54	18	15	33	8	26	36	7	15	267
5475～5479	4	55	49	22	16	22	10	28	32	9	17	264
5480～5484	6	49	40	21	15	34	4	32	30	7	12	250
5485～5489	7	58	44	25	18	26	6	35	34	13	19	285
5490～5494	6	65	35	16	15	35	7	32	41	10	21	283
5495～5500	6	81	62	30	16	30	12	36	45	12	22	352
2000 年合计	56	579	449	222	172	303	68	304	362	112	174	2801

后 记

  《20世纪科学发展态势计量分析》终于完成了。首先，它是我的恩师魏屹东教授对科学整体发展态势，以及科学期刊 *Nature* 和 *Science* 的长期关注下，为我选定的一个重要的研究课题，对其研究的学术性、意义及难度是显而易见的。其次，它是我近10年从事科学技术史研究的一份学术成果，是在我已经发表的和未发表的一些论文的基础上撰写而成的，保证全书主题明确，逻辑一致。

  在本书的写作过程中，一方面是科学整体发展态势是非常宽泛的一个研究主题，涉及领域广、学科多，计量对象 *Nature* 和 *Science* 的内容又非常综合而前沿；另一方面是在有限的时间上去计量分析并试图把握百年的跨度上的科学发展态势，加上本人能力和学识有限，几度使我陷入了僵局，甚至想放弃写作。在导师的鼓励和自己的努力下，虽然最终完成的本书的写作，但书中难免存在的某些不妥之处，还盼望专家学者批评指正。

  诚挚地感谢山西大学科学技术哲学研究中心的高策教授、成素梅教授、殷杰教授、张培富教授、杨小明教授等的无私指导，还有其他众多老师给予我的热心帮助。感谢学界好友的相互支持与帮助，感谢太原师范学院我的诸多同事们的友好支持。

  对同样给予了我协助的图书馆、文献传递、数据整理等方面的人员也表示由衷的谢意。特别感谢在本书写作中直接和间接引用的文献的各位专家学者。最后深深地感激我的家人长期以来对我的默默的支持与陪伴。

作 者

2014 年